Franz Stöckl
und 9 Mitautoren

Schutz und Instandsetzung von Betonbauteilen, Parkhaus- und Bodenbeschichtungen

Schutz und Instandsetzung von Betonbauteilen, Parkhaus- und Bodenbeschichtungen

Deutsche Regelwerke, europäische Normen, Umsetzung, Anwendungen und Erfahrungen, Praxis

Franz Stöckl, Chemiker

Dipl.-Ing. Heinz Dieter Dickhaut
Prof. Dipl.-Ing. Claus Flohrer
Dipl.-Ing. Uwe Grunert
Dipl.-Ing., Dipl.-Ing. (FH) Peter J. Gusia
Dr.-Ing. Wilhelm Hintzen
Dipl.-Ing. Frank Huppertz
Jürgen Magner
Prof. Dr.-Ing. Michael Raupach
Prof. Dr. Dipl.-Chem. Reinhold Stenner

Kontakt & Studium
Band 669

Herausgeber:
Prof. Dr.-Ing. Dr.h.c. Wilfried J. Bartz
Dipl.-Ing. Elmar Wippler

Bibliografische Information Der Deutschen Bibliothek

Die Deutsche Bibliothek verzeichnet diese Publikation
in der Deutschen Nationalbibliografie;
detaillierte bibliografische Daten sind im Internet über
http://dnb.ddb.de abrufbar.

Bibliographic Information published by Die Deutsche Bibliothek

Die Deutsche Bibliothek lists this Publication
in the Deutsche Nationalbibliografie;
detailed bibliographic data is available in the Internet at
http://dnb.ddb.de .

ISBN 3-8169-2463-8

Bei der Erstellung des Buches wurde mit großer Sorgfalt vorgegangen; trotzdem können Fehler nicht vollständig ausgeschlossen werden. Verlag und Autoren können für fehlerhafte Angaben und deren Folgen weder eine juristische Verantwortung noch irgendeine Haftung übernehmen.
Für Verbesserungsvorschläge und Hinweise auf Fehler sind Verlag und Autoren dankbar.

Tel.: +49 (0) 71 59-92 65-0, Fax: +49 (0) 71 59-92 65-20
E-Mail: expert@expertverlag.de, Internet: www.expertverlag.de

Printed in Germany

Herausgeber-Vorwort

Bei der Bewältigung der Zukunftsaufgaben kommt der beruflichen Weiterbildung eine Schlüsselstellung zu. Im Zuge des technischen Fortschritts und angesichts der zunehmenden Konkurrenz müssen wir nicht nur ständig neue Erkenntnisse aufnehmen, sondern auch Anregungen schneller als die Wettbewerber zu marktfähigen Produkten entwickeln.

Erstausbildung oder Studium genügen nicht mehr – lebenslanges Lernen ist gefordert! Berufliche und persönliche Weiterbildung ist eine Investition in die Zukunft:

- Sie dient dazu, Fachkenntnisse zu erweitern und auf den neuesten Stand zu bringen
- sie entwickelt die Fähigkeit, wissenschaftliche Ergebnisse in praktische Problemlösungen umzusetzen
- sie fördert die Persönlichkeitsentwicklung und die Teamfähigkeit.

Diese Ziele lassen sich am besten durch die Teilnahme an Lehrgängen und durch das Studium geeigneter Fachbücher erreichen.

Die Fachbuchreihe *Kontakt & Studium* wird in Zusammenarbeit zwischen dem expert verlag und der Technischen Akademie Esslingen herausgegeben.

Mit ca. 600 Themenbänden, verfasst von über 2.400 Experten, erfüllt sie nicht nur eine lehrgangsbegleitende Funktion. Ihre eigenständige Bedeutung als eines der kompetentesten und umfangreichsten deutschsprachigen technischen Nachschlagewerke für Studium und Praxis wird von der Fachpresse und der großen Leserschaft gleichermaßen bestätigt. Herausgeber und Verlag freuen sich über weitere kritisch-konstruktive Anregungen aus dem Leserkreis.

Möge dieser Themenband vielen Interessenten helfen und nützen.

Prof. Dr.-Ing. Dr.h.c. Wilfried J. Bartz | Dipl.-Ing. Elmar Wippler

Vorwort

Seit nunmehr vier Jahren wird das zweitägige Seminar „Schutz und Instandsetzung von Betonbauteilen, Boden- und Parkhausbeschichtungen" an der Technischen Akademie Esslingen durchgeführt. Durch die Neufassung der Instandsetzungs-Richtlinie des Deutschen Ausschusses für Stahlbeton, DAfStb, Ende 2001 und 2002 durch die europäische Norm DIN EN 13813 „Estrichmörtel, Estrichmassen und Estriche" war der Wunsch nach umfassenden und vertieften Informationen spürbar. Dies gilt für Planer, ausschreibende Stellen, Materialhersteller, Prüfinstitute und Anwender, da beide Regelwerke für die Planung und Ausführung von Betoninstandsetzungsmaßnahmen und Bodenbeschichtungen von großer Bedeutung sind.

Das vorliegende Arbeitsergebnis wird von sachkundigen Experten vermittelt, die an vielen Diskussionen und Entscheidungen beteiligt waren: unter anderem im Technischen Ausschuss „Schutz und Instandsetzung" des DAfStb, beim Deutschen Institut für Bautechnik (DIBt), beim Bundesminister für Verkehr, Bauen und Wohnungswesen (BMVBW) und in Prüfinstituten und Verbänden. Durch die Mitarbeit von deutschen Mandatsträgern an den europäischen Normen DIN EN 13813 (Estriche) und den 10 Teilen der EN 1504 (Schutz und Instandsetzung) werden auch diese hier kompetent abgehandelt. Auch die notwendigen Aktionen zur Umsetzung von Teilen der EN 1504 durch die Erarbeitung von deutschen Anwendungsnormen konnten im Buch noch Eingang finden.

Ich möchte mich bei allen Autoren für die gelungenen Ausarbeitungen bedanken. Dieser Dank geht auch an die Technische Akademie Esslingen und den expert verlag, der dieses Buch ermöglicht hat. Der Dank gilt dort im speziellen Herrn Dr. A. Krais für seine ordnende Hand und die notwendigen Geduld bei der Fertigstellung der Druckfassung. Herrn Prof. H.R. Sasse gilt ein besonderer Dank für die Mitarbeit bei den ersten Seminaren und die Einbringung seiner langjährigen Erfahrungen in den genannten Regelwerken.

Dem Buch wünsche ich viel Erfolg.

Stuttgart, im September 2005

Franz Stöckl

Inhaltsverzeichnis

1 Einleitung

Franz Stöckl

Das Buch befasst sich mit seinen einzelnen Abschnitten im ersten Teil mit der Neufassung der Instandsetzungs-Richtlinie, des Deutschen Ausschusses für Stahlbeton (DAfStb), Ausgabe 10/2001 und den Hintergründen und Änderungen gegenüber der alten Ausgabe von 1990/1992.

Die seit mehr als 10 Jahren andauernde europäische Normierungsarbeit.zu „Concrete repair and protection" im CEN/TC 104/SC 8 und seinen 10 Workinggroups (WG's) führt zur EN 1504 mit ihren einzelnen Teilen (z.B. Oberflächenschutzsysteme, Mörtel, Injektionen, Kleber u.ä.). Sie werden in den jeweiligen Abschnitten des Buches mit behandelt.

Der zweite Teil geht umfangreich auf die Anwendung der Instandsetzungs-Richtlinie auf Fahrflächen, in Park-Bauwerken und Garagen ein. Aktuelle Diskussionen und Anwendungsfälle werden besprochen.

Die europäische Norm EN 13 813 (Floor screeds and insitu floorings in buildings) war mit dem offiziell vorgegebenen Datum der EG-Kommission „Juli 2004" in allen europäischen Ländern umzusetzen. Nationale Regelwerke waren zurückzuziehen. Im Buch wird in einigen Abschnitten auf diese Norm eingegangen. Insbesondere die kunststoffbasierenden Beschichtungen und Estriche sowie die deutschen Anwendungsnormen (DIN 18 560) werden besprochen.

Die Überschneidungen bzw. gegenseitigen Abhängigkeiten mit der EN 1504 werden aufgezeigt.

1. Erfahrungen mit der Rili-SIB 1990/92 und den Regelwerken des Bundesministers für Verkehr (BMVBW)

Als die Richtlinie für Schutz und Instandsetzung von Betonbauteilen – kurz Rili-SIB genannt – 1990/1992 erschien, war sie als Stand der Technik für die Instandsetzung im Hochbau anzusehen.

Sie war eine Fortschreibung auf dem damals schon mehr als ein Jahrzehnt vorhandenen Regelwerk für die Anwendung im Bereich des Bundesverkehrsministers (BMV) und der Bundesanstalt für Straßenwesen (BASt). Deren zusätzliche Technische Vertragsbedingungen – ZTV gab es u.a. für die Instandsetzung/Schutz von Betonbauteilen (ZTV-SIB, heute in ZTV-Ing. – Ingenieurbauten integriert) und als ZTV-RISS für die Risse-Injektion von Betonbauteilen.

Diese ZTV-en waren und sind ergänzt durch Technische Lieferbedingungen (TL) und Technische Prüfvorschriften (TP) für die einzelnen Produktbereiche Oberflächenschutzsysteme, Mörtel (PCC, PC, SPCC) und Injektionssysteme (EP, PUR, Zementleim – ZL und Zementsuspension – ZS).

Trotz aller Bemühung war es durch die unterschiedliche Aufgabenstellung der Regelsetzer (hier BMVBW, dort das DIBt bzw. der DAfStb und DIN) und auch durch die Zusammensetzung der Arbeitsgremien war es zwangsläufig zu differierenden Regelwerken, Prüfvorschriften und Bewertungen gekommen mit z.T. gravierenden Folgen.

Durch die bauaufsichtliche Einführung der Rili-SIB in den einzelnen Bundesländern wurde dieses Regelwerk neben der ZTV-en etabliert. Es wurde in die Bauregelliste (BRL) des Deutschen Instituts für Bautechnik (DIBt) eingeführt und damit bindend für alle relevanten Systeme und Anwendungsbereiche.

Damit waren für nahezu gleiche Anwendungsgebiete zwei Regelwerke einzuhalten. Dies hatte für die Hersteller von Produkten und Systemen viele Neu- und Doppel-Prüfungen mit zusätzlichen Kosten zur Folge. Die aus den ZTV-Regelwerken vorhandenen Praxiserfahrungen konnten nicht übertragen werden. Noch wichtiger: die über Jahre gesicherte Langzeitanwendung und Bewährung der Produkte und Systeme konnte nicht genutzt werden.

Der Markt löste das Problem notgedrungen und richtig, indem die eingeführten und bewährten Produkte der ZTV-SIB und -Riss weiterhin bevorzugt angewendet wurden. Obwohl für die Hersteller, aber auch für alle anderen Kreise, das etablierte Listungs-Procedere der BASt mit seinem bürokratischen Aufwand und einer nivellierenden Betrachtung aller Systeme eher hinderlich für Innovationen und technische Argumentationen war.

Insbesondere die Hersteller und Verarbeiter/Anwender haben sich für die Überarbeitung der Instandsetzungs-Richtlinie in den Folgejahren über ihre Verbände sehr umfänglich mit den genannten Problemen befasst. Ein Kompromiss musste erreicht werden, der die Dinge so ordnet, dass es wieder zu einfachen und vernünftigen wirtschaftlichen Lösungen kommt.

2. Die neue Instandsetzungs-Richtlinie 10/2001

Im Technischen Ausschuss „Schutz, Instandsetzung, Verstärkung" (TA-SIV) des DAfStb unter Vorsitz von Herrn Prof. H. R. Sasse wurden Arbeitskreise mit verantwortlichen Obleuten zur Neugestaltung und Überarbeitung der Rili-SIB eingerichtet:

AK-Mörtel:	F. Stöckl
AK-Oberflächen-Schutzsysteme:	Prof. R. Stenner
AK-Injektionen:	H. Graeve
AK-Bauausführung:	O. Hjorth

Die Arbeit wurde entscheidend vereinfacht durch die eindeutigen Entscheidungen im TA SIV:

- Übernahme der TL/TPs des BMVBW
- Akzeptanz der BMVBW-Vorgaben
- Einpassung in die Philosophie der Instandsetzungs-Richtlinie
- Anpassung an den technischen Wissensstand
- Straffung und Vereinfachung
- Berücksichtigung neuer allgemeiner euroäpischer Belange und aus Forderungen und Konsequenzen aus der EU-Bauproduktenrichtlinie (bzw. dem deutschen Bauproduktengesetz – BPG).

Am augenfälligsten zeigen sich diese Umsetzungen in der Instandsetzungs-Richtlinie (10/2001) schon im Layout der Tabellen für die einzelnen Systeme in den Teilen 2, 3 und 4. Hier wurden konsequent die TL/TP-Vorlagen übernommen. Für die Benutzer und Anwender des Regelwerks ein wichtiger erster Bezug zur Akzeptanz. Damit sollte der Zusage von BMVBW und BASt Rechnung getragen werden, dass damit die Instandsetzungs-Richtlinie als Regelwerk auch dort gilt. Die TL/TPs sollten zurückgezogen werden. Ebenso die Listung der Systeme. Was bis heute – leider – nicht geschah!

Im Teil 1 – Allgemeine Regelungen und Planungsgrundsätze – steht nach wie vor der „Sachkundige Planer" im Mittelpunkt. Er – und oft in Zusammenarbeit mit weiteren Spezialisten – ist letztlich der Verantwortliche für die Steuerung vom Ist-Zustand über die Diagnose zur Instandsetzungsplanung und -ausführung. Basierend auf den schon bekannten Instandsetzungsprinzipien, auf wissenschaftlichen Betrachtungen der Korrosionstheorien für Stahl und Beton (siehe Beitrag von M. Raupach in diesem Band) und Ableitungen für die Umsetzung in die Praxis. Der sachkundige Planer macht auch die Planungen für die spätere Instandhaltung und die Wartung der ausgeführten Arbeiten (siehe Beitrag von D. Dickhaut in diesem Band).

Die Zuordnung über die Verwendbarkeits- und Übereinstimmungsnachweise führte zur Aufnahme der Produkte und Systeme in die Bauregelliste A, Teil 2, lfd. Nr. 2.22 bis 2.25 (für die standsicherheitsrelevanten Anwendungen) und die Liste C (siehe Beitrag von W. Hintzen in diesem Band).

Der Teil 2 – Bauprodukte und Anwendung – führt die Produkte und Systeme mit umfangreichen Beschreibungen und Tabellenwerken zusammen. Es sind dies die notwendigen Prüfungen und die geforderten Leistungsmerkmale für die Grundprüfungen, die Überwachung und die werkseigene Produktionskontrolle des Herstellers.

Die Mörtel entsprechen vollständig den Vorgaben der TL/TP's. Richtwerte für die erlaubten Schichtdicken wurden neu erarbeitet. Neben PCC ist jetzt auch PC und SPCC in die Instandsetzungs-Richtlinie eingeführt. Die Mörtel M1 und M3 sind jetzt vervollständigt. M4 ist entfallen und die Beanspruchbarkeitsklassen und Anwendungsbereiche/-beispiele sind neu definiert (siehe Beitrag von F. Stöckl in diesem Band).

Der Abschnitt über die Oberflächenschutzsysteme wurde wesentlich gestrafft. Die wichtigsten OS-Systeme entsprechen jetzt genau den TL/TP-Vorgaben. Einige Systeme wurden gestrichen, OS 13 neu eingeführt. Wesentlich sind die Vereinfachungen zu den Schichtdicken und den Begriffen. Für die praktische Anwendung ist die Einführung von vorgegebenen Schichtdickenzuschlägen, bezogen auf die vorhandene Rauheit der vorliegenden Unterlagen von großer Bedeutung für die Qualität der Beschichtungen (siehe Beitrag von R. Stenner in diesem Band).

Auch die Stoffe und Systeme für die Verfüllung von Rissen in Betonbauteilen wurden vereinfacht umgesetzt und dem Standard der BMVBW-Vorgaben angepasst (siehe Beitrag von P. Gusia in diesem Band).

Den Teil 3 – Anforderungen an die Betriebe und Überwachung der Ausführung – haben in erster Linie die Mitglieder der Verarbeiter im TA-SIV erarbeitet. Auch hier ist eine starke Vereinfachung erfolgt mit einer besseren Lesbarkeit, Klarheit und Praxistauglichkeit. Die qualifizierte Führungskraft und die Baustoffprüfstelle SIB sind entfallen. Mit normativen und informativen Anhängen wurden wichtige Beiträge geleistet (siehe Beitrag von U. Grunert in diesem Band).

Auch der Teil 4 – Prüfverfahren – wurde redaktionell überarbeitet. Insbesondere wurden Wiederholungen der Prüfbeschreibungen durch entsprechende Verweise vermieden. Die Prüfungen für den Mörtel M3 und OS 13 wurden ergänzt.

Die Verwendbarkeits- und Übereinstimmungsnachweise mussten aufgrund der Bauproduktenrichtlinie und der Umsetzung ins deutsche Recht durch das Bauproduktengesetz und das durch das DIBt neu eingeführte Umsetzungsinstrument „Bauregelliste" neu verfasst werden. Die Anforderungen an die Grundprüfungen sind vom Hersteller (Liste C) bzw. – soweit gefordert bei standsicherheitsrelevanter Anwendung – durch zugelassene Prüfinstitute, Zertifizierungsstellen (z.B. QDB der Dt. Bauchemie) zu erfüllen. Für letzteres erfolgt dann durch ein allgemeines bauaufsichtliches Prüfzeugnis – abP – und ein Übereinstimmungszertifikat mit der Auflage zur Fremdüberwachung der WPK.

Zur Qualitätssicherung der Ausführung sind 2wöchige Ausbildungsseminare für Schutz, Instandsetzung, Verbinden, Verkleben (SIVV-Schulungen) in vielen Ausbildungszentren der Bauindustrie und des Baugewerbes installiert. Über die qualitativ richtige Ausführung sind bei standsicherheitsrelevanter Instandsetzung entsprechende rechtlich verbindliche Musterverordnungen einzuhalten, die die Abnahme der fertigen Arbeit durch Prüfungen von zugelassenen Instituten vorsehen.

Diese Aufwendungen sollten schon in der Planung berücksichtigt werden und als eigener Kostenblock – ähnliches gilt für die Diagnose des Ist-Zustandes – ausgewiesen werden.

Die Anwendung im Verkehrsbereich wurde vom BMVBW immer als standsicherheitsrelevant eingeordnet. Diese Betrachtung hat in der Fachwelt (der Planer, Institute, Verareiter, Bauherrn) viele Anhänger, die diese Anwendung gern für die Vielzahl der Betoninstandsetzungsarbeiten vorschreiben. Damit glaubt man „bessere" Produkte zu erhalten, weil hier durch Prüfung, Zertifizierung und Überwachung der Hersteller ein aufwendiges und kostenintensives Procedere eingeführt ist. Die überwiegende Zahl der Arbeiten sind meiner Meinung nach aber weder als standsicherheitsrelevant einzuordnen, noch ist dieser Prüf- und Überwachungs-Aufwand wirklich gerechtfertigt. Letztlich ist damit eine Nivellierung der Produkte mit einem rapiden Preisverfall erfolgt und eine Suche nach neuen innovativen Lösungen ist ausgeblieben.

Die Entscheidung für die Auswahl und Zuordnung der Produkte und Systeme hat der Sachkundige Planer. Es ist sicher, dass durch die zunehmende Akzeptanz von Instandhaltungs- und Wartungskonzepten bessere Langzeitergebnisse erzielt werden. Für spezielle Anwendungen sind Produkte und Systeme der Liste C der Bauregelliste mit speziellen Eigenschaften oft die bessere und ausreichendere Lösung. Die Qualitätssicherung und volle Eigenverantwortlichkeit des qualifizierten Herstellers ist auch ohne Übereinstimmungszeichen (Ü) Garant genug.

3. Parkhausbeschichtungen

Parkhausbodenbeschichtungen werden heute in erster Linie mit den Systemen OS 11 und 13 ausgeführt. Die relativ hohe Flexibilität dieser Systeme oder von einzelnen Schichten bedingt Nachteile bei höheren mechanischen Belastungen. Diese treten insbesondere bei Auffahrten, Rampen und Kurvenbereichen auf. OS 11 wurde in den 90er Jahren recht kritiklos als bewährtes Beschichtungssystem auf Brückenkappen (Außenbereich; Prüfung der Risseüberbrückungsfähigkeit bei -20° C noch verständlich!) auf Parkflächen übertragen. Diese wurden von Ingenieurseite immer als besonders rissempfindlich empfunden. Eine Lösung wurde in den recht weichen und flexiblen OS 11-Beschichtungen gesehen.

Beim Wegfall der alten OS 8-Beschichtungen (reines EP-Bindemittel, gefüllt, abgesandet, keine Flexibilisierung) sollte OS 13 – ein härter eingestelltes OS 11-System, dessen Rolle einnehmen. Was letztlich aus heutiger Sicht auch nicht gelang, weil durch die Prüfung der Risseüberbrückung (statisch bei -10° C) noch so viele flexible Anteile in die Rezeptur einzubauen waren, dass die notwendige höhere Mechanik nicht zu erreichen war. Die technisch damals schon fertigen alternativen, aber besseren Lösungen waren Produkte, deren statische Risseüberbrückungsprüfung bei Raumtemperatur – wie bei den Gewässerschutzsystemen – geprüft wurde. Der TA-SIV entschied mehrheitlich gegen die Argumente der Hersteller. Aus dem Missverständnis heraus, dass die Risseüberbrückung bei Temperaturen zu prüfen sei, die später auch in der Praxis vorkommen.

Die große Relaxation von flexibilisierten Systemen und das Überschätzen der Rissvorgänge führten letztlich zu Fehlentscheidungen. Die Praxis zeigt fast immer, dass Risse ganz selten nach dem Auftragen der Beschichtung auftreten – also von Null ausgehend auf unendlich gehen mit hoher Belastung und Überforderung für fast jedes System. Risse sind meist schon vor den Beschichtungsarbeiten – wenn überhaupt – vorhanden und die Risseüberbrückungseigenschaft ist dann von solchen Systemen durch überwiegend nur temporäre Längenänderungen wesentlich moderater auszuhalten.

Dies führte in den letzten Jahren zu Beschichtungen, die die früheren OS 8-Anwendungen wieder hoffähig machen. Zumindest für bestimmte Anwendungsfälle, wo die höheren mechanischen Eigenschaften notwendig oder gewünscht sind. C. Flohrer und J. Magner berichten darüber.

Im TA-SIV wurde deshalb in der Sitzung im Juni 2005 nach vielen vorausgegangenen Diskussionen beschlossen, in die Anwendungsnormen für die Umsetzung der EN 1504 ein solches OS 8-System wieder aufzunehmen.

4. Umsetzung der EN 1504

In den einzelnen Teilen der EN 1504 (Produkte und Systeme für den Schutz und die Instandsetzung von Betontragwerken) werden grundsätzliche Eigenschafts- bzw. Leistungsmerkmale für die Produkte und Systeme vorgegeben. Dabei wird unterschieden in „All Intended Uses – AIU" und „Certain Intended uses – CIU". Erstere sind immer zu erfüllen. CIU-Eigenschaften können zusätzlich je nach Land z.B. gefordert werden oder sind vom Hersteller zusätzlich zu den AIU-Eigenschaften angegeben.

Um die Norm in Deutschland anwenden zu können, sind durch die bisherige Praxis mit der Instandsetzungs-Richtlinie deren Eigenschaftsvorgaben mit den Vorgaben der EN 1504-Teilen abzugleichen. Diese „Anwendungsnormen" werden in 2005 in drei Arbeitskreisen vorbereitet (Mörtel, Oberflächenschutzsysteme, Injektionen unter Vorsitz von F. Stöckl, B. Schwamborn bzw. Frau A. Esser). Über zuerst erstellte Synopsen führt der Weg dann zu Entwürfen der Anwendungsnormen, die im TA-SIV zu verabschieden sind.
Schwierig wird die Sache auch deshalb, weil das Datum für das Ende der Koexistenzphase mit der Instandsetzungs-Richtlinie von Ende 2008 für die Teile der EN 1504-2, 4 und 5 jetzt überraschend auf Ende 2006 vorverlegt wird. (DOW = Date of Withdrawal; Datum, an dem nationale Normen zurückzuziehen sind und an dem das CE-Zeichen durch den Hersteller spätestens anzubringen ist.) Eine sog. „Packagelösung" – wo alle Teile gleichzeitig (da ineinandergreifend) in diese Zeitschiene kommen sollten – wurde ebenfalls trotz Beschlüssen im TC 104 und im TC 104/SC 8 – von der Kommission nicht akzeptiert.

Die Umsetzung wirft viele neue Fragen auf. Nicht mehr vorhandene und bei BMVBW, BASt, Instituten und DIBt liebgewordene Prüfungen sollen über „Restnormen" (was formal aber nicht geht) oder über freiwillig von den Herstellern akzeptierte Prüfvorschriften wieder zusätzlich eingeführt werden. Auch die formalen Abläufe über das DIBt und die ARGE-Bau sind noch schwierig und unklar. Beim Brandverhalten ergeben sich weitere Ungereimtheiten, die eine geordnete Umstellung mehr als schwierig gestalten. Betroffen sind besonders die Hersteller der Produkte, die die CE-Kennzeichnung zum vorgesehenen Enddatum durchzuführen haben.

Die letzten Entwürfe für die Oberflächenschutzsysteme und die Injektionssysteme liegen vor und werden in der Sitzung des TA-SIV Ende September 2005 verabschiedet.

2 Planungsgrundsätze und Instandsetzungsprinzipien

Michael Raupach

Die Instandsetzungsprinzipien der Richtlinie „Schutz und Instandsetzung von Betonbauteilen" des DAfStb [1] basieren auf den elektrochemischen Grundlagen des Korrosionsvorgangs von Stahl in Beton, die im folgenden näher erläutert werden.

Stahl ist in Beton bekanntermaßen durch die Alkalität der Porenlösung (pH etwa 13,5) vor Korrosion geschützt. Durch Karbonatisierung fällt der pH-Wert in Bereiche unter pH = 9 ab, so dass der Korrosionsschutz der Bewehrung nicht mehr gegeben ist. Wenn der Chloridgehalt im Beton an der Stahloberfläche einen kritischen Grenzwert erreicht, geht der Korrosionsschutz der Bewehrung ebenfalls verloren.

Nach Auflösung des Korrosionsschutzes, der sogenannten Depassivierung, kann Korrosion auftreten, wenn ausreichend Sauerstoff und Feuchtigkeit zur Verfügung stehen. Der Korrosionsprozess selbst kann dabei in einen anodischen und in einen kathodischen Teilprozess aufgeteilt werden. Nur im Bereich der Anode ist eine Depassivierung der Stahloberfläche erforderlich, während die kathodischen Bereiche nicht ohne weiteres erkennbar sind.

An der Anode gehen positiv geladene Eisenionen in Lösung, an der Kathode werden mit Sauerstoff und Wasser Hydroxylionen gebildet. Sowohl die Eisenionen als auch die Hydroxylionen gehen in Lösung, wobei das Porenwasser des Betons den Elektrolyten darstellt.

Anodische und kathodische Teilbereiche können als sogenannte Mikroelemente entweder unmittelbar nebeneinander liegen oder örtlich getrennt sein. Bei einer örtlichen Trennung anodisch und kathodisch wirkender Oberflächenbereiche spricht man von Makrokorrosionselementen, die insbesondere im Bereich von Rissen im Beton, aber auch nach örtlichen Instandsetzungen auftreten können (s. z. B. [2]).

Mehrere Einflussgrößen sind dafür verantwortlich, dass die Korrosionsnarbe (Anode) eher stabilisiert und größer wird, als dass neue Narben entstehen (pH-Wert-Verschiebung in der Narbe, Cl-Diffusion zur Narbe, Verschiebung des Korrosionspotentials). Solche Makrokorrosionselemente treten insbesondere dann auf, wenn im Bereich der depassivierten Stahloberfläche Sauerstoffmangel herrscht, während in den benachbarten Bereichen eine gute Belüftung vorhanden ist.

Unter Berücksichtigung der elektrochemischen Zusammenhänge kann ein zukünftiger Korrosionsschutz dadurch angestrebt werden, dass zumindest einer der Teilschritte der Korrosionsreaktion praktisch ausgeschaltet wird:

a) ***Vermeiden der anodischen Teilreaktion***

Dieses Ziel kann auf verschiedene Weise erreicht werden. Eine erste Möglichkeit besteht darin, das alkalische Milieu in der Umgebung der Bewehrung wiederherzustellen. Eine zweite Möglichkeit ergibt sich, wenn man die Bewehrung in einem geschlossenen Regelkreis zwingt, kathodisch zu wirken (kathodischer Korrosionsschutz). Eine dritte Möglichkeit besteht schließlich darin, den Elektrolyten durch eine wirksame Beschichtung vom Stahl zu trennen und somit den anodischen Teilprozess zu unterbinden.

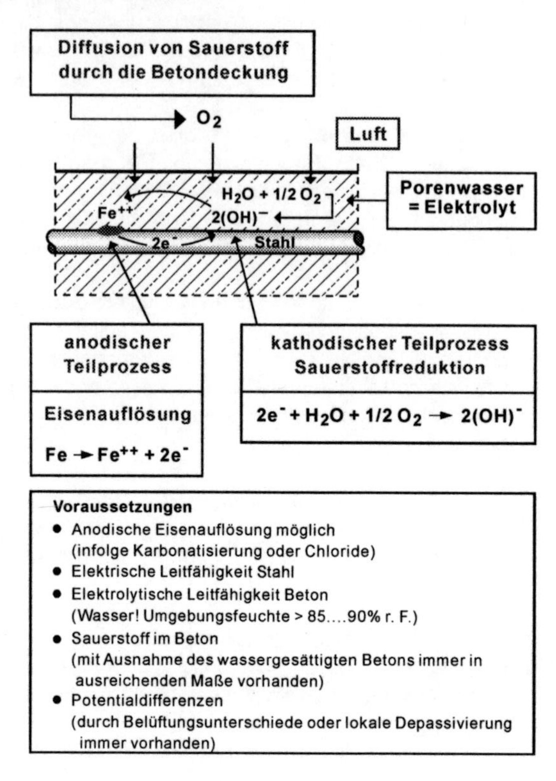

Bild 1: Vereinfachtes Modell der Korrosion von Stahl in Beton

b) ***Vermeiden der kathodischen Teilreaktion***

In ausreichend feuchtem Beton kann die kathodische Reaktion bei unbeschichteter Bewehrung nur dann unterbunden werden, wenn kein Sauerstoff zur Oberfläche der Bewehrung gelangen kann. Unter baupraktischen Verhältnissen ist das Unterbinden des kathodischen Teilprozesses jedoch nur in seltenen Sonderfällen realisierbar, z. B. durch dauerhaftes Unterwassersetzen gefährdeter Bauteile. Die Richtlinie des DAfStb sieht diese Möglichkeit als Instandsetzungsprinzip deshalb nicht vor.

c) ***Unterbinden des elektrolytischen Teilprozesses***

Durch Absenkung des Wassergehaltes im Beton kann die Korrosionsgeschwindigkeit auf praktisch vernachlässigbare Werte gesenkt werden, da sämtliche Transportvorgänge im Beton gehemmt werden.

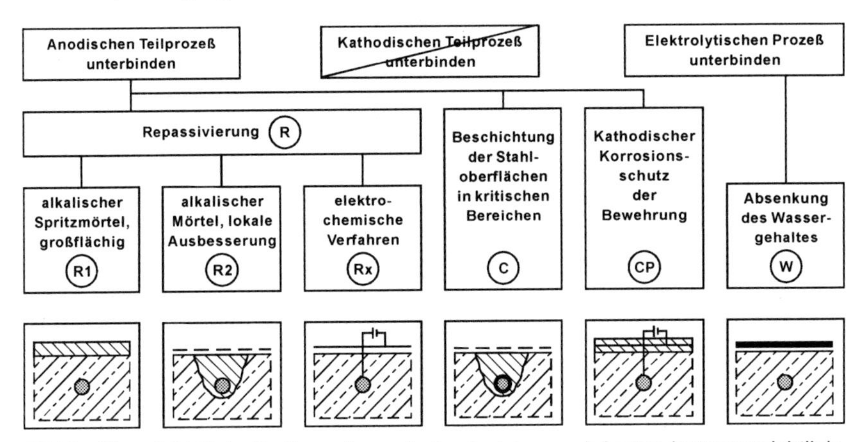

Bild 2: Übersicht über die Korrosionsschutzprinzipien nach Instandsetzungsrichtlinie des DAfStb

Somit ergeben sich folgende grundsätzliche Korrosionsschutzprinzipien:

R Wiederherstellen des aktiven Korrosionsschutzes durch Repassivierung der Bewehrung bzw. durch dauerhafte Realkalisierung des Betons in Umgebung der Bewehrung.

W Absenken des Wassergehaltes auf Werte, die sicherstellen, dass der elektrolytische Teilprozess soweit unterbunden wird, dass die weitere Korrosionsgeschwindigkeit auf ein unschädliches Maß reduziert ist.

C Beschichtung der Stahloberflächen, um den anodischen (und kathodischen) Teilprozess im Bereich der instandgesetzten Stahloberflächen zu unterbinden.

K Kathodischer Korrosionsschutz, um die Bewehrung in einem geschlossenen Regelkreis zu zwingen ausschließlich kathodisch zu wirken.

Ziel des Korrosionsschutzprinzips R – Realkalisierung des Betons – ist es, den verlorengegangenen aktiven Korrosionsschutz der Bewehrung wiederherzustellen. Die Maßnahmen dürfen sich nicht nur auf die Bereiche mit sichtbarer Korrosion an der Bewehrung beziehen, sondern müssen sich auf den gesamten Bereich mit Karbonatisierung bis zur Bewehrung bzw. mit Chloridgehalten über den kritischen Werten erstrecken.

Häufig kommt es zu einer örtlichen Korrosion, auch wenn der Beton über weite Bereiche karbonatisiert ist oder Chloridgehalte über dem kritischen Grenzwert aufweist. Bei Chloridgehalten, die nur geringfügig über dem kritischen Grenzwert liegen, ist dieser Fall sogar die Regel, da nach der Stabilisierung einzelner Korrosionsnarben das Korrosionspotential der kathodisch wirkenden Nachbarbereiche sinkt und diese dadurch praktisch kathodisch geschützt sind, bis der Chloridgehalt weiter ansteigt. Ähnliche Effekte können in karbonatisiertem Beton auftreten, wenn örtlich unterschiedliche Feuchtigkeits- oder Belüftungsverhältnisse vorhanden sind. Wird nun die korrodierende Stelle und nur diese instandgesetzt, entfällt der anodische Bereich und somit der kathodische Schutz für die Nachbarbereiche, so dass eine Instandsetzung der zunächst korrodierenden Bereiche unter Umständen Korrosion in den Nachbarbereichen geradezu initiiert.

Die dabei ablaufenden maßgebenden Mechanismen können anhand einer simulierten Instandsetzung mit Makroelementstrommessungen deutlich gemacht werden (s. Bilder 3-6):

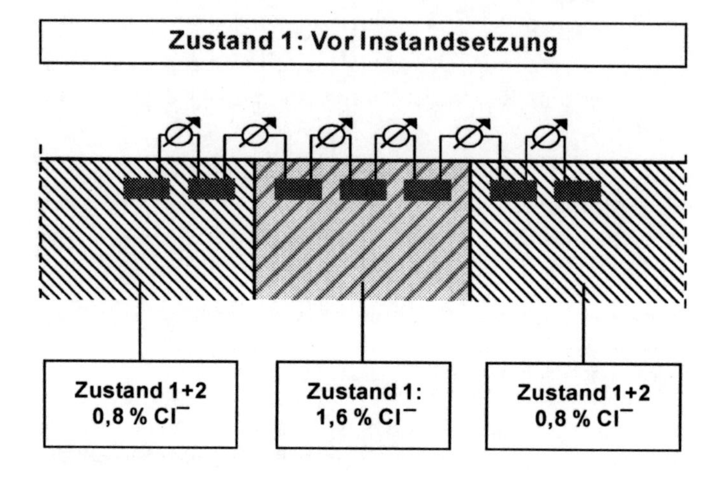

Bild 3: Prüfkörperaufbau zur lokalen Instandsetzung, Zustand vor der Instandsetzung

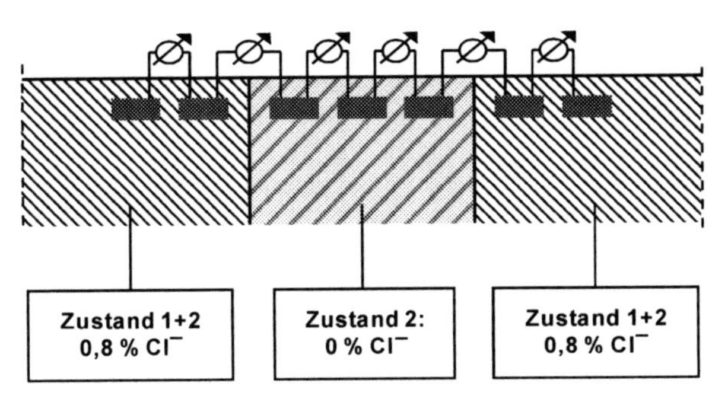

Bild 4: Prüfkörperaufbau zur lokalen Instandsetzung, Zustand nach der Instandsetzung

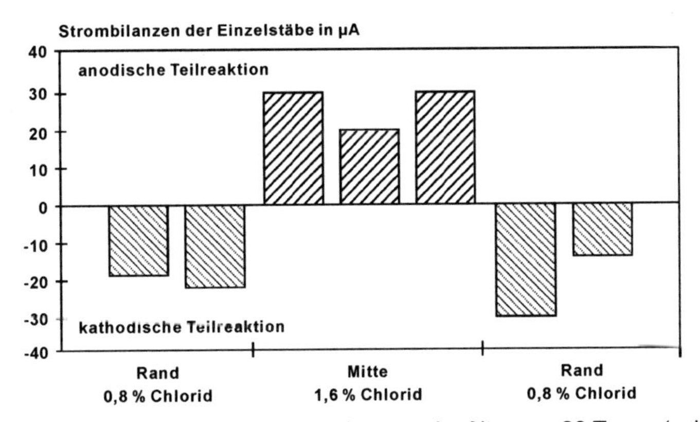

Bild 5: Korrosionszustand vor der Instandsetzung im Alter von 28 Tagen (vgl. Bild 3)

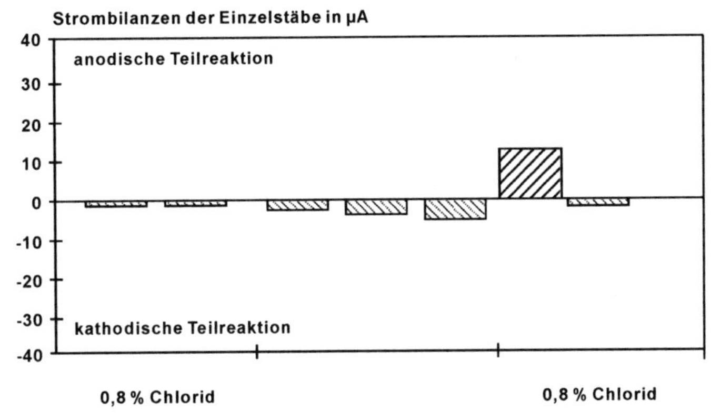

Bild 6: Korrosionszustand 300 Tage nach der Instandsetzung (vgl. Bild 5)

Der Ausbesserungsmörtel muss bei Instandsetzungsprinzip **R** eine ausreichende Alkalireserve, einen ausreichenden Karbonatisierungswiderstand und gegebenenfalls Chloriddiffusionswiderstand aufweisen.
Unter bestimmten Voraussetzungen kann es durch Hydroxylionendiffusion unter alkalischen Dickbeschichtungen (z. B. Spritzbeton) zu einer Realkalisierung bereits karbonatisierter Betonbereiche kommen. Dieser Effekt tritt insbesondere bei häufigen Feuchtigkeitswechseln im Beton auf, die im Hinblick auf Korrosion an der Bewehrung ungünstige Randbedingungen darstellen. Da ein solchermaßen realkalisierter Beton aber bezüglich des Karbonatisierungswiderstandes keinerlei Pufferkapazität aufweist, darf dieser Effekt zum einen nur bei Ausführung der obengenannten alkalischen Dickbeschichtung in Ansatz gebracht werden, zum anderen muss die Dickbeschichtung für die angestrebte Restnutzungsdauer einen ausreichenden Karbonatisierungswiderstand aufweisen. Der Vorteil dieses Verfahrens ist, dass nur der geschädigte Beton abgetragen werden muss (Prinzip **R1-K**, s. Bild 7). Für chloridinduzierte Korrosion scheidet dieses Prinzip allerdings aus: Auch bei großflächiger Spritzbetonbeschichtung muss der gesamte Beton mit unzulässig erhöhten Chloridgehalten entfernt werden.

Grundsätzlich muss jede Instandsetzungsmaßnahme gewährleisten, dass über den verbleibenden Zeitraum der angestrebten instandsetzungsfreien Restnutzungsdauer eine erneute Depassivierung der Stahloberfläche ausgeschlossen bleibt.

Da der aktive Korrosionsschutz wiederhergestellt wird, reicht eine Handentrostung der Stahloberflächen, die Korrosionserscheinungen aufweisen, aus (Reinheitsgrad St 2), insbesondere bei chloridinduzierter Korrosion wird aber Hochdruckwasserstrahlen empfohlen.

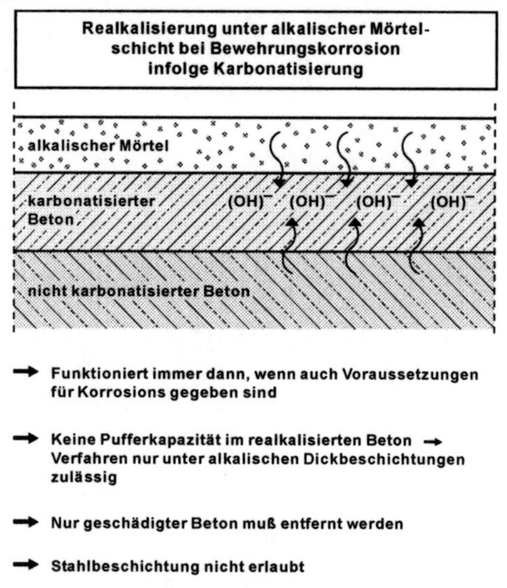

Bild 7: Grundsatzlösung R1-K bei Korrosion infolge Karbonatisierung

Das Korrosionsschutzprinzip W – Absenken des Wassergehaltes – beruht auf der Tatsache, dass die elektrolytische Leitfähigkeit des Betons mit abnehmendem Wassergehalt stark abnimmt.

Wegen der verbesserten elektrolytischen Leitfähigkeit und der Hygroskopizität chloridhaltigen Betons müssen bei chloridinduzierter Korrosion im Vergleich zu karbonatisierungsinduzierter Korrosion geringere Ausgleichsfeuchten (genauere Erkenntnisse fehlen für den Fall chloridinduzierter Korrosion noch) angestrebt werden.

Die Wirksamkeit der Maßnahme zur Senkung des Wassergehaltes (Hydrophobierung, Beschichtungen, Dichtungsschlämmen, etc.) ist durch Messungen des Feuchtigkeitsgehaltes vor und nach der Instandsetzung zu überprüfen. Dies gilt insbesondere bei der Instandsetzung chloridinduzierter Korrosionsschäden.

Ein besonders wichtiger Aspekt ist die Dauerhaftigkeit der Maßnahmen, die zur Absenkung des Wassergehaltes führen. Maßnahmen mit dem Ziel einer Ausschaltung der Kapillaraktivität haben nämlich neben dem Unterbinden von Korrosion der Bewehrung eine Zunahme der Karbonatisierung zur Folge, sofern die Maßnahme nicht mit karbonatisierungshemmenden Beschichtungskomponenten kombiniert wird. Wenn die Wirksamkeit der Maßnahme nun im Laufe der Zeit verloren geht, kann wegen der zwischenzeitlich eventuell stärkeren Karbonatisierung in bestimmten Abständen eine erhöhte Korrosionsgefahr gegeben sein. Unter Umständen ist deshalb eine regelmäßige Erneuerung der Maßnahme zur Absenkung des Wassergehaltes erforderlich. Außerdem erscheint es in der Regel sinnvoll und notwendig, Maßnahmen zur Absenkung des Wassergehaltes mit Maßnahmen zur Verbesserung des Karbonatisierungswiderstandes zu kombinieren.

Es liegt in der Natur dieses Instandsetzungsprinzips, dass der Beton nur dort entfernt werden muss, wo es durch Korrosionserscheinungen bereits zu Gefügelockerungen gekommen ist. Für die korrodierten Stahloberflächen genügt, wie bei Prinzip **R1**, Handentrostung (Reinheitsgrad St 2) bzw. Hochdruckwasserstrahlen (s. Bild 8).

Die Eigenschaften des Instandsetzungsmörtels sollten soweit als möglich den Eigenschaften des Betons entsprechen, d. h., dass zementgebundene oder kunststoffmodifizierte Mörtel empfohlen werden. Konkrete Anforderungen an den Instandsetzungsmörtel müssen jedoch nicht gestellt werden, da das Instandsetzungsprinzip auf der Wirksamkeit der Oberflächenbeschichtung beruht.

Absenkung des Wassergehaltes im Beton
- Anforderungen -

- → **Wirksamkeit der Oberflächenbeschichtung muß gewährleistet sein**
- → **keine Wasseraufnahme von anderen Quellen**
- → **nur geschädigter Beton muß ersetzt werden**
- → **Stahlbeschichtung nicht erforderlich**
- → **Alkalität Instandsetzungsmörtel ohne Bedeutung**

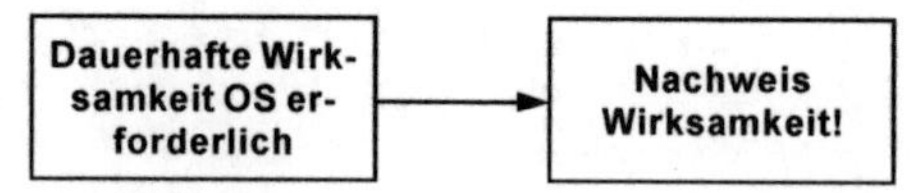

Bild 8: Instandsetzungsprinzip W

In vielen praktischen Fällen können die beiden erstgenannten Korrosionsschutzprinzipien nicht realisiert werden. Dies trifft immer dann zu, wenn eine Absenkung des Wassergehaltes ausscheidet, örtlich nur sehr geringe Betonüberdeckungen vorliegen und eine alkalische Mörtelschicht ausreichender Dicke aus geometrischen oder aus Gewichtsgründen ausscheidet. Das bedeutet, dass im Bereich der Ausbesserungsstellen der Ausbesserungsmörtel nicht in der Lage ist, den Korrosionsschutz der Bewehrung dauerhaft sicherzustellen. In diesen Fällen kann der Korrosionsschutz nach Prinzip C, d. h. durch Beschichten der Stahloberflächen erfolgen.

Hinsichtlich des Abtrags des geschädigten Betons müssen die gleichen Prinzipien wie im ersten Fall gelten, das heißt, der gesamte Beton in Kontakt mit der Bewehrung, der im Zeitraum der Restlebensdauer keinen Korrosionsschutz garantiert, muss abgetragen werden. Andernfalls muss mit erneuten Korrosionsschäden gerechnet werden, da ja die Feuchtigkeit nach diesem Konzept nicht abgesenkt wird.

Auch die Gefahr einer möglichen Aktivierung bislang kathodisch geschützter Oberflächenbereiche gilt in diesem Fall in gleicher Weise wie oben beschrieben, wenn nicht alle karbonatisierten Betonbereiche bzw. der gesamte Beton mit unzulässigen Chloridgehalten in Umgebung der Bewehrung abgetragen wird.

Die Beschichtung der Stahloberflächen erfolgt nach den im Stahlbau üblichen Regeln. Das bedeutet, dass die Stahloberflächen vor der Beschichtung von Schmutz- und Rostprodukten gereinigt werden müssen. Nach der Reinigung müssen die Oberflächen den Reinheitsgrad Sa 2½ aufweisen. Auf die Zugänglichkeit der der Betonoberfläche abgewandten Oberflächenbereiche der Bewehrung ist sowohl für die Oberflächenvorbehandlung wie für die Beschichtung selbst besonders zu achten.

Im Unterschied zur Situation bei Korrosionsschutzmaßnahmen im Stahlbau kann bei der Instandsetzung von Korrosionsschäden im Stahlbetonbau nicht die gesamte Stahloberfläche beschichtet werden. Das heißt, der kathodische und anodische Teilprozess kann nicht auf der gesamten Stahloberfläche der Konstruktion unterbunden werden. Im nicht instandgesetzten und damit nicht beschichteten Teilbereich bleibt der kathodische Teilprozess immer möglich. Die Übergangsstellen zwischen ausgebesserten und nicht ausgebesserten Oberflächenbereichen, d. h. zwischen beschichteten und unbeschichteten Bereichen, stellen deshalb immer Schwachstellen dar und müssen besonders sorgfältig ausgeführt werden. An diesen Übergangsstellen muss sowohl der Instandsetzungsmörtel als auch der Altbeton in der Lage sein, nach Abschluss der Gesamtinstandsetzungsmaßnahmen einen aktiven Korrosionsschutz für die Bewehrung zu garantieren.

Die elektrochemischen Methoden, die zur Instandsetzung von Korrosionsschäden an der Bewehrung zur Verfügung stehen, sind:

- kathodischer Korrosionsschutz (s. z. B. [3] und [4])
- elektrochemische Chloridextraktion
- elektrochemische Realkalisierung

Alle drei Methoden benutzen dieselben elektrochemischen Prinzipien: Eine oder mehrere Anoden bzw. Anodensysteme werden zunächst am Bauteil angebracht. Zum kathodischen Schutz von Bauteilen, die nicht mit einem Elektrolyten vollständig in Kontakt stehen, wie dies z. B. bei Meerwasserbauteilen oder erdberührten Bauteilen der Fall ist, müssen die Anoden die gesamte Betonoberfläche bedecken oder Stab- bzw. Drahtanoden müssen gleichmäßig über die Bauteiloberfläche einbetoniert werden. Für die Chloridextraktion und die Realkalisierung müssen Anoden temporär an der Betonoberfläche in ein ionenleitendes Medium eingebettet werden, das in Kontakt mit der Betonoberfläche steht.

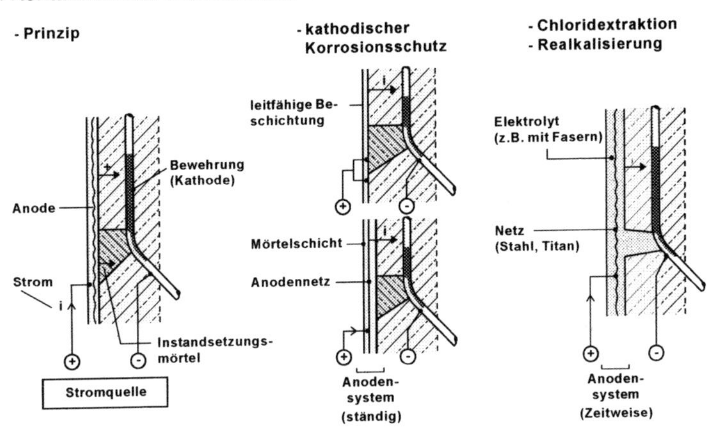

Bild 9: Funktionsweise der elektrochemischen Verfahren

Die Anoden werden mit dem positiven Pol einer Niederspannungsquelle verbunden, wobei der negative Pol an die Bewehrung angeschlossen wird, so dass die Bewehrung als Kathode einer elektrochemischen Zelle wirkt. Die Porenflüssigkeit des Betons wirkt als Elektrolyt und ermöglicht den Stromfluss zwischen Anoden und Kathoden.

Der aufgebrachte Strom hat positive, aber auch einige negative Auswirkungen. Zu den positiven Wirkungen gehören:

- Das elektrochemische Potential des Stahls wird zu negativen Werten hin verschoben. Dadurch wird die Korrosionsgeschwindigkeit reduziert oder Korrosion ganz unterbunden. Dieser Effekt ist das vorrangige Ziel des kathodischen Korrosionsschutzes.

- Alle negativ geladenen Ionen, also auch Chloridionen, wandern im elektrischen Feld zwischen Kathode und Anode in Richtung Anode und damit weg von der Bewehrung. Im Fall der Chloridextraktion wandern die Chloridionen somit in den auf der Betonoberfläche aufgebrachten Elektrolyten (üblicherweise eine wässrige Lösung oder Paste) und können dann zusammen mit dem Elektrolyten nach der Behandlung entfernt werden. Dieser Effekt wird bei der elektrochemischen Chloridextraktion vornehmlich genutzt, tritt aber auch beim kathodischen Korrosionsschutz auf.

- Entsprechend der elektrochemischen Reaktionen werden an der Kathode, also der Grenzschicht zwischen Bewehrung und Beton, Hydroxylionen gebildet. Diese wandern wie die Chloridionen durch die Betondeckung Richtung Anode. Dies ist ein wesentlicher Effekt, der bei der elektrochemischen Realkalisierung genutzt wird.

- Die möglichen negativen Effekte der elektrochemischen Methoden hängen sehr stark von den angewandten Stromdichten ab.

Zu den negativen Effekten gehören:

- Wanderung von Alkalien (Natrium und Kalium) zur Stahloberfläche mit dem möglichen negativen Effekt einer Alkali-Zuschlagreaktion durch Anhebung des pH-Wertes in Umgebung der Bewehrung

- Wasserstoffentwicklung an der Stahloberfläche, wenn zu stark polarisiert wird, das heißt, wenn die Ströme zu hoch werden und dadurch sehr stark negative Potentiale an der Bewehrung auftreten. Die Wasserstoffentwicklung kann sowohl zu Sprödbrüchen bei entsprechend empfindlichen Spannstählen als auch bei extrem hohen Stromdichten zu Sprengdrücken auf die Betondeckung führen.

- Extrem hohe Stromdichten können Aufheizungen und Rissbildungen verursachen

- Säureentwicklung an den Anoden können örtliche Beschädigungen des Betons erzeugen

Tabelle 1: Relevante Parameter der elektrochemischen Methoden

Methode	Typische Stromdichten [1)] mA/m²	Anwendungs - dauer	Anoden- und Elektrolytsysteme
Kathodischer Korrosions-schutz	10	dauernd (für die Restnutzung)	Inertanoden mit unterschiedlicher Zusammensetzung (z. B. platiniertes Titan), in Zementmörtel, leitfähige Beschichtungen, Zink
Chlorid-extraktion	1000	2...8 Wochen	Stahl oder inertes Anodengitter; (Elekrolyt: Wasser oder Faserpasten (z. B. Pappmaché)
Realkalisie-rung	1000	2...20 Tage	Stahl oder inertes Anodengitter; (Elektrolyt: Wasser oder Faserpasten (z. B. Pappmaché)

1) Die Stromdichte wird in der Praxis häufig auf die Betonoberfläche bezogen; elektrochemisch ist es jedoch richtiger, sie auf die Stahloberfläche zu beziehen. Die Stromdichten beziehen sich auf Mittelwerte, gleichmäßige Stromverteilung über die Betonfläche vorausgesetzt; dies ist bei ungleichmäßiger Bewehrungsverteilung aber nicht der Fall.

Bei der elektrochemischen Realkalisierung wird dem Elektrolyten auf der Betonoberfläche in der Regel Soda (Natriumkarbonat) zugesetzt. Von Systemanbietern wird argumentiert, dass durch das elektrische Feld die Sodalösung in den Beton in Richtung Bewehrung eindringt. Soda hat im Gleichgewicht mit dem CO_2-Partialdruck der Luft einen pH-Wert in wässriger Lösung von etwa 10,5. Bei diesen pH-Werten kann blanker Stahl passiviert werden, es fehlt aber nach wie vor der Nachweis, ob korrodierte Bewehrung jeglicher Art repassiviert werden kann.

Versuche zeigen, dass das Eindringen von Soda infolge des elektrischen Feldes gering ist, Wanderungsvorgänge finden lediglich aufgrund des Konzentrationsgefälles statt. Die Versuche zeigen auch, dass der wesentliche Effekt der Realkalisierung durch Hydrolyse Reaktionen an der Stahloberfläche hervorgerufen wird.

Da eine dauerhafte Anhebung des pH-Wertes durch die Hydrolyse wegen der fehlenden Pufferkapazität des realkalisierten Betons in Kontakt mit Luft nicht sichergestellt ist, muss nach der Realkalisierung eine Oberflächenbeschichtung aufgebracht werden, die ein Eindringen von CO_2 in den Beton verhindert.

Die Wirksamkeit und Dauerhaftigkeit dieser elektrochemischen Realkalisierung wird derzeit in einem Verbund-Forschungsvorhaben mit der Fa. CITEC, Dresden, im ibac untersucht.

Bei der elektrochemischen Chloridextraktion ist zu beachten, dass nach einer bestimmten Zeit der Behandlung ein Stillstand im Chloridionentransport eintritt, spätestens wenn der gesamte Ladungstransport über die bei der Hydrolyse erzeugten

Hydroxylionen bewerkstelligt wird. Als Folge davon kann nicht das gesamte Chlorid entzogen werden. Praktische Erfahrungen zeigen, dass der verbleibende, nicht extrahierbare Chloridgehalt um so höher ist, je höher der Ausgangschloridgehalt war.

In jedem Fall sind Vorversuche anzuraten, um für die speziellen Gegebenheiten des instandzusetzenden Bauwerkes nachzuweisen, ob in einer vernünftigen Zeit auch ein ausreichender Erfolg erzielt werden kann. Der Erfolg der Maßnahme ist durch Chloridprofile vor und nach der Maßnahme zu überprüfen. Bei Planung der Entnahmestellen für die Chloridprofile ist zu beachten, dass die Chloridverteilung in Abhängigkeit von der Bewehrungslage sowohl über die Tiefe als auch über die Fläche des Betonquerschnitts stark variieren wird. Deshalb ist ein ausreichend dichtes Raster für die Chloridprofile anzulegen.

Der kathodische Korrosionsschutz ist sowohl außerhalb des Betonbaus (Schutz erdverlegter Stahlrohre, von Schiffen, von Behältern und Maschinenbauteilen, die mit aggressiven Medien beaufschlagt werden, usw.) als auch im Betonbau (Offshore-Bauten, Brückendecks in den USA) eine seit vielen Jahren bewährte Schutzmethode (s. z. B. [3]).

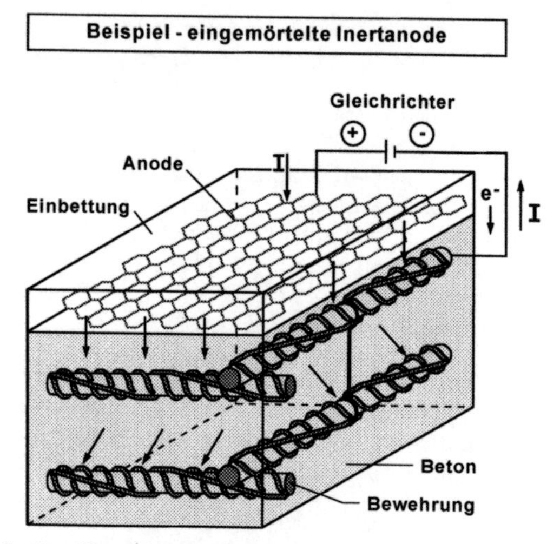

Bild 10: Kathodischer Korrosionsschutz im Stahlbeton – Prinzip

Das Prinzip des kathodischen Schutzes beruht darauf, dass die zu schützende Bewehrung in einem geschlossenen Regelkreis gezwungen wird, kathodisch zu wirken. Die Rolle der Anoden übernehmen eigens dafür angeordnete Elektroden, die sowohl elektrisch als auch elektrolytisch mit der zu schützenden Bewehrung verbunden sein müssen. Als Systeme kommen sowohl Opferanodensysteme (Offshore- und sonstige Meerwasserbauten) als auch Fremdstromsysteme mit Inertanoden (alle übrigen Stahlbetonbauten, die nicht in unmittelbarem Kontakt mit dem Elektrolyten, z. B. Meerwasser oder leitfähigem Beton stehen) in Betracht. Während in den letzten Jahren überwiegend ein in Spritzmörtel eingebettetes Streckmetall aus aktiviertem

Titan als Anode eingesetzt wurde, wurden inzwischen leitfähige Beschichtungen, Karbonanoden und verschiedene Opferanodensysteme auf Zinkbasis entwickelt.

Literatur

[1] Deutscher Ausschuss für Stahlbeton: Richtlinie für Schutz und Instandsetzung von Betonbauteilen – 2000

[2] Raupach, M.: Zur chloridinduzierten Makroelementkorrosion von Stahl in Beton. Berlin : Beuth. – In: Schriftenreihe des deutschen Ausschusses für Stahlbeton (1992), Nr. 433

[3] Raupach, M.: Kathodischer Korrosionsschutz im Stahlbetonbau. In: Beton 42 (1992), Nr. 12, S. 674 – 676

[4] Baeckmann von, W. ; Schwenk, W.: Handbuch des kathodischen Korrosionsschutzes. 3. Aufl. Weinheim : VCH Verlagsgesellschaft, 1989 4. Aufl. Weinheim : VCH Verlagsgesellschaft, 1999

3 Betoninstandsetzung nach Europäischen Regelungen

Michael Raupach

1 Allgemeines

In Europa werden derzeit die bestehenden nationalen Normen auf Europäische Regelungen umgestellt. Dies betrifft auch den Bereich der Instandsetzung von Stahl- und Spannbetonbauwerken. In diesem Beitrag wird zunächst der aktuelle Stand der Bearbeitung der Europäischen Regelwerke beschrieben. Anschließend wird allgemein die Klassifizierung der geregelten Instandsetzungsprinzipien erläutert.

2 Aktueller Stand der Bearbeitung der Regelwerke für Schutz und Instandsetzung

Derzeit steht die Europäische Normenreihe EN 1504 für Schutz und Instandsetzung von Betonbauteilen kurz vor der Fertigstellung und damit auch der absehbaren nationalen Einführung. Die Normenreihe EN 1504 besteht aus den folgenden 10 Hauptnormen und ca. 60 Prüfnormen, auf die hier nicht weiter eingegangen wird:

Tabelle 1: Aufbau der Normenreihe EN 1504

EN 1504-1	General Scope an Definitions
PrEN 1504-2	Surface Protection Systems (Concrete Coatings)
PrEN 1504-3	Structural and Non-Structural Repair (Mortars)
PrEN 1504-4	Structural Bonding (Steel Plates and Fibre Reinforced Polymers)
PrEN 1504-5	Concrete Injection
PrEN 1504-6	Grouting to Anchor Reinforcement or to Fill External Voids
PrEN 1504-7	Reinforcement Corrosion Protection
PrEN 1504-8	Quality Control and Evaluation of Conformity
ENV 1504-9	General Principles for the use of Products and Systems
PrEN 1504-10	Site Application of Products and Systems and Quality Control of the Works

Bei den Teilen 2 bis 7 handelt es sich um sogenannte „Harmonisierte Produktnormen", die die Regelungen für die CE-Kennzeichnung der Schutz- und Instandsetzungsprodukte beinhalten, die in Europa in den Verkehr gebracht werden dürfen. Diese sind für alle Europäische Länder verbindlich.

Der genaue Zeitplan für die Einführung ist bisher noch nicht verbindlich festgelegt worden, da von Seiten Deutschlands eine Paketlösung für die Einführung der Teile 2 bis 7 angestrebt wird, d.h. dass alle Teile der Normenreihe zugleich eingeführt werden sollen, sobald der letzte Teil erschienen ist, während bedingt durch die nicht gleichzeitige Veröffentlichung aller Teilnormen auch eine sukzessive Einführung über ca. 1 bis 2 Jahre denkbar ist. Letztere Variante hätte den Nachteil, dass die Stoffgruppen Oberflächenschutz, Mörtel, Rissfüllstoffe und Korrosionsschutz der Bewehrung nicht zeitgleich eingeführt werden könnten.

Bezüglich der Verwendung der CE-gekennzeichneten Produkte liegt die Verantwortung bei den einzelnen Staaten. Nach derzeitigem Stand der Diskussion soll mit den einzelnen Teilen der EN 1504 wie folgt verfahren werden:

Tabelle 2: Derzeitiger Stand der geplanten Einführung der Normenteile für bauaufsichtlich relevante Anwendungen in Deutschland

Teil der EN 1504	*Kurzbezeichnung*	*Art der geplanten Einführung in Deutschland*
PrEN 1504-1	Definitionen	-
PrEN 1504-2	Oberflächen-schutz	+ Deutsche Anwendungsnorm
PrEN 1504-3	Mörtel/Betone	+ Deutsche Anwendungsnorm
PrEN 1504-4	Klebstoffe	Zulassungen
PrEN 1504-5	Rissfüllstoffe	+ Deutsche Anwendungsnorm
PrEN 1504-6	Verankerungs-mörtel	Zulassungen
PrEN 1504-7	Stahlbeschichtung	+ Deutsche Anwendungsnorm
PrEN 1504-8	Qualitätssiche-rung	-
ENV 1504-9	Planungsgrund-sätze	+ Deutsche Anwendungsnorm
PrEN 1504-10	Ausführung	+ Deutsche Anwendungsnorm

Derzeit ist es Stand der Diskussion, als Deutsche Anwendungsnormen die bestehenden Regelwerke „Schutz und Instandsetzung von Betonbauteilen“ des DAfStb in der überarbeiteten Fassung Oktober 2001 bzw. die damit harmonisierte ZTV-ING des BMVBW speziell für Brückenbauwerke des Verkehrsministers zu verwenden, so dass die bestehenden Instandsetzungskonzepte nach Einführung der Europäischen Normenreihe EN 1504 im wesentlichen beibehalten würden, während sich hauptsächlich die Produktbezeichnungen sowie deren Qualitätssicherungssystem ändern würden.

3 Instandsetzungsprinzipien nach nationalen und europäischen Regelwerken

Grundlage für die Festlegung der Instandsetzungsprinzipien der derzeit gültigen Richtlinie „Schutz und Instandsetzung von Betonbauteilen“ des DAfStb sind die elektrochemischen Zusammenhänge des Korrosionsprozesses von Stahl in Beton. Dieser besteht bekannterweise aus drei Teilprozessen, nämlich der anodischen Eisenauflösung, der kathodischen Sauerstoffreduktion und dem elektrolytischen Teilprozess (s. z B. [1]). Wird nur einer dieser Teilprozesse verhindert, so kommt die Korrosion zum Stillstand, was folgendermaßen erreicht werden kann:

- **Vermeiden der anodischen Teilreaktion**
  Dieses Ziel kann auf verschiedene Weise erreicht werden. Eine erste Möglichkeit ist es, das alkalische Milieu in Umgebung der Bewehrung wiederherzustellen. Eine zweite Möglichkeit besteht darin, dass man die Bewehrung in einem geschlossenen Regelkreis zwingt, kathodisch zu wirken (kathodischer Korrosionsschutz). Eine dritte Möglichkeit besteht schließlich darin, den Elektrolyten durch eine wirksame Beschichtung vom Stahl zu trennen und somit den anodischen Teilprozess zu unterbinden.

- **Vermeiden der kathodischen Teilreaktion**
  Unter baupraktischen Verhältnissen ist das Unterbinden des kathodischen Teilprozesses nur in seltenen Ausnahmefällen realisierbar. Die Richtlinie des DAfStb sieht diese Möglichkeit als Instandsetzungsprinzip deshalb nicht vor.

- **Unterbinden des elektrolytischen Teilprozesses**
  Durch Absenkung des Wassergehaltes im Beton kann die Korrosionsgeschwindigkeit auf praktisch vernachlässigbare Werte gesenkt werden, da sämtliche Transportvorgänge im Beton gehemmt werden.

Daraus ergeben sich folgende grundsätzliche Korrosionsschutzprinzipien:

R Wiederherstellen des aktiven Korrosionsschutzes durch Repassivierung der Bewehrung bzw. durch dauerhafte Realkalisierung des Betons in Umgebung der Bewehrung.

W Absenken des Wassergehaltes auf Werte, die sicherstellen, dass der elek trolytische Teilprozess soweit unterbunden wird, dass die weitere Korrosionsgeschwindigkeit auf ein unschädliches Maß reduziert ist.

C Beschichtung der Stahloberflächen, um den anodischen (und kathodischen) Teilprozess im Bereich der instandgesetzten Stahloberflächen zu unterbinden.

K Kathodischer Korrosionsschutz, um die Bewehrung zu zwingen, ausschließlich bzw. überwiegend kathodisch zu wirken.

Schematisch lassen sich die Korrosionsschutzprinzipien und zugehörigen Verfahren folgendermaßen darstellen:

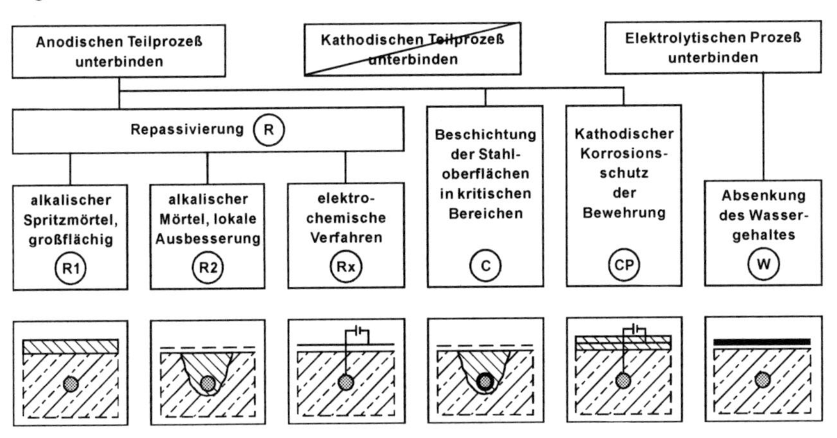

Bild 1: Vereinfachte Darstellung der Instandsetzungsprinzipien nach der Richtlinie „Schutz und Instandsetzung von Betonbauteilen" des DAfStb

Die Normenreihe EN 1504 erweitert die Palette der Instandsetzungsprinzipien nach der Deutschen Richtlinie (s. Bild 1) um weitere Prinzipien für den Korrosionsschutz der Bewehrung sowie um den Bereich der Prinzipien zur Sicherstellung der Dauerhaftigkeit des Betons. In Teil 9 der EN 1504 werden insgesamt 11 Instandsetzungsprinzipien angegeben, die nach Schutz des Betons (Prinzipien 1-6, s. Tab. 3) und Schutz der Bewehrung (Prinzipien 7-11, s. Tabelle 4) eingeteilt sind:

Tabelle 3: Instandsetzungsprinzipien für Beton nach EN 1504, Teil 9

Prinzip Nr.	Kurzbezeichnung
Prinzip 1 [IP]	Schutz gegen das Eindringen von Stoffen
Prinzip 2 [MC]	Regulierung des Wasserhaushaltes des Betons
Prinzip 3 [CR]	Betonersatz
Prinzip 4 [SS]	Verstärkung
Prinzip 5 [PR]	Physikalische Widerstandsfähigkeit
Prinzip 6 [RC]	Widerstandsfähigkeit gegen Chemikalien

Tabelle 4: Instandsetzungsprinzipien für die Bewehrung nach EN 1504, Teil 9

Prinzip Nr.	Kurzbezeichnung
Prinzip 7 [RP]	Erhalt oder Wiederherstellung der Passivität
Prinzip 8 [IR]	Erhöhung des elektrischen Widerstands
Prinzip 9 [CC]	Kontrolle kathodischer Bereiche
Prinzip 10 [CP]	Kathodischer Schutz
Prinzip 11 [CA]	Kontrolle anodischer Bereiche

Für die in den Tabellen 3 und 4 genannten Instandsetzungsprinzipien gibt es jeweils verschiedene Methoden, die in den Tabellen 5-12 nach EN 1504-9 zusammengestellt sind. Dabei wurden der Vollständigkeit und Übersichtlichkeit halber auch die Methoden genannt, die nicht in der Normenreihe EN 1504 geregelt sind, sowie auch Methoden, für die es derzeit noch keine erprobten Verfahren gibt, wie z. B. Methode 9.1, um alle eventuell zukünftig möglichen Methoden vollständig abzudecken.

Tabelle 5: Methoden für Instandsetzungsprinzip PI

Prinzip			Methoden zur Realisierung des Prinzips
lfd. Nr.	Kurzzeichen	Definition	
1	PI	"Protection against Ingress" Schutz gegen Eindringen von Schadstoffen (z.B. Wasser und andere Flüssigkeiten, Dampf, Gase, Ionen, biologische Schadstoffe)	1.1 Imprägnierung (Versiegelung): kapillares Aufsaugen flüssiger Produkte, die im Porensystem aushärten und dieses blockieren 1.2 Filmbildende Beschichtung ohne oder mit rißüberbrückender Wirkung 1.3 Örtliche Rißüberdeckung 1.4 Füllen von Rissen 1.5 Umwandlung von Rissen in Fugen 1.6 Plattenverkleidung 1.7 Membranabdichtung

Tabelle 6: Methoden für Instandsetzungsprinzip MC

Prinzip			Methoden zur Realisierung des Prinzips
lfd. Nr.	Kurzzeichen	Definition	
2	MC	"Moisture Control" Trockung bzw. Senkung des Feuchtegehaltes des Betons unter einen definierten Grenzwert	2. 1 Hydrophobierende Imprägnierung 2. 2 Filmbildende Beschichtung 2. 3 Externe Verkleidungen 2. 4 Elektrochemische Behandlung (Aufbringen einer Potentialdifferenz in bestimmten Bauteilbereichen zur Verstärkung oder Abschwächung der Wasserdiffusion) (Warnvermerk bei Stahlbeton: Korrosionsgefahr für die Bewehrung)

Tabelle 7: Methoden für Instandsetzungsprinzip P*I*

Prinzip			Methoden zur Realisierung des Prinzips
lfd. Nr.	Kurzzeichen	Definition	
3	CR	"Concrete Restauration" Reprofilierung oder Austausch von Bauteilen	3. 1 Mörtelauftrag von Hand 3. 2 Betonieren gemäß EN 206 3. 3 Spritzbetonauftrag 3. 4 Ersatz von Bauteilen

Tabelle 8: Methoden für Instandsetzungsprinzip SS

Prinzip			Methoden zur Realisierung des Prinzips
lfd. Nr.	Kurzzeichen	Definition	
4	SS	"Structural Strengthening" Wiederherstellung oder Erhöhung der Belastbarkeit des Betonbauteils	4. 1 Ersatz oder Ergänzung von integrierter oder externer Bewehrung 4. 2 Einlegen von Bewehrung in gebohrte Löcher oder gefräste Schlitze 4. 3 Ankleben von Laschen aus Stahl oder faserverstärktem Kunststoff 4. 4 Vergrößerung der Bauteildicke durch Anbetonieren 4. 5 Injektion von Rissen und Fehlstellen 4. 6 Füllen von Rissen und Fehlstellen 4. 7 Anordnung externer Spannglieder

Tabelle 9: Methoden für Instandsetzungsprinzipien PR und RC

Prinzip			Methoden zur Realisierung des Prinzips
lfd. Nr.	Kurzzeichen	Definition	
5	PR	"Physical Resistance" Erhöhung der Widerstandsfähigkeit gegen physikalische und mechanische Beanspruchungen	5.1 Mörtelbeläge oder Beschichtungen 5.2 Festigende Imprägnierung
6	RC	"Resistance to Chemicals" Erhöhung der Widerstandsfähigkeit der Betonoberfläche gegen chemischen Angriff	6.1 Mörtelbeläge oder Beschichtungen 6.2 Porenfüllende Imprägnierungen

Tabelle 10: Methoden für Instandsetzungsprinzip PR

Prinzip			Methoden zur Realisierung des Prinzips
lfd. Nr.	Kurzzeichen	Definition	
7	PR	"Preserving or Restoring Passivity" Erzeugung chemischer Bedingungen, unter denen die Bewehrung durch Passivität geschützt ist	7.1 Erhöhung der Betondeckung 7.2 Ersatz karbonatisierten oder schadstoffhaltigen Betons 7.3 Elektrochemische Realkalisation karbonatisierten Betons 7.4 Realkalisation karbonatisierten Betons durch Diffusion aus alkalischen Bereichen 7.5 Elektrochemische Chloridextraktion

Tabelle 11: Methoden für Instandsetzungsprinzipien IR und CC

Prinzip			Methoden zur Realisierung des Prinzips
lfd. Nr.	Kurzzeichen	Definition	
8	IR	"Increasing Resistivity" Erhöhung des elektrischen Widerstandes des Betons	8.1 Absenkung des Feuchtigkeitsgehaltes des Betons (durch Beschichten oder Verkleiden)
9	CC	"Cathodic Control" Herstellung von Bedingungen, unter denen potentiell kathodische Bereiche der Bewehrung gehindert werden, eine anodische Reaktion hervorzurufen	9.1 Begrenzung des Sauerstoffgehaltes in den potentiellen Kathodenbereichen auf ein unschädliches Maß (durch Wassersättigung oder durch Beschichtung)

Tabelle 12: Methoden für Instandsetzungsprinzipien CP und CA

Prinzip			Methoden zur Realisierung des Prinzips
lfd. Nr.	Kurzzeichen	Definition	
10	CP	"Cathodic Protection"	10.1 Erzeugung einer geeigneten elektrischen Potentialdifferenz im Bauteil
11	CA	"Control of Anodic Areas" Erzeugung von Bedingungen, unter denen potentiell anodische Bereiche der Bewehrung gehindert werden, korrosionsaktiv zu werden	11.1 Beschichtung der Bewehrung mit aktiv pigmentierten Anstrichen 11.2 Beschichtung der Bewehrung mit isolierenden Anstrichen 11.3 Anwendung von Inhibitoren im Beton

Die Tabellen 5-12 zeigen die Vielfalt möglicher Instandsetzungskonzepte sehr eindrucksvoll. Der kathodische Korrosionsschutz von Stahl im Beton ist in DIN-EN 12696 geregelt, während für die elektrochemische Realkalisierung und Chloridextraktionsbehandlung für Stahlbeton ein Entwurf der EN 14038 vorliegt, die voraussichtlich in zwei Teilen erscheinen wird.

4 Literatur

[1] Raupach, M.: Zur chloridinduzierten Makroelementkorrosion von Stahl in Beton. Berlin : Beuth. – In: Schriftenreihe des deutschen Ausschusses für Stahlbeton (1992), Nr. 433

4 Der sachkundige Planer und seine Aufgaben

Heinz Dieter Dickhaut

Der Betoninstandsetzungsmarkt beweist immer wieder, dass eine sachkundige und umfassende Planung von Betoninstandsetzungsarbeiten vielfach noch nicht zum Selbstverständnis so mancher Ingenieure/Architekten gehört, die solche Leistungen ausschreiben und vergeben. Dies ist um so unverständlicher, weil die Planungsnotwendigkeit ausnahmslos logisch ist und in einschlägigen Regelwerken bereits seit 1990 gefordert wird. Die Richtlinie Schutz und Instandsetzung von Betonbauteilen des DAfStb *(Ausgabe Oktober 2001)* hat die Planungsnotwendigkeit und die Planungsaufgabe nochmals präzisiert. Diese Richtlinie ist Teil der Bauregelliste, sie ist zwischenzeitlich in allen Bundesländern bauaufsichtlich eingeführt, sie verkörpert damit zu beachtendes Baurecht. Es reicht keinesfalls aus, eine Leistungsbeschreibung mit „Rezeptbuchcharakter" *(abgeschrieben von anderen Instandsetzungsaufträgen, alten Ausschreibungen oder auf CD gekauft)* auf den Markt zu geben, der keine zielorientierte Bauwerks-/Bauteiluntersuchung vorausgegangen ist. Immer häufiger anzutreffende Streitigkeiten vor Gericht belegen zweifelsfrei die hohe Verantwortung des Planers für das Gelingen einer Betoninstandsetzung und die Einhaltung der bereits im Vorfeld der Ausführung genannten Instandsetzungskosten. Der sachkundige Planer ist die Schlüsselfigur für den Erfolg einer Betoninstandsetzungsmaßnahme, nicht nur wegen seiner Planungsleistung und der auftraggeberseitigen Bauüberwachung, sondern auch, weil er für die Auswahl der geeigneten Unternehmen zur Betoninstandsetzungsausführung verantwortlich ist *(nicht jedes Betoninstandsetzungs-unternehmen ist für jede Art von Betoninstandsetzungsleistungen geeignet)*.

Allgemeine Aufgaben des sachkundigen Planers, z. B.:

- Beratung des Auftraggebers.
- Festlegung des Instandsetzungsziels nach umfassender Aufklärung des Auftraggebers und in Abstimmung mit diesem.
- Beschaffen der Grundlagen, die zur Vorbereitung von Planung und Ausführung und zum Erreichen des Instandsetzungsziels nötig sind *(Einstieg in die Bauwerksgeschichte)*.
- Kompetenzprüfung, Beauftragung von Sonderfachleuten bei bestimmten Sachverhalten.
- Beachtung technischer und rechtlicher Vorgaben.
- Ausschreibung und Vertragsgestaltung.

Auftraggeberpflichten und spezielle Aufgaben des sachkundigen Planers

Betoninstandsetzungsmaßnahmen hat ausnahmslos und unabhängig davon, ob die Maßnahme standsicherheitsrelevant ist oder nicht, eine Planung vorauszugehen. Es liegt im Verantwortungsbereich des Auftraggebers diese unumgängliche Planungsaufgabe einem sachkundigen Planer zu übertragen, der die erforderlichen besonderen Kenntnisse auf dem Gebiet von Schutz und Instandsetzung nachweisen kann. Die Hinzuziehung von Sonderfachleuten ist nicht nur zulässig, sie ist vielfach unvermeidlich.

Der Auftraggeber, besonders wenn er „Profibauherr" ist, hat die Eignung des von ihm gewählten Planers zu hinterfragen *(hier ist vielfach zu beobachten, dass Auftraggeber Architekten/Ingenieure mit der Betoninstandsetzungsplanung beauftragen, zu denen aus anders gearteten Bauaufgaben eine Geschäftsverbindung besteht. Die aktuelle konjunkturelle Lage verleitet dann viele – in der Betoninstandsetzung unerfahrene - Planer zur Auftragannahme).*

Die Planungsaufgabe ist ausführlich im Teil 1 der Richtlinie Schutz und Instandsetzung von Betonbauteilen des DAfStb beschrieben. Dazu gehört z. B.:

- Die umfassende Feststellung des Istzustandes des Betonbauwerks und seiner Teile. Mängel oder Schäden und deren Ursachen sind immer schriftlich anzugeben. Der sachkundige Planer hat Bauteilmängel und Schäden vollständig zu erfassen, „Auftraggeberwünsche" im Hinblick auf das Gutachtenergebnis müssen unberücksichtigt bleiben. Es zählen in diesem Leistungsteil nur technische Tatsachen und die Verantwortlichkeit des Planers.
- Aus den Ermittlungen des Ist- und Sollzustandes ist das Instandsetzungskonzept zu entwickeln, was ebenfalls in schriftlicher Form zu geschehen hat. Da oftmals mehrere Wege zum Ziel führen und wirtschaftliche Gesichtspunkte über die Dauer der Nutzungszeit der Bauteile Ausführungskriterium sein können, sind die möglichen Inhalte des Instandsetzungskonzepts – nach ausführlicher Beratung – immer mit dem Auftraggeber abzustimmen. Die Ergebnisse solcher Vereinbarungen sollten zur Vermeidung späterer Streitigkeiten schriftlich fixiert werden.
- Für jedes Instandsetzungsvorhaben ist ein Instandsetzungsplan *(gegebenenfalls einschließlich Leistungsverzeichnis)* aufzustellen und zu beachten, der die Grundsätze für die Instandsetzung, die Anforderungen an die Ausführung und erforderlichenfalls Fragen des Brandschutzes berücksichtigt. Dabei ist zu überprüfen, ob die Grundprüfungen der Stoffe die Verhältnisse des vorliegenden Falles grundsätzlich abdecken *(nicht alle gelisteten Stoffe sind in grenzwertigen Fällen gleichermaßen geeignet).*
- Leistungen, die im Zusammenhang mit der Betoninstandsetzung stehen und die die Dauerhaftigkeit einer Betoninstandsetzungsmaßnahme wesentlich beeinflussen, z. B. Abdichtungen, sind im Instandsetzungskonzept zu berücksichtigen.
- Der sachkundige Planer legt fest, ob die geplante Maßnahme für die Erhaltung der Standsicherheit erforderlich ist und welche Maßnahmen zur Überwachung der Ausführung zu treffen sind. Diese Angaben sind in die Ausschreibungsunterlagen aufzunehmen.
- Vom sachkundigen Planer ist für die gewählte Ausführung ein Instandhaltungsplan zu erstellen, der planmäßige Inspektionen und Angaben zu Wartung und Instandhaltungsmaßnahmen enthält *(kann künftig für die Durchsetzung von Gewährleistungsansprüchen von wesentlicher Bedeutung sein).*
- Dem sachkundigen Planer obliegen außerdem die üblichen HOAI-Pflichten.

DIN 18349 – Betonerhaltungsarbeiten – formuliert im Abschnitt 0 - *Hinweise für das Aufstellen der Leistungsbeschreibung* – uneingeschränkt gleichlautend zur Richtlinie Schutz und Instandsetzung von Betonbauteilen des DAfStb durch ausschließlichen Verweis auf diese.

Erklärung zum Abschnitt 0 der DIN 18349

Abschnitt 0 der VOB Teil C wird oftmals falsch verstanden und von vielen Planern und Auftraggebern unterbewertet. Dabei beschreibt Abschnitt 0 auch die Auftraggeber-/Planerpflichten, die im Vorfeld einer Leistungsbeschreibung im Sinne von § 9 der VOB/A zu beachten sind. Stolperstein von Abschnitt 0 ist vielfach der Hinweis, dass dieser Abschnitt nicht Vertragsbestandteil wird, was oft zur Folge hat, dass man meint, man müsse diesen Teil auch nicht beachten. Abschnitt 0 kann aber allein deshalb nicht Vertragsbestandteil werden, weil hier Auftraggeberleistungen beschrieben werden, die dieser vor Auftragserteilung an das ausführende Unternehmen zu erbringen hat. Zum Zeitpunkt der Planung besteht ja noch kein Vertragsverhältnis zwischen Auftraggeber und bauausführenden Auftragnehmen, hier sind lediglich Planungsleistungen beschrieben/vorgegeben, die ja bekanntlich keine VOB-Leistungen sind. Erst Abschnitt 3 beschreibt die Mindestausführungsstandards, die später das ausführende Unternehmen beachten muss, wenn im Leistungsbeschrieb nicht ausdrücklich höhere Anforderungen oder andere Ausführungsarten gefordert werden

Die genannten Grundlagen gelten auch bei entsprechenden Leistungen an Neubauten, wie z.B.:

Abdichten von Rissen in Weißen Wannen oder Schutzbeschichtungen im Sinne der DIN 1045.

Die bereits genannten Regelwerksvorgaben sind sinngemäß auch immer bei Instandsetzungen an Betonbauteilen zu beachten, die in den Regelwerken nicht gesondert aufgeführt sind, wie z. B. die Instandsetzung von Leichtbetonbauteilen, von Trinkwasserbehältern aus Beton oder Betonteilen von Wasserbauwerken.

Zwischenfazit

Der Planer schuldet immer alle Planungsleistungen, die zum sicheren Erreichen des Schutz- oder Instandsetzungsziels notwendig sind und die, die zur Erzielung von Kostensicherheit bei der späteren Bauausführung wesentlich sind.

Nur eine umfassende Instandsetzungsplanung und ein darauf aufbauendes Leistungsverzeichnis - mit eindeutigen Leistungspositionen - schafft fairen Wettbewerb unter anbietenden Fachfirmen. Sie führt zur Optimierung der Instandsetzungsleistung und deren Kosten. Nur so sind Spekulationen und/oder Schlechtleistungen verhinderbar.

Betoninstandsetzungsplaner müssen sich darüber im Klaren sein, dass nicht der Vergabeerfolg das Maß der Dinge ist, sondern allein die auf Grundlage der Planung erreichbare Instandsetzungsqualität in Verbindung mit der Höhe der sich erst später einstellenden Schlussrechnung des ausführenden Unternehmens. Planer haften gegenüber ihrem Auftraggeber auch für die Kostensicherheit bei Betoninstand-setzungsausführungen.

Zu beachtende Regelwerke

DAfStb-Richtlinie Schutz und Instandsetzung von Betonbauteilen, Ausgabe Oktober 2001

VOB/C, DIN 18349 Betonerhaltungsarbeiten, Ausgabe Dezember 2002

Ggfs. ZTV-ING, Ausgabe 2003, bedarf immer der gesonderten Vereinbarung, sollte auf die Instandsetzung von Verkehrsbauwerken begrenzt bleiben.

Planungsleistung

Planung und Leistungsbeschreibung müssen den Weg dafür ebnen, dass die spätere Instandsetzungsleistung frei von Sachmängeln ausgeführt werden kann, dass sie die vereinbarte Beschaffenheit aufweisen- und den a. a. R. d. T. entsprechen wird.

Istzustandsfeststellung

Zur Planungsleistung gehört die Vorbereitung der Istzustandsfeststellung, durch z. B.:

- Einstieg in die Bauwerksgeschichte.
- Einstieg in die Konstruktion des Bauwerks und seiner Teile.
- Feststellung besonderer Belastungen in der Vergangenheit, z. B. Brandlast, Erschütterung o. ä..
- Vorangegangene Erhaltungsnahmen.

Durchführung der Istzustandsfeststellung, z. B.:

Objektbesichtigung, Vorabkatalogisierung von Auffälligkeiten einzelner Bauteile zwecks Planung gezielter Bauteiluntersuchung, Erstellen des Untersuchungsprogramms. Abarbeiten von z. B.:

- Ist-Betongüte, Ist-Betonfestigkeiten *(eine z. B. jetzt ermittelte Festigkeit von 40 N/mm^2 bei einem über 40 Jahre alten Beton erlaubt unter Berücksichtigung der altersbedingten Nachhärtung des Betons keine Einstufung als C 30/37 oder B 35, es handelt sich in solchen Fällen meistens nur um eine B 225 gemäß DIN 1045 von 1958).*
- Oberflächenzugfestigkeiten, Haftzugfestigkeit von Altbeschichtungen *(werden keine ausreichende Festigkeiten nach ordnungsgemäßer Vorbereitung der Betonunterlage erzielt, sind die Ursachen hierfür zu ermitteln).*
- Karbonatisierung
- Bewehrungslage, Bewehrungszustand, Rissbildung, sonstige Schadensbilder, Durchfeuchtungen, Lagerbedingungen, Zwang, Tragwerk, Schadstoffgehalte, Wasserführung
- Versuche zur späteren Art der Vorbereitung der Betonunterlage, Rau-tiefenabschätzung u.v.m..

Alle Erhebungen müssen repräsentativ sein. Der Einsatz moderner Mess- und Dokumentationstechnik ist unverzichtbar. Bei Betondeckungsmessungen ist das Ergebnis grafisch darzustellen. Die Messungen müssen ganze Bauteile erfassen, weil nur so realistische Stemm- oder Abtragstiefen ausgeschrieben werden können. Zur Angabe der Betonfestigkeiten reicht es nicht aus, die laut Plan verwendeten Betongüten anzugeben, es müssen immer die aktuellen Festigkeiten der zu bearbeitenden Bauteile ermittelt und angegeben werden. Ggfs. sind auch die Betoneigenschaften nachträglich durch Laborversuche zu ermitteln und zu beschreiben.

Bei Rissen sind Rissursachen, Rissbreiten, Risstiefen, Risszustände *(trocken, feucht, nass, wasserführend)* und zu erwartende Rissbewegungen festzustellen.

Schadstoffgehalte sind festzustellen und in Relation zur Betongüte/-eigenschaften zu werten. Die nach der Instandsetzung zu erwartende Belastung durch erneuten Schadstoffeintrag und/oder Wasser ist zu berücksichtigen.

Konstruktive Bauteilbesonderheiten sind festzustellen und zu werten *(z. B. Lagerbedingungen, Zwang, Verformung).*

Die Funktionsfähigkeit von Abdichtungen ist zu beurteilen. Betonfeuchten sind unter Gebrauchsbedingungen zu ermitteln.

Standsicherheitsrelevante Zustände sind aufzuzeigen und zu beurteilen.

Für die Istzustandsfeststellung müssen alle wesentlichen Bauteile zugänglich sein, ggfs. sind für die Durchführbarkeit der Bauteiluntersuchung Hubsteiger oder sonstige Gerüste zu nutzen. Der sachkundige Planer muss für seine Untersuchungen alle erforderlichen Messgeräte bereitstellen. In bestimmten Fällen ist es angeraten, dass der Planer Sonderfachleute *(z. B. Bauphysik, Bauchemie, Labore, Tragwerksplanung)* zur Beratung hinzuzieht.

Jedem ordnungsgemäßen Planungsauftrag liegt ein Werkvertrag zugrunde, der Planer schuldet somit den Erfolg. Der Erfolg einer Instandsetzungsplanung kann nur gesichert sein, wenn im Zuge der Istzustandsfeststellung alle Bauteilmängel, Schäden und deren Ursachen lückenlos aufgedeckt werden. Gibt ein Auftraggeber seinem Planer nicht den finanziellen Rückhalt zur sorgfältigen Arbeit, muss der Planer aus Haftungsgründen eine Auftragsannahme ablehnen. Unwissende „Gelegenheitsplaner" gehen bei der Betoninstandsetzung ein hohes Haftungsrisiko ein! „Gefälligkeitsberatung" setzt keinen besonderen Auftrag voraus, aber Planung. Unabhängig von Vergütungsvereinbarungen haftet der „Gefälligkeitsberater" für seine Angaben wie ein ordnungsgemäß beauftragter Planer!

Instandsetzungskonzept/-plan

Im Instandsetzungskonzept ist das Instandsetzungsziel schriftlich zu fixieren.

Im Vorfeld hierzu erfolgt die Beratung des Auftraggebers durch den sachkundigen Planer hinsichtlich der Instandsetzungsnotwendigkeit und möglicher Instandsetzungsvarianten. Im Instandsetzungsplan ist schriftlich der Weg zu beschreiben, der sicher zum Instandsetzungsziel führt.

Rautiefen sind als Grundlage der späteren Leistungsbeschreibung vorzugeben.

Der sachkundige Planer hat Vorgaben zur Qualitätssicherung schriftlich zu fixieren.

Der sachkundige Planer kann in bestimmten Fällen die Überwachungsvorgaben für das ausführende Unternehmen unter Berücksichtigung objektspezifischer Besonderheiten gegenüber den Vorgaben der Instandsetzungs-Richtlinie erhöhen oder reduzieren.

Der sachkundige Planer entscheidet über die Stoffzuordnung hinsichtlich der Bauregelliste.

Der sachkundige Planer muss Ausführungsentscheidungen auch für die Fälle treffen, die nicht in den besagten Regelwerken abgehandelt werden.

Instandhaltungsplanung

Die Instandhaltungsplanung sorgt für Transparenz hinsichtlich Wirksamkeit und Gesamtkosten einer Instandsetzungsmaßnahme. Man kann im Regelfall davon ausgehen, dass eine qualitativ hochwertige Instandsetzung höhere Investitionskosten gegenüber einer einfacheren Variante verursacht, diese aber über eine vorgegebene Nutzungsdauer wegen geringerer Instandhaltungsaufwendungen und/oder niedrigerer Wartungskosten und/oder minimierter Nutzungsausfälle für den Auftraggeber gesamt-wirtschaftlich sinnvoller sein kann.

Im Instandhaltungsplan individuell vorzugebende Regelinspektionen dienen der dauerhaften Nutzungssicherheit instandgesetzter Bauteile, sie haben gegebenenfalls Einfluss auf die Durchsetzung von Gewährleistungsansprüche.

Ausschreibung

Die Güte einer Betoninstandsetzungsausschreibung ist an ihrer Klarheit, Eindeutigkeit und Vollständigkeit zu messen! Maßstab für Klarheit und Eindeutigkeit ist keinesfalls die heute *(leider)* vielfach festzustellende Aufblähung von Vorbemerkungen und Vertragsbedingungen, die Aushebelung von einzelnen Paragraphen der VOB/B, die Aufzählung der Mitgeltung aller möglichen Regelwerke, Nichtbeachtung der zulässigen AGB, und laienhaften Selbstformulierungen, die ohnehin – nahezu regelmäßig - irgendwelchen rechtsgesicherten Vorgaben widersprechen. Vorbemerkungen und Vertragsbedingungen sollten nur objektbedingte Besonderheiten im Zusammenhang mit dem Bauen im Bestand regeln. Die Vereinbarung der VOB/B bringt ausreichende und vor allem bewährte Sicherheit für alle Parteien. Mit Vereinbarung der VOB/B ist automatisch VOB/C und damit DIN 18349 vereinbart, die die Anwendung der Richtlinie Schutz und Instandsetzung von Betonbauteilen als alleinige Grundlage hat. Was darüber hinaus an Normen zu beachten ist, ist in der Instandsetzungs-Richtlinie eindeutig und vollständig beschrieben. Viele „Planer" fordern in ihren Vertragsbedingungen die gleichzeitige Geltung der Instandsetzungs-Richtlinie und die ZTV-XY, VOB/C und bestimmte „Merkblätter vergangener Zeiten". Diese Planer haben offensichtlich keinerlei Kenntnis vom unterschiedlichen rechtlichen Charakter der aufgezählten Werke, sie erkennen auch nicht die unterschiedliche Ausgabezeiten der Regelwerke, was ja voneinander abweichende technische Standards bedingen kann. Solche Vorgehensweisen beweisen Unsicherheit des Planers und/oder einen reinen Selbstabsicherungsversuch für den Fall, das man etwas vergessen haben könnte. Man übersieht hierbei, dass anstatt Rechtssicherheit nur Rechtsunsicherheit und Streitpotential zu Papier gebracht wird. Der wirklich sachkundige Planer bringt seine Forderungen rechtssicher in der Leistungsbeschreibung unter. Beweis dafür ist § 1 der VOB/B, der in der Rangfolge der gültigen Vereinbarungen die Leistungsbeschreibung auf Platz 1 setzt. Alle anderen Vereinbarungen und Vertragsbedingungen sind dort nachrangig aufgeführt! Stimmt die Leistungsbeschreibung, kann man den Rest der Vereinbarungen minimieren.

Wesentliche Hilfsmittel zur Leistungsbeschreibung sind dem Abschnitt 0 der DIN 18349 zu entnehmen.

Um die Eindeutigkeit der Maßnahme im Sinne von VOB/A, § 9, zu untermauern, sind der Ausschreibung die Planungsdokumente der vorgesehenen Betoninstandsetzungsmaßnahme beizufügen. Dies sind die schriftliche Fassung der Istzustandsfeststellung und das Instandsetzungskonzept. Diese Unterlagen haben für die Kalkulation von Betoninstandsetzungen gleichen Stellenwert wie Pläne bei einer Neubauausschreibung.

Der Leistungsbeschrieb muss einen Hinweis auf die Standsicherheitsrelevanz enthalten.

Im Leistungsbeschrieb ist unbedingt darauf zu achten, dass die Terminologie der Instandsetzungs-Richtlinie verwendet wird. Bei der Untergrundvorbereitung sind z. B. die Formulierungen nach Tabelle 2.5 der Richtlinie zu verwenden. Nur so lassen sich Fehlinterpretationen vermeiden.

Vom ausführenden Unternehmen wird die Einhaltung von Beschaffenheitsmerkmalen gefordert, dies bedeutet natürlich, dass der Ausschreibende von Betoninstandsetzungsmaßnahmen die Festlegung von Beschaffenheitsmerkmalen im Leistungsverzeichnis vorzunehmen hat. Beispiele für Beschaffenheitsmerkmale bei Betoninstandsetzungen sind z. B.:

- *Erscheinungsbild,* z. B. Farbton, glänzend, matt, Struktur, Kanten
- *Stoffgüten*
- *Applikationsarten,* z. B. spritzen, rollen, streichen
- *Besondere Eigenschaften,* z. B. Verschleißwiderstand, Farbbeständigkeit, WU-Eigenschaften, geringe Mörtelfestigkeiten, E-Modul
- *Wirkung,* z. B. Korn freilegen, aufrauen, reinigen, abtragen
- *Funktionsparameter,* z. B. rissüberbrückend, rutschsicher, abdichtend

Mit besonderer Sorgfalt ist die Art der Untergrundvorbereitung und die anschließende Beschaffenheit der Betonoberfläche zu beschreiben. Lediglich der Hinweis, dass 1,5 N/mm^2 Oberflächenzugfestigkeit erreicht werden müssen, ist niemals ausreichend. Gegebenenfalls müssen vorab Strahlversuche am Objekt durchgeführt werden.

Die Erfahrung lehrt, dass der Schichtdickenthematik bei OS-Systemen besondere Aufmerksamkeit gewidmet werden muss. Um Angebotspreise vergleichbar zu machen, sind d_Z-Werte vorzugeben. Die erforderliche Schichtdicke ist produktbezogen zu beschreiben, weil hier immer die individuellen Werte aus der Grundprüfung des gewählten Beschichtungsstoffs gefragt sind.

$d_{soll} = d_{min} + d_{Z}$.

Die Vorgabe von Arbeitsgängen ist unsinnig, nur Schichtdicken zählen.

HOAI-Leistungen, Mitwirkung bei der Vergabe und Bauüberwachung

Der Ingenieur, der mit der Mitwirkung bei der Vergabe betraut ist, hat die Eignung der Bieter für die vorgesehenen Instandsetzungsmaßnahme zu überprüfen.

Der Bauüberwachende hat dafür Sorge zu tragen, dass die Instandsetzung gemäß Planung und Leistungsbeschreibung ausgeführt wird. Er hat auch dafür zu sorgen, dass das ausführende Unternehmen einen Arbeitsplan gemäß Teil 3 der Richtlinie erstellt und dass der SIVV-Mann ständig auf der Baustelle anwesend ist. Die Durchführung der Überwachung durch das ausführende Unternehmen *(Eigenüberwachung)* ist lückenlos einzufordern. Die Eigenüberwachungsprotokolle müssen vom Bauüberwachenden ständig kontrolliert werden, weil ansonsten Fehlentwicklungen bei der Ausführung nicht sicher vorgebeugt werden kann. Im Falle einer standsicherheitsrelevanten Instandsetzung ist der Einsatz der dafür vom DIBt. zugelassenen Überwachungsstelle unabdingbar zu fordern *(Fremdüberwachung)*. Es empfiehlt sich, die Vorlage der Überwachungsprotokolle als Abnahmekriterium zu vereinbaren. Versäumte Kontrollen des Bauüberwachenden, z. B. bei Schichtdickenmessungen, oder Arbeitsausführungen ohne eine regelwerksgerechte Planung, führen bei gerichtsanhängigen Auseinadersetzungen wegen nicht erfolgreicher Instandsetzung regelmäßig zur Mithaftung des Überwachenden.

Literatur

Richtlinie Schutz und Instandsetzung von Betonbauteilen, DAfStb., Ausgabe Oktober 2001

DIN 18349, Betonerhaltungsarbeiten, VOB/C, Dezember 2002

VOB/A + B

Praxis Bauwesen, Betonerhaltungsarbeiten, Kommentar zur VOB Teil C DIN 18299 und DIN 18349, 2004, Beuth Verlag

ZTV-ING, 2003

5 Bauaufsichtliche Regelungen

Wilhelm Hintzen

1. Einleitung

Der Beitrag „Bauaufsichtliche Regelungen“ gibt einen Überblick über die Instrumente der Bauordnungen der Länder und deren Anwendung auf die DAfStb-Richtlinie für Schutz und Instandsetzung von Betonbauteilen.

Am Rande behandelt wird auch der Verkehrsbau. Schließlich wird ein Ausblick auf die zukünftige europäische Entwicklung gegeben.

2. Vorbemerkungen

2.1 Aufgabe der Bauaufsicht

Die Bauaufsichtsbehörde erfüllt eine allgemeine Überwachungsaufgabe, die dem Schutz der öffentlichen Sicherheit und Ordnung, insbesondere des Lebens, der Gesundheit und der natürlichen Lebensgrundlagen als durch das Grundgesetz Artikel 2 Absatz 2 verbriefte Rechte dient [1, 2, 3]. Die Landesbauordnungen (LBO) regeln die zur Gefahrenabwehr erforderlichen Sicherheitsanforderungen bei der Errichtung, der Unterhaltung und dem Abbruch von Gebäuden und sonstigen baulichen Anlagen im Einzelnen.

Die Bauaufsichtsbehörden können Teile ihrer Überwachungsaufgaben auf von ihr anerkannte Personen oder Institutionen übertragen. Für den Bereich der Standsicherheit sind dies die Prüfämter und Prüfingenieure für Baustatik. Für den Bereich der Bauprodukte und Bauarten wird diese Aufgabe anerkannten Prüf-, Überwachungs- und Zertifizierungsstellen übertragen (siehe Abschnitt 5.2).

2.2 Das öffentliche Baurecht – Landesbauordnungen (LBO)

Das öffentliche Baurecht ist – soweit es das Bauordnungsrecht betrifft – Landesrecht. Die Landesbauordnungen (LBO) regeln für die einzelnen Bundesländer die Errichtung, Änderung und Instandhaltung baulicher Anlagen. Die Landesbauordnungen sind Gesetze, sie basieren auf einer von den Ländern gemeinsam erarbeiteten Musterbauordnung (MBO) [4], die derzeit in der Fassung November 2002 vorliegt.

Als koordinierendes Gremium fungiert die sogenannte ARGEBAU (Konferenz der für das Städtebau-, Bau- und Wohnungswesen zuständigen Minister und Senatoren der Länder) mit den 3 Ausschüssen „Ausschuss für Bauwesen und Städtebau“, „Ausschuss für Wohnungswesen“ und „Ausschuss für staatlichen Hochbau“, denen insgesamt 8 Fachkommissionen und 5 Arbeitskreise zugeordnet sind. Im Internet unterhält die ARGEBAU unter dem URL http://www.is-argebau.de ein Informationssystem [5].

Die Landesbauordnungen gelten u.a. nicht für Anlagen des öffentlichen Verkehrs, für die früher der Bundesminister für Verkehr (BMV), heute der Bundesminister für Verkehr, Bau- und Wohnungswesen (BMVBW) eigene Regelungen festsetzen kann.

2.3 **Das Deutsche Institut für Bautechnik (DIBt)**, Anstalt des öffentlichen Rechts

Das Deutsche Institut für Bautechnik (DIBt), Berlin, ist eine Institution des Bundes und der Länder zur einheitlichen Erfüllung bautechnischer Aufgaben auf dem Gebiet des öffentlichen Rechts.

Dies sind insbesondere:

- Erteilung allgemeiner bauaufsichtlicher Zulassungen,
- Erteilung europäischer technischer Zulassungen,
- Bekanntmachung der Bauregellisten A und B sowie der Liste C,
- Anerkennung von Prüf-, Überwachungs- und Zertifizierungsstellen.

Das DIBt berichtet regelmäßig über seine Tätigkeiten in den DIBt Mitteilungen [6]. Im Internet ist es unter dem URL http://www.dibt.de präsent [7].

3. Baurechtliche Anforderungen, Technische Baubestimmungen

3.1 Allgemeine Anforderungen der LBO – § 3 MBO

Bauliche Anlagen sind nach §3 Abs. 1 MBO so anzuordnen und zu errichten, dass die öffentliche Sicherheit oder Ordnung, insbesondere Leben, Gesundheit oder die natürlichen Lebensgrundlagen nicht gefährdet werden („Gefahrenabwehr").

Bauprodukte dürfen nach §3 Abs. 2 MBO nur verwendet werden, wenn bei ihrer Verwendung die baulichen Anlagen bei ordnungsgemäßer Instandhaltung während einer dem Zwecke entsprechenden angemessenen Zeitdauer die Anforderungen dieses Gesetzes (LBO) oder aufgrund dieses Gesetzes erfüllen und gebrauchstauglich sind.

Nach §3 Abs. 3 MBO sind die von der obersten Bauaufsichtsbehörde durch öffentliche Bekanntmachung als Technische Baubestimmungen eingeführten technischen Regeln zu beachten. Von den Technischen Baubestimmungen kann abgewichen werden, wenn mit einer anderen Lösung in gleichem Maße die allgemeinen Anforderungen nach §3 Abs. 1 MBO erfüllt werden.

Der Errichtung wird das Instandhalten gleichgesetzt. Auch für den Abbruch baulicher Anlagen und für die Änderung ihrer Benutzung gelten die allgemeinen Anforderungen sinngemäß.

3.2 Allgemeine Anforderungen an die Bauausführung nach LBO

Die allgemeinen Anforderungen an die Bauausführung nach LBO betreffen:

- Standsicherheit (§12 MBO):
- Schutz gegen schädliche Einflüsse (§13 MBO): bauliche Anlagen müssen so angeordnet, beschaffen und gebrauchstauglich sein, dass durch Wasser, Feuchtigkeit, pflanzliche und tierische Schädlinge sowie andere chemische, physikalische oder biologische Einflüsse Gefahren oder unzumutbare Belästigungen nicht entstehen
- Brandschutz (§14 MBO); u.a.: leicht entflammbare Baustoffe dürfen nicht verwendet werden
- Wärmeschutz, Schallschutz und Erschütterungsschutz (§15 MBO)
- Verkehrssicherheit (§16 MBO)

Die allgemeine Forderung der Gebrauchstauglichkeit in § 3 Abs. 2 MBO bezieht sich nur auf diese wesentlichen Anforderungen.

Die allgemeinen Anforderungen an die Bauausführung zusammen mit den allgemeinen Anforderungen nach §3 MBO stimmen von ihrer Zielsetzung her überein mit den 6 wesentlichen Anforderungen nach Bauproduktenrichtlinie bzw. Bauproduktengesetz (siehe Abschnitt 3.4).

3.3 Technische Baubestimmungen

Technische Baubestimmungen sind

- die in der Bauregelliste A (vgl. § 17 MBO) vom Deutschen Institut für Bautechnik (DIBt) im Auftrag der Länder bekannt gemachten technischen Regeln für Bauprodukte (siehe Abschnitt 4.2) und
- die in einer Liste der Technischen Baubestimmungen (LTB) (vgl. § 3 MBO) aufgenommenen technischen Regeln, insbesondere über Lastannahmen, die Berechnung, Bemessung und Ausführung von Bauprodukten und baulichen Anlagen, Bautenschutz, haustechnische Anlagen und Planungsgrundsätze sowie die Anwendungsnormen und bauaufsichtlichen Regelungen zur Verwendung von Bauprodukten nach harmonisierten europäischen Normen und europäischen technischen Zulassungen.

Die Liste der Technischen Baubestimmungen basiert auf einer von allen Ländern im Grundsatz gebilligten „Musterliste der Technischen Baubestimmungen" und wird von jedem Bundesland selbst ggf. mit Anpassungen bekannt gemacht. Die Musterliste wird laufend aktualisiert [8].

Die Liste der Technischen Baubestimmungen enthält technische Regeln für die Planung, Bemessung und Konstruktion baulicher Anlagen und ihrer Teile, deren Einführung als Technische Baubestimmungen auf der Grundlage des § 3 Abs. 3 MBO erfolgt. Technische Baubestimmungen sind allgemein verbindlich, da sie nach § 3 Abs. 3 MBO beachtet werden müssen.

Soweit technische Regeln durch die Anlagen in der Liste geändert oder ergänzt werden, gehören auch die Änderungen und Ergänzungen zum Inhalt der Technischen Baubestimmungen. Anlagen, die der Anpassung der oben genannten technischen Regeln an harmonisierte Normen nach der Bauproduktenrichtlinie dienen, sind durch den Buchstaben „E" kenntlich gemacht.

Europäische technische Zulassungen (ETA) enthalten im Allgemeinen keine Regelungen für die Planung, Bemessung und Konstruktion baulicher Anlagen und ihrer Teile, in die die zugelassenen Bauprodukte eingebaut werden. Sofern hierzu Regelungen in Form allgemeiner technischer Regeln (Anwendungsregeln) erstellt werden können, sind diese im Teil II aufgeführt. Anderenfalls können Anwendungszulassungen erforderlich werden.

Die Liste der Technischen Baubestimmungen hat folgende Gliederung:

Teil I: Technische Regeln für die Planung, Bemessung und Konstruktion baulicher Anlagen und ihrer Teile

Inhalt

1	Technische Regeln zu Lastannahmen und Grundlagen der Tragwerksplanung	3	Technische Regeln zum Brandschutz
2	Technische Regeln zur Bemessung und zur Ausführung	4	Technische Regeln zum Wärme- und zum Schallschutz
2.1	Grundbau	4.1	Wärmeschutz
2.2	Mauerwerksbau	4.2	Schallschutz
2.3	Beton-, Stahlbeton- und Spannbetonbau	5	Technische Regeln zum Bautenschutz
2.4	Metallbau	5.1	Schutz gegen seismische Einwirkungen
2.5	Holzbau	5.2	Holzschutz
2.6	Bauteile	6	Technische Regeln zum Gesundheitsschutz
2.7	Sonderkonstruktionen	7	Technische Regeln als Planungsgrundlagen

Teil II: Anwendungsregeln für Bauprodukte und Bausätze nach europäischen technischen Zulassungen nach der Bauproduktenrichtlinie

Es werden nur die technischen Regeln eingeführt, die zur Erfüllung der Grundsatzanforderungen des Bauordnungsrechts unerlässlich sind. Die Bauaufsichtsbehörden sind allerdings nicht gehindert, im Rahmen ihrer Entscheidungen zur Ausfüllung unbestimmter Rechtsbegriffe auch auf nicht eingeführte allgemein anerkannte Regeln der Technik zurückzugreifen.

Die technischen Regeln für Bauprodukte werden nach § 17 Abs. 2 MBO in der Bauregelliste A bekannt gemacht.

Das DIBt ist Herausgeber der Sammlung Bauaufsichtlich eingeführte Technische Baubestimmungen (STB), in der alle eingeführten Technischen Baubestimmungen (einschließlich der technischen Regeln der Bauregelliste A) mit den behördlichen Vollzugsanweisungen (Verwaltungs- und Ausführungsvorschriften) enthalten sind [9].

3.4 Bauproduktenrichtlinie und Bauproduktengesetz

Ziel der Europäischen Union ist die Schaffung eines gemeinsamen Binnenmarktes und die Gewährleistung eines freien Warenverkehrs, um die Wettbewerbsfähigkeit der europäischen Industrie zu erhöhen.

Zu diesem Zweck hat die EU drei Instrumente entwickelt:

- die gegenseitige Anerkennung von technischen Vorschriften der Mitgliedstaaten
- die Vermeidung neuer Handelshemmnisse durch die Verpflichtung der Mitgliedstaaten, Entwürfe neuer technischer Vorschriften der Kommission zu melden
- die Harmonisierung technischer Vorschriften für Bauprodukte

Die Harmonisierung im Baubereich beruht auf der Bauproduktenrichtlinie (BPR) [10]. Nach der Bauproduktenrichtlinie (BPR) dürfen Bauprodukte nur in den Verkehr gebracht werden, wenn sie brauchbar sind, d.h. solche Merkmale aufweisen, dass das Bauwerk, in das sie eingebaut werden sollen, bei ordnungsgemäßer Planung und Bauausführung die wesentlichen Anforderungen erfüllen kann, wenn und soweit national solche vorgesehen sind.

In Deutschland ist die Bauproduktenrichtlinie durch das Bauproduktengesetz (BauPG) umgesetzt [11].

Die in Betracht kommenden Anforderungen an das Bauwerk sind in der Richtlinie als „wesentliche Anforderungen" aufgeführt und werden in den so genannten Grundlagendokumenten Nr. 1 bis Nr. 6, die im Rahmen der Richtlinie erstellt wurden, konkretisiert.

Zweck der Grundlagendokumente ist, die Verbindung zwischen den wesentlichen Anforderungen und den Mandaten herzustellen, die CEN (Komitee für europäische Normung) für die Erstellung harmonisierter Normen und EOTA (Europäische Organisation für technische Zulassungen) für die Erarbeitung von Leitlinien für europäische technische Zulassungen erteilt wurden.

Die wesentlich Anforderungen betreffen folgende Bereiche:

- Mechanische Festigkeit und Standsicherheit
- Brandschutz
- Hygiene, Gesundheit und Umweltschutz
- Nutzungssicherheit
- Schallschutz
- Energieeinsparung und Wärmeschutz

Die 6 wesentlichen Anforderungen nach Bauproduktenrichtlinie stimmen von ihrer Zielsetzung her überein mit den allgemeinen Anforderungen der MBO an die Bauausführung zusammen mit den allgemeinen Anforderungen nach §3 MBO (siehe Abschnitt 3.2).

Die Bauproduktenrichtlinie (BPR) zeichnet sich durch eine Reihe von Besonderheiten aus; etwa, dass die wesentlichen Anforderungen nicht in Bezug auf das Bauprodukt, sondern in Bezug auf das Bauwerk formuliert werden. Dies machte über den Richtlinientext hinausgehende Erläuterungen und Vereinbarungen zur Anwendung und Ausführung der Richtlinie erforderlich. Neben den Grundlagendokumenten, deren Erarbeitung zur Interpretation der in der Richtlinie allgemein formulierten wesentlichen Anforderungen an das Bauwerk und als Grundlage für die daraus abzuleitenden Anforderungen an das Bauprodukt selbst vorgesehen sind, sind die Leitpapiere die wichtigsten Grundlagen für die praktische Umsetzung der BPR.

Die Leitpapiere haben keinen rechtsverbindlichen Charakter, stellen aber den schriftlich fixierten Konsens der Mitgliedstaaten und der Europäischen Kommission über den praktischen Vollzug dar.

Das Deutsche Institut für Bautechnik veröffentlicht die Leitpapiere in deutscher Sprache:

Leitpapier A: Benennung von notifizierten Stellen im Rahmen der BPR

Leitpapier B: Bestimmung der werkseigenen Produktionskontrolle in technischen Spezifikationen für Bauprodukte

Leitpapier C: Behandlung von Bausätzen und Systemen nach der BPR

Leitpapier D: CE-Kennzeichnung nach der Bauproduktenrichtlinie

Leitpapier E: Stufen und Klassen in der BPR

Leitpapier F: Dauerhaftigkeit und die BPR

Leitpapier H: Harmonisiertes Konzept bezüglich der Behandlung von gefährlichen Stoffen nach BPR

Leitpapier I: Die Anwondung von Art. 4 Abs. 4 der BPR

Leitpapier J: Übergangsvereinbarungen nach der BPR

Leitpapier K: Die Systeme der Konformitätsbescheinigung und der Rolle und Aufgaben der notifizierten Stellen auf dem Gebiet der BPR

Leitpapier L: Anwendung der EUROCODES

Zur Konkretisierung der rechtlichen Anforderungen stellt die Richtlinie auf technische Spezifikationen ab, d.h. auf harmonisierte europäische Normen (hEN) und auf europäische technische Zulassungen (European Technical Approvals – ETA).

Harmonisierte Normen sind solche, die aufgrund eines Normungsauftrages (Mandat) der Europäischen Kommission vom Europäischen Komitee für Normung (CEN) erarbeitet worden sind.

Die Konformität eines Produktes mit harmonisierten Normen oder den Zulassungen wird durch die CE-Kennzeichnung belegt (siehe Abschnitt 6).

4. Baurechtliche Regelungen zur Verwendung von Bauprodukten

4.1 Allgemeines

Bauprodukte sind Baustoffe, Bauteile und Anlagen, die hergestellt werden, um dauerhaft in Gebäude und sonstige bauliche Anlagen eingebaut zu werden, sowie aus Baustoffen und Bauteilen vorgefertigte Anlagen, die hergestellt werden, um mit dem Erdboden verbunden zu werden, wie Fertiggaragen und Silos.

Bauprodukte für bauliche Anlagen dürfen aufgrund der § 17 MBO entsprechenden Regelungen der Landesbauordnungen nur verwendet werden, wenn sie

a) von den in der vom Deutschen Institut für Bautechnik (DIBt) bekannt gemachten Bauregelliste A genannten technischen Regeln nicht oder nicht wesentlich abweichen (geregelte Bauprodukte) und ihre Verwendbarkeit in dem für sie geforderten Übereinstimmungsnachweis bestätigt ist und sie deshalb das Übereinstimmungszeichen (Ü-Zeichen) tragen (siehe Abschnitt 4.2)

oder

b) einen Verwendbarkeitsnachweis in Form

- einer Zustimmung im Einzelfall (ZiE) der obersten Bauaufsichtsbehörde (§ 20 MBO) (siehe Abschnitt 4.4)
- einer allgemeinen bauaufsichtlichen Zulassung (abZ) (§ 18 MBO) des DIBt (siehe Abschnitt 4.5)
- eines allgemeinen bauaufsichtlichen Prüfzeugnisses (abP) (§ 19 MBO) einer dafür anerkannten Stelle (siehe Abschnitt 4.6)

aufweisen, soweit sie von den Technischen Baubestimmungen wesentlich abweichen, z.B. Schnellzement, oder es solche oder allgemein anerkannte Regeln der Technik nicht gibt (nicht geregelte Bauprodukte), z.B. Dübel, und ihre Verwendbarkeit in dem für sie geforderten Übereinstimmungsnachweis bestätigt ist und sie deshalb das Übereinstimmungszeichen (Ü-Zeichen) tragen

oder

c) nach den Vorschriften des Bauproduktengesetzes oder den Vorschriften anderer Mitgliedsstaaten zur Umsetzung der Bauproduktenrichtlinie oder anderen EG-Richtlinien, soweit diese die o.g. wesentlichen Anforderungen (siehe Abschnitte 3.2 und 3.4) berücksichtigen, in Verkehr gebracht werden dürfen, das CE-Zeichen tragen und dieses Zeichen die national erforderlichen Klassen und Leistungsstufen des Produkts ausweist, die in der Bauregelliste B vom DIBt bekannt gemacht werden (siehe Abschnitt 4.3).

Ausgenommen von diesen Regelungen sind

- „sonstige Bauprodukte“ nach allgemein anerkannten Regeln der Technik, die nicht in der Bauregelliste A bekannt gemacht sind (z.B. DVGW-Regeln, VDE-Bestimmungen, DIN 18 560 „Estriche im Bauwesen“ etc.) An diese Bauprodukte stellt die Bauordnung zwar die gleichen materiellen Anforderungen, sie verlangt aber weder Verwendbarkeits- noch Übereinstimmungsnachweise; sie sind deshalb auch nicht in der Bauregelliste A erfasst

und

- Bauprodukte, für die es technische Regeln nicht gibt und die für die Erfüllung baurechtlicher Anforderungen nur untergeordnete Bedeutung haben und in die sogenannte Liste C aufgenommen worden sind (siehe Abschnitt 4.7)

Diese Bauprodukte dürfen kein Ü-Zeichen tragen.

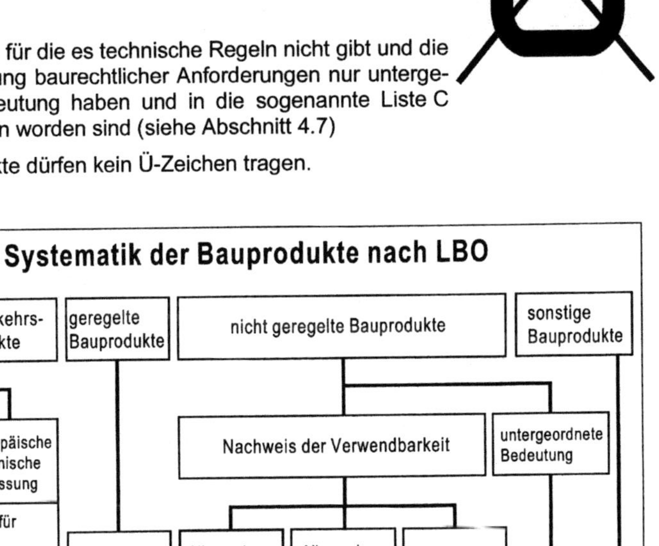

Bild 1: Systematik der Bauprodukte nach Landesbauordnung

Die Landesbauordnungen bezeichnen das Zusammenfügen von Bauprodukten zu baulichen Anlagen oder Teilen von baulichen Anlagen als Bauart. Nicht geregelte Bauarten sind Bauarten, die von Technischen Baubestimmungen wesentlich abweichen oder für die es allgemein anerkannte Regeln der Technik nicht gibt. Die Anwendbarkeit nicht geregelter Bauarten (§21 MBO) ergibt sich aus der Übereinstimmung mit

- der allgemeinen bauaufsichtlichen Zulassung (abZ) oder
- dem allgemeinen bauaufsichtlichen Prüfzeugnis (abP) oder
- der Zustimmung im Einzelfall (ZiE).

Die Festlegungen der Bauregelliste A Teile 1, 2 und 3 und der Liste C [12] betreffen die Voraussetzungen für die Verwendung von Bauprodukten (und die Anwendung von Bauarten im Falle der Bauregelliste A Teil 3) und nicht die Voraussetzungen für das In-Verkehr-Bringen sowie den freien Warenverkehr von Bauprodukten im Sinne des Bauproduktengesetzes (BauPG). Die Festlegungen in der Bauregelliste A Teile 1, 2 und 3 und der Liste C werden nach Ablauf einer von der Europäischen Kommission festgelegten sog. Koexistenzperiode (siehe Abschnitt 4.3) daher nicht unmittelbar gestrichen.

4.2 Bauregelliste A Teil 1 für geregelte Bauprodukte nach nationalen technischen Regeln

In Bauregelliste A Teil 1 [12] werden nationale technischen Regeln für das jeweilige Bauprodukt bekannt gemacht. Zu den nationalen technischen Regeln gehören auch nicht harmonisierte europäische Normen, z.B. DIN EN 206-1. Harmonisierte europäische Normen, d.h. auf der Grundlage eines Mandats der EU-Kommission erstellte Normen, werden in der Bauregelliste B bekannt gemacht.

Bei Übereinstimmung mit den Festlegungen der technischen Regel oder bei nicht wesentlicher Abweichung gilt das Bauprodukt als geregelt. In Spalte 4 ist die jeweils erforderliche Art des Übereinstimmungsnachweises (siehe Abschnitt 5) bestimmt:

- Übereinstimmungserklärung des Herstellers (ÜH),
- Übereinstimmungserklärung des Herstellers nach vorheriger Prüfung des Bauprodukts durch eine anerkannte Prüfstelle (ÜHP) oder
- Übereinstimmungszertifikat durch eine anerkannte Zertifizierungsstelle (ÜZ).

Maßgebend ist öffentlich-rechtlich stets die in Spalte 4 jeweils vorgeschriebene Art des Übereinstimmungsnachweises, auch wenn in der technischen Regel etwas anderes vorgesehen ist. Eine in einer technischen Regel vorgesehene Fremdüberwachung ist daher öffentlich-rechtlich unbeachtlich, wenn in der Spalte 4 kein Übereinstimmungszertifikat vorgeschrieben ist. Sind in den technischen Regeln Prüfungen von Bauprodukten, insbesondere Eignungsprüfungen, Erstprüfungen oder Prüfungen zur Erlangung von Prüfzeugnissen oder Werksbescheinigungen vorgesehen, so sind diese Prüfungen im Rahmen der vorgeschriebenen Übereinstimmungsnachweise durchzuführen [12].

In der Bauregelliste A Teil 1 wird in Spalte 5 bestimmt, in welchen Fällen bei wesentlichen Abweichungen von den technischen Regeln der Verwendbarkeitsnachweis durch eine allgemeine bauaufsichtliche Zulassung (Z) (siehe Abschnitt 4.5) oder an deren Stelle durch ein allgemeines bauaufsichtliches Prüfzeugnis (P) (siehe Abschnitt 4.6) zu führen ist.

Bauregelliste A Teil 1 (Beispiele)

Lfd. Nr.	Bauprodukt	Technische Regel	Übereinstimmungsnachweis	Verwendbarkeitsnachweis bei wesentlicher Abweichung von den technischen Regeln
1	2	3	4	5
1.1.4	Zement mit besonderen Eigenschaften bei Lieferung von einem Hersteller zum Verwender oder Zwischenhändler	DIN 1164:2000-11 Zusätzlich gilt: Anlage 1.17	ÜZ	Z
1.1.6	Zement mit frühem Erstarren (FE-Zement) und schnell erstarrender Portlandzement (SE-Zement)	DIN 1164-11:2003-11 Zusätzlich gilt: Anlage 1.38	ÜZ	Z
1.5.9	Beton nach Eigenschaften, Beton nach Zusammensetzung	DIN EN 206-1:2001-07, DIN 1045-2:2001-07 Zusätzlich gilt: DIN 1045-3:2001-07, DIN EN 1008:2002-10 und Anlagen 1.15, 1.20, 1.21, 1.22, 1.26, 1.27, 1.31, 1.32 und 1.35 Je nach Bauprodukt gilt: DAfStb-Richtlinie für Beton mit verlängerter Verarbeitbarkeitszeit (Verzögerter Beton) (1995-08), DAfStb-Richtlinie für vorbeugende Maßnahmen gegen schädigende Alkalireaktion im Beton (Alkali-Richtlinie) – AlkR – (2001-05), DAfStb-Richtlinie für Beton mit rezykliertem Zuschlag, Teil 1 - RBrezZ - (1998-08), DAfStb-Richtlinie für Herstellung von Beton unter Verwendung von Restwasser, Restbeton und Restmörtel (1995-08), DAfStb-Richtlinie für die Herstellung und Verwendung von Trockenbeton und Trockenmörtel (Trockenbeton-Richtlinie) – TrBMR - (2000-12) und DAfStb-Richtlinie Selbstverdichtender Beton - SVBR - (2003-11)	ÜZ	Z
10.1	Normalentflammbare Elastomerbahnen für Abdichtungen	DIN 7864:1984-04 mit Ausnahme der Bestimmungen für die Fremdüberwachung Zusätzlich gilt: DIN 4102-1:1998-05 in Verbindung mit Anlage 0.2.1 und für Bauwerksabdichtungen DIN 18195-2:2000-08, Tabellen 5 und 6	ÜH	P
10.23	Normalentflammbare Elastomer-Fugenbänder zur Abdichtung von Fugen in Beton	DIN 7865-1:1982-02 DIN 7865-2:1982-02 mit Ausnahme der Bestimmungen für die Fremdüberwachung Zusätzlich gilt: DIN 4102-1:1998-05 in Verbind. mit Anlage 0.2.1	ÜH	P
10.24	Normalentflammbare Fugenbänder aus thermoplastischen Kunststoffen zur Abdichtung von Fugen in Ortbeton	DIN 18541-1:1992-11 DIN 18541-2:1992-11 mit Ausnahme der Bestimmungen für die Fremdüberwachung Zusätzlich gilt: DIN 4102-1:1998-05 in Verbindung mit Anlage 0.2.1	ÜH	P
10.26	Normalentflammbare Klebemassen und Deckaufstrichmittel für Bauwerksabdichtungen	DIN 18195-2:2000-08, Tabelle 2 Zusätzlich gilt: DIN 4102-1:1998-05 in Verbind. mit Anlage 0.2.1	ÜH	P

Bauregelliste A Teil 1 (Beispiele, Fortsetzung)

Lfd. Nr.	Bauprodukt	Technische Regel	Übereinstimmungsnachweis	Verwendbarkeitsnachweis bei wesentlicher Abweichung von den technischen Regeln
1	2	3	4	5
10.27	Asphaltmastix und Gussasphalt für Bauwerksabdichtungen	DIN 18195-2:2000-08, Tabelle 3	ÜH	P
10.29	Kalottengeriffelte Metallbänder für Bauwerksabdichtungen	DIN 18195-2:2000-08, Tabelle 8	ÜH	P
15.32	Beton als Abdichtungsmittel für Auffangräume und -flächen außer für Abfüllflächen von Tankstellen	DIN 1045-2:2001-07 in Verbindung mit DIN EN 206-1:2001-07 Zusätzlich gilt: DAfStb-Richtlinie Betonbau beim Umgang mit wassergefährdenden Stoffen, Teil 2 (1996-09) und Anlagen 1.15, 1.33 und 15.8	ÜZ	Z
15.37	Fugenbleche zur Abdichtung von Arbeits- und Bewegungsfugen in Ortbetondichtkonstruktionen	DAfStb-Richtlinie Betonbau beim Umgang mit wassergefährdenden Stoffen, Teil 2 (1996-09), Abschnitte 3.4 (1) und (3) Zusätzlich gilt: Anlage 15.12	ÜH	Z

ÜH – Übereinstimmungserklärung des Herstellers
ÜHP – Übereinstimmungserklärung des Herstellers nach vorheriger Prüfung des Bauprodukts durch eine anerkannte Prüfstelle
ÜZ – Übereinstimmungszertifikat durch eine anerkannte Zertifizierungsstelle
Z – Allgemeine bauaufsichtliche Zulassung
P – Allgemeines bauaufsichtliches Prüfzeugnis

4.3 Bauregelliste B

4.3.1 Allgemeines

In die Bauregelliste B [12] werden Bauprodukte aufgenommen, die nach Vorschriften der Mitgliedstaaten der Europäischen Union – einschließlich deutscher Vorschriften – und der Vertragsstaaten des Abkommens über den Europäischen Wirtschaftsraum zur Umsetzung von Richtlinien der Europäischen Gemeinschaften in den Verkehr gebracht und gehandelt werden dürfen und die die CE-Kennzeichnung tragen.

4.3.2 Bauregelliste B Teil 1

In die Bauregelliste B Teil 1 [12] werden unter Angabe der vorgegebenen technischen Spezifikation oder Zulassungsleitlinie (ETAG) Bauprodukte aufgenommen, die aufgrund des Bauproduktengesetzes (BauPG) [11] oder aufgrund der zur Umsetzung der Bauproduktenrichtlinie [10] von anderen Mitgliedstaaten der Europäischen Union und anderen Vertragsstaaten des Abkommens über den Europäischen Wirtschaftsraum erlassenen Vorschriften in den Verkehr gebracht und gehandelt werden.

In der Bauregelliste B Teil 1 wird in Abhängigkeit vom Verwendungszweck festgelegt, welche Klassen und Leistungsstufen, die in den technischen Spezifikationen oder

Zulassungsleitlinien (ETAG) festgelegt sind, von den Bauprodukten (Bausätzen) erfüllt sein müssen. Welcher Klasse oder Leistungsstufe ein Bauprodukt entspricht, muss aus der CE-Kennzeichnung erkenntlich sein.
Für Bauprodukte (Bausätze) der Bauregelliste B Teil 1, mit Ausnahme der Bauprodukte, für die eine europäische technische Zulassung (ETA) ohne Leitlinie erteilt wird (Abschnitte 4 und 5), werden von der Europäischen Kommission sog. Koexistenzperioden im Amtsblatt der Europäischen Union (Ausgabe C) bekannt gemacht, nach deren Ablauf die CE-Kennzeichnungspflicht für das In-Verkehr-Bringen des Bauprodukts besteht.

Wegen des Begriffs „Bausatz“ siehe Leitpapier C (Abschnitt 3.4).

Während der Koexistenzperiode können Bauprodukte in den EU-Mitgliedstaaten und anderen EWR-Staaten sowohl mit der CE-Kennzeichnung als auch aufgrund der bislang geltenden nationalen Regelungen in den Verkehr gebracht werden. Nach Ablauf der Koexistenzperiode können Bauprodukte, die vor Ablauf der Koexistenzperiode nach den jeweiligen nationalen Regelungen in den Verkehr gebracht worden sind („Lagerbestände“), in baulichen Anlagen noch verwendet werden.

Als Norm wird in Spalte 3 die europäische Kurzbezeichnung der harmonisierten Norm angegeben, wie sie auch als zusätzliche Angabe zur CE-Kennzeichnung zu verwenden ist. Bei der Übernahme der harmonisierten Normen in das Normenwerk des DIN wird der europäischen Kurzbezeichnung der Zusatz „DIN“ vorangestellt.

In Europäischen Normen enthaltene informative Anhänge ZA gelten als Bestandteil der harmonisierten Normen.

In Fällen, in denen die Erstellung von entsprechenden Anwendungsnormen nicht erfolgt ist, werden in Ausnahmefällen entsprechende bauaufsichtliche Regelungen als Anlagen zur Bauregelliste B Teil 1 oder zur Liste der Technischen Baubestimmungen erstellt. In den übrigen Fällen handelt es sich bei der Verwendung des Bauprodukts um nicht geregelte Bauarten, deren Anwendbarkeit durch allgemeine bauaufsichtliche Zulassungen (abZ) nachgewiesen werden muss.

Bauregelliste B Teil 1, Abschnitt 1:
Bauprodukte im Geltungsbereich harmonisierter Normen
nach der Bauproduktenrichtlinie (Beispiele)

Lfd. Nr.	Bauprodukt		In Abhängigkeit vom Verwendungszweck erforderliche Stufen und Klassen
	Bezeichnung	Norm	
1	2	3	5
1.1.1.1	Normalzement bei Lieferung von einem Hersteller zum Verwender oder Zwischenhändler	EN 197-1:2000-06, EN 197-2:2000-06 in Deutschland umgesetzt durch DIN EN 197-1:2001-02, DIN EN 197-2:2000-11	Anlage 01 Zusätzlich gilt: Anlage 1
1.1.2.1	Betonzusatzmittel	EN 934-2:2001 und EN 934-6:2001 in Deutschland umgesetzt durch DIN EN 934-2:2002-02 DIN EN 934-6:2002-02	Anlage 01 Zusätzlich gilt: Anlage 12

1.1.3.1	Gesteinskörnungen für Beton	EN 12620:2002-09 in Deutschland umgesetzt durch DIN EN 12620:2003-04	Anlage 01 Zusätzlich gilt: Anlagen 24 und 25
1.2.3.1	Werkmauermörtel	EN 998-2:2003 in Deutschland umgesetzt durch DIN EN 998-2:2003-09	Anlage 01

Bauregelliste B Teil 1, Abschnitt 2:
Bauprodukte im Geltungsbereich von Leitlinien
für europäische technische Zulassungen (Beispiele)

Lfd. Nr.	Bauprodukt		In Abhängigkeit vom Verwendungszweck erforderliche Stufen und Klassen
	Bezeichnung	Zulassungsleitlinie	
1	2	3	5
2.1	Metalldübel zur Verankerung im Beton	ETAG 001, Teile 1, 2, 3, 4, 5 Teile 1 – 3 veröffentlicht in den Mitteilungen des DIBt, 28. Jg. Sonderheft Nr. 16, Teil 4 veröffentlicht im Bundesanzeiger, Jg. 51, Nr. 105 a, 11.06.1999, Teil 5 veröffentlicht im Bundesanzeiger, Jg. 55, Nr. 49 a, 12.03.2003	Anlage 01
2.2	Kunststoffdübel zur Befestigung von außenseitigen Wärmedämmverbundsystemen mit Putzschicht	ETAG 014 veröffentlicht im Bundesanzeiger, Jg. 54, Nr. 185 a, 02.10.2002	Anlage 01 Zusätzlich gilt: Anlage 17

Bauregelliste B Teil 1, Abschnitt 3:
Bausätze im Geltungsbereich von Leitlinien
für europäische technische Zulassungen (Beispiele)

Lfd. Nr.	Bausatz		In Abhängigkeit vom Verwendungszweck erforderliche Stufen und Klassen
	Bezeichnung	Zulassungsleitlinie	
1	2	3	5
3.3	Außenseitige Wärmedämm-Verbundsysteme mit Putzschicht	ETAG 004 veröffentlicht im Bundesanzeiger, Jg. 53, Nr. 94a, 19.05.2001	Anlage 01 Zusätzlich gilt: Anlage 18
3.4	Flüssig aufzubringende Dachabdichtungen	ETAG 005 Teile 1 bis 8 veröffentlicht im Bundesanzeiger, Jg. 53, Nr. 200 a, 25.10.2001	Anlage 01 Zusätzlich gilt: Anlagen 4 und 8
3.5	Mechanisch befestigte Dachabdichtungssysteme	ETAG 006 veröffentlicht im Bundesanzeiger, Jg. 53, Nr. 71a, 11.04.2001	Anlage 01

Bauregelliste B Teil 1, Abschnitt 4:
Bauprodukte, für die eine europäische technische Zulassung ohne Leitlinie erteilt worden ist (Beispiele)

Lfd. Nr.	Bauprodukt		In Abhängigkeit vom Verwendungszweck erforderliche Stufen und Klassen
	Bezeichnung	europäische technische Zulassung ohne Leitlinie	
1	2	3	5
4.4	Spezialdübel zur Sicherung von Wetterschalen	ETA-99/0007	Anlage 01
4.8	PEIKKO HPM/L Ankerbolzen zum Anschluss von Stahlbeton-Fertigteilstützen	ETA-02/0006	Anlage 01

Bauregelliste B Teil 1, Abschnitt 5:
Bausätze, für die eine europäische technische Zulassung ohne Leitlinie erteilt worden ist (Beispiele)

Lfd. Nr.	Bausatz		In Abhängigkeit vom Verwendungszweck erforderliche Stufen und Klassen
	Bezeichnung	europäische technische Zulassung ohne Leitlinie	
1	2	3	5
5.1	Bausatz für ein verlorenes Schalungssystem aus Wärmedämmstoffen für ganze Gebäude	ETA-01/0001	Anlage 01 Zusätzlich gilt: Anlage 36
5.2	Bausätze für Verbundabdichtungen	ETA-03/049	Anlage 01

Anlage 01 zur Bauregelliste B Teil 1

Es gelten die in den Landesbauordnungen und in den Vorschriften aufgrund der Landesbauordnungen vorgegebenen Stufen, Klassen und Verwendungsbedingungen.

Für die Zuordnung der Feuerwiderstandsklassen nach DIN EN 13501-2* und DIN EN 13501-3* zu den bauaufsichtlichen Benennungen gilt Bauregelliste A Teil 1 Anlage 0.1.2 Für die Zuordnung der nach DIN EN 13501-1 klassifizierten Brandeigenschaften von Baustoffen zu den bauaufsichtlichen Benennungen gilt Bauregelliste A Teil 1 Anlage 0.2.2.

4.3.3 Bauregelliste B Teil 2

In die Bauregelliste B Teil 2 [12] werden Bauprodukte aufgenommen, die aufgrund der Vorschriften zur Umsetzung der Richtlinien der Europäischen Gemeinschaften mit Ausnahme von solchen, die die Bauproduktenrichtlinie [10] umsetzen, in den Verkehr gebracht und gehandelt werden, wenn die Richtlinien wesentliche Anforderungen nach § 5 Abs. 1 BauPG [11] nicht berücksichtigen (siehe Abschnitt 3.4) und wenn für die Erfüllung dieser Anforderungen zusätzliche Verwendbarkeitsnachweise oder Übereinstimmungsnachweise nach den Bauordnungen erforderlich sind.

Diese Bauprodukte bedürfen neben der CE-Kennzeichnung auch des Übereinstimmungszeichens (Ü-Zeichen) nach den Bauordnungen der Länder. Welche wesentliche Anforderung nach § 5 Abs. 1 BauPG (siehe Abschnitt 3.4) von den Richtlinien nicht abgedeckt wird, ist in Spalte 4 der Bauregelliste B Teil 2 angegeben. Die Spalten 5 und 6 enthalten die zur Berücksichtigung dieser wesentlichen Anforderung nach den Bauordnungen der Länder erforderlichen Verwendbarkeits- und Übereinstimmungsnachweise.

EG-Richtlinien, die die wesentlichen Anforderungen des Bauproduktengesetzes nicht oder nur teilweise berücksichtigen sind z.B. die sogenannte Gasgeräterichtlinie, Aufzugrichtlinie und Maschinenrichtlinie.

4.4 Zustimmung im Einzelfall

Der Verwendbarkeitsnachweis für den konkreten Anwendungsfall von nicht geregelten Bauprodukten (Bauarten) bzw. von Bauprodukten (Bauarten), die von den Technischen Baubestimmungen wesentlich abweichen, kann in Form einer Zustimmung im Einzelfall (ZiE) der obersten Bauaufsichtsbehörde geführt werden.

Die Erfüllung der allgemeinen Anforderungen an bauliche Anlagen ist dabei zu gewährleisten.

Für den allgemeinen Nachweis der Verwendbarkeit von nicht geregelten Bauprodukten und nicht geregelten Bauarten wurde das Instrument der allgemeinen bauaufsichtlichen Zulassung geschaffen (siehe Abschnitt 4.5)

4.5 Allgemeine bauaufsichtliche Zulassung

Allgemeine bauaufsichtliche Zulassungen (abZ) werden vom Deutschen Institut für Bautechnik (DIBt) als Verwendbarkeitsnachweis für Bauprodukte und als Anwendbarkeitsnachweis für Bauarten – also das Zusammenfügen von Bauprodukten zu baulichen Anlagen oder Teilen davon – erteilt.

Eine Zulassung als Verwendbarkeitsnachweis für ein Bauprodukt ist erforderlich für

- Bauprodukte, die von den technischen Regeln in Bauregelliste A Teil 1 [12] wesentlich abweichen und bei denen dort in Spalte 5 als Verwendbarkeitsnachweis bei wesentlicher Abweichung (Z) festgelegt ist (siehe Abschnitt 4.2),

- Bauprodukte, für die es Technische Baubestimmungen oder technische Regeln nicht oder nicht für alle Anforderungen gibt und die nicht in Bauregelliste A Teil 2 (siehe Abschnitt 4.6) oder Liste C (siehe Abschnitt 4.7) aufgeführt sind.

Für eine Bauart ist eine Zulassung als Anwendbarkeitsnachweis erforderlich, wenn sie von den Technischen Baubestimmungen oder anderen allgemein anerkannten Regeln der Technik wesentlich abweicht oder solche Regeln nicht existieren und die Bauart nicht in Bauregelliste A Teil 3 [12] aufgeführt ist (z.B. Spannverfahren für Spannbetonbauteile).

Sofern es keine Regelungen in Form allgemeiner technischer Regeln (Anwendungsregeln) für die Planung, Bemessung, Konstruktion und Ausführung baulicher Anlagen bei Verwendung von Bauprodukten nach europäisch harmonisierten Spezifikation (hEN bzw. ETA, vgl. Abschnitt 4.3), gibt, können Anwendungszulassungen erforderlich werden.

Die allgemeine bauaufsichtliche Zulassung (abZ) ist eine sogenannte Allgemeinverfügung. Sie gilt bundesweit. Der Zulassungsbescheid garantiert dem Antragsteller allerdings kein öffentlich-rechtlich begründetes Alleinverwertungsrecht. Dieses muss anderweitig, z.B. durch Patent, gesichert werden.

Die erteilten Zulassungen werden nach Zulassungsgegenstand und wesentlichem Inhalt in einem amtlichen Verzeichnis (BAZ) veröffentlicht [13]. Die vollständigen Bescheide sind kostenpflichtig für jedermann beim Informationszentrum Raum Bau (IRB) [14] und übers Internet beim DIBt [7] erhältlich.

Die Zulassung wird mit Bestimmungen erteilt, den allgemeinen (formalen) und den besonderen (gegenstandsspezifischen). Eine Zulassung wird in der Regel für 5 Jahre erteilt. Eine Verlängerung der Geltungsdauer erfolgt auf Antrag, wenn die technischen und formalen Voraussetzungen gegeben sind.

Beispiele für nicht geregelte Bauprodukte/Bauarten mit allgemeiner bauaufsichtlicher Zulassung	
• Spannverfahren • Dübel • Schnellzemente • organische Betonzusatzstoffe • Wärmedämm-Verbundsysteme	• Angeklebte Betonverstärkungen • Holzschutzmittel • Beschichtungssysteme für Auffangwannen in LAU-Anlagen • Feuerschutzabschlüsse

4.6 Allgemeines bauaufsichtliches Prüfzeugnis

Ein Teil der nicht geregelten Bauprodukte benötigt anstelle einer allgemeinen bauaufsichtlichen Zulassung (abZ) (siehe Abschnitt 4.5) nur ein allgemeines bauaufsichtliches Prüfzeugnis (abP) einer dafür anerkannten Prüfstelle (für nicht geregelte Bauarten siehe Bauregelliste A Teil 3):

- Bauprodukte, die von den technischen Regeln in Bauregelliste A Teil 1 [12] wesentlich abweichen und bei denen dort in Spalte 5 als Verwendbarkeitsnachweis bei wesentlicher Abweichung (P) festgelegt ist (siehe Abschnitt 4.2)
- Bauprodukte, die nicht geregelt sind und deren Verwendung nicht der Erfüllung erheblicher Anforderungen an die Sicherheit baulicher Anlagen dient (Bauregelliste A Teil 2, 1. Abschnitt [12])
- sowie Bauprodukte, für die es Technische Baubestimmungen oder technische Regeln nicht oder nicht für alle Anforderungen gibt und die hinsichtlich dieser Anforderungen nach allgemein anerkannten Prüfverfahren beurteilt werden können (Bauregelliste A Teil 2, 2. Abschnitt [12])

Die Erteilung des allgemeinen bauaufsichtlichen Prüfzeugnisses (abP) erfolgt im 3. Fall auf der Grundlage einer Grundprüfung des Bauproduktes gemäß den in der Bauregelliste A Teil 2 [12] bekannt gemachten Prüfverfahren. Das abP enthält u.a. insbesondere auch die Angaben für die Ausführung und Bestimmungen zum Übereinstimmungsnachweis.

Das allgemeine bauaufsichtliche Prüfzeugnis (abP) ist wie die allgemeine bauaufsichtliche Zulassung (abZ) eine sogenannte Allgemeinverfügung und gilt bundesweit. Die erteilten Prüfzeugnisse müssen entsprechend von den Prüfstellen nach Gegenstand und wesentlichem Inhalt öffentlich bekannt gemacht werden. Der vollständige Bescheid (allgemeines bauaufsichtliches Prüfzeugnis) muss für jedermann erhältlich sein.

Bauregelliste A Teil 2 (Beispiele)

Abschnitt 1 Bauprodukte, für die es Technische Baubestimmungen oder allgemein anerkannte Regeln der Technik nicht gibt und deren Verwendung nicht der Erfüllung erheblicher Anforderungen an die Sicherheit baulicher Anlagen dient

Lfd. Nr.	Bauprodukt	Verwendbar-keitsnachweis	Übereinstim-mungsnachweis
1	2	3	5
1.3	Normalentflammbare Bahnen für Dach- und Bauwerksabdichtung, die nicht den Produkten 10.1 bis 10.22 in Bauregelliste A Teil 1 zugeordnet werden können.	P	ÜHP
1.4	Normalentflammbare Fugenabdichtungen für Bauteile aus Beton mit hohem Wassereindringwiderstand gegen drückendes und nichtdrückendes Wasser und gegen Bodenfeuchtigkeit, die nicht den Produkten 10.23 bis 10.24 in Bauregelliste A Teil 1 zugeordnet werden können.	P	ÜHP
1.5	Dachabdichtungen mit Flüssigkunststoffen	P	ÜHP
1.9	Mineralische Dichtungsschlämmen für Bauwerksabdichtungen	P	ÜHP
1.10	Flüssig zu verarbeitende Abdichtungsstoffe im Verbund mit Fliesen und Plattenbelägen für Bauwerksabdichtungen gegen nicht drückendes Wasser bei hoher Beanspruchung in Nassräumen im öffentlichen und gewerblichen Bereich, sowie gegen von innen drückendes Wasser wie z.B. bei Schwimmbecken im Innen- und Außenbereich	P	ÜHP
1.11	Bentonitmatten für Bauwerksabdichtungen	P	ÜHP
1.12	Bauwerksabdichtungen mit Flüssigkunststoffen	P	ÜHP

ÜH – Übereinstimmungserklärung des Herstellers
ÜHP – Übereinstimmungserklärung des Herstellers nach vorheriger Prüfung des Bauprodukts durch eine anerkannte Prüfstelle
ÜZ – Übereinstimmungszertifikat durch eine anerkannte Zertifizierungsstelle
P – Allgemeines bauaufsichtliches Prüfzeugnis

Abschnitt 2 Bauprodukte, für die es Technische Baubestimmungen oder allgemein anerkannte Regeln der Technik nicht oder nicht für alle Anforderungen gibt und die hinsichtlich dieser Anforderungen nach allgemein anerkannten Prüfverfahren beurteilt werden können

Lfd. Nr.	Bauprodukt	Verwendbarkeitsnachweis	anerkanntes Prüfverfahren nach	Übereinstimmungsnachweis
1	2	3	4	5
2.15	Beschichtungsstoffe für Beton-, Putz- und Estrichflächen von Auffangwannen und Auffangräumen innerhalb von Gebäuden und im Freien für die Lagerung von - Heizöl EL nach DIN 51603-1 - Dieselkraftstoff nach DIN EN 590 - ungebrauchten Verbrennungsmotorenölen - ungebrauchten Kraftfahrzeug-Getriebeölen - Gemischen aus gesättigten und aromatischen Kohlenwasserstoffen mit einem Aromatengehalt von ≤ 20 Gew.-% und einem Flammpunkt > 55 °C	P	Bau- und Prüfgrundsätze Beschichtungen für Auffangräume (2000-09)	ÜZ

Bauregelliste A Teil 2 (Beispiele, Fortsetzung)

Lfd. Nr.	Bauprodukt	Verwendbarkeitsnachweis	anerkanntes Prüfverfahren nach	Übereinstimmungsnachweis
1	2	3	4	5
2.22	Beschichtungsmaterial für Stahloberflächen für Instandsetzungen, die für die Erhaltung der Standsicherheit von Betonbauteilen erforderlich sind	P	DAfStb-Richtlinie für Schutz und Instandsetzung von Betonbauteilen (Instandsetzungs-Richtlinie) -SIBR, Teil 2 (2001-10) und Teil 4 (2001-10) Zusätzlich gilt: Anlage 9 und Anlage 0.2.1 der Bauregelliste A Teil 1 oder DIN EN ISO 11925-2:2002-07 in Verbindung mit DIN EN 13501-1:2002-06 und Anlagen 0.2.2 und 0.2.3 der Bauregelliste A Teil 1	ÜZ
2.23	Instandsetzungsbeton und -mörtel für Instandsetzungen, die für die Erhaltung der Standsicherheit von Betonbauteilen erforderlich sind. Ausgenommen sind Instandsetzungsbeton und -mörtel der Beanspruchbarkeitsklasse M 1	P	DAfStb-Richtlinie für Schutz und Instandsetzung von Betonbauteilen (Instandsetzungs-Richtlinie) -SIBR, Teil 2 (2001-10) und Teil 4 (2001-10) Zusätzlich gilt: Anlage 10 und DIN 4102-1:1998-05 in Verbindung mit Anlage 0.2.1 der Bauregelliste A Teil 1 oder DIN EN ISO 11925-2:2002-07 in Verbindung mit DIN EN 13501-1:2002-06 und Anlagen 0.2.2 und 0.2.3 der Bauregelliste A Teil 1	ÜZ
2.24	Oberflächenbeschichtungsstoffe für Beton für Instandsetzungen, die für die Erhaltung der Standsicherheit von Betonbauteilen erforderlich sind	P	DAfStb-Richtlinie für Schutz und Instandsetzung von Betonbauteilen (Instandsetzungs-Richtlinie) -SIBR, Teil 2 (2001-10) und Teil 4 (2001-10) Zusätzlich gilt: Anlage 11 und DIN 4102-1:1998-05 in Verbindung mit Anlage 0.2.1 der Bauregelliste A Teil 1 oder DIN EN ISO 11925-2:2002-07 in Verbindung mit DIN EN 13501-1:2002-06 und Anlagen 0.2.2 und 0.2.3 der Bauregelliste A Teil 1	ÜZ
2.25	Füllstoffe für Risse für Instandsetzungen, die für die Erhaltung der Standsicherheit von Betonbauteilen erforderlich sind	P	DAfStb-Richtlinie für Schutz und Instandsetzung von Betonbauteilen (Instandsetzungs-Richtlinie) -SIBR, Teil 2 (2001-10) und Teil 4 (2001-10) Zusätzlich gilt: Anlage 12	ÜZ
2.37	Abdichtungsstoffe für Bauwerksabdichtungen mit hoher Beanspruchung, die nicht für die Erhaltung der Standsicherheit von Betonbauteilen erforderlich sind	P	TL/TP-BEL-B, Teil 1 (Ausgabe 1999) oder TL/TP-BEL-B, Teil 2 (Ausgabe 1987) oder TL/TP-BEL-B, Teil 3 (Ausgabe 1995) und TL/TP BEL-EP (Ausgabe 1999) Zusätzlich gilt: DIN 4102-1:1998-05 in Verbindung mit Anlage 0.2.1 der Bauregelliste A Teil 1 oder DIN EN ISO 11925-2:2002-07 in Verbindung mit DIN EN 13501-1:2002-06 und Anlagen 0.2.2 und 0.2.3 der Bauregelliste A Teil 1	ÜHP

Bauregelliste A Teil 2 (Beispiele, Fortsetzung)

Lfd. Nr.	Bauprodukt	Verwendbarkeitsnachweis	anerkanntes Prüfverfahren nach	Übereinstimmungsnachweis
1	2	3	4	5
2.38	Abdichtungsstoffe für Bauwerksabdichtungen mit hoher Beanspruchung, die für die Erhaltung der Standsicherheit von Betonbauteilen erforderlich sind	P	TL/TP-BEL-B, Teil 1 (Ausgabe 1999) oder TL/TP-BEL-B, Teil 2 (Ausgabe 1987) oder TL/TP-BEL-B, Teil 3 (Ausgabe 1995) und TL/TP BEL-EP (Ausgabe 1999) Zusätzlich gilt: DIN 4102-1:1998-05 in Verbindung mit Anlage 0.2.1 der Bauregelliste A Teil 1 oder DIN EN ISO 11925-2:2002-07 in Verbindung mit DIN EN 13501-1:2002-06 und Anlagen 0.2.2 und 0.2.3 der Bauregelliste A Teil 1	ÜZ
2.39	Normalentflammbare kunststoff-modifizierte Bitumendickbeschichtungen für Bauwerksabdichtungen	P	Prüfgrundsätze für die Erteilung von allgemeinen bauaufsichtlichen Prüfzeugnissen für normalentflammbare kunststoffmodifizierte Bitumendickbeschichtungen für Bauwerksabdichtungen (2002-08)	ÜHP

ÜH – Übereinstimmungserklärung des Herstellers
ÜHP – Übereinstimmungserklärung des Herstellers nach vorheriger Prüfung des Bauprodukts durch eine anerkannte Prüfstelle
ÜZ – Übereinstimmungszertifikat durch eine anerkannte Zertifizierungsstelle
P – Allgemeines bauaufsichtliches Prüfzeugnis

Zu den nicht geregelten Bauprodukten, für die es Technische Baubestimmungen oder technische Regeln nicht oder nicht für alle Anforderungen gibt und die hinsichtlich dieser Anforderungen nach allgemein anerkannten Prüfverfahren beurteilt werden können, gehören gemäß lfd. Nr. 2.22 bis 2.25 der Bauregelliste A Teil 2 [12]:

- Beschichtungsmaterial für Stahloberflächen für Instandsetzungen,
- Instandsetzungsbeton und -mörtel,
- Oberflächenbeschichtungsstoffe für Beton für Instandsetzungen,
- Füllstoffe für Risse für Instandsetzungen,

die für die Erhaltung der Standsicherheit von Betonbauteilen erforderlich sind. Die Einschränkung auf Instandsetzungen, die für die Erhaltung der Standsicherheit von Betonbauteilen erforderlich sind, ist dadurch begründet, dass bei diesen Bauprodukten nur in diesem Falle ein Regelungsbedarf im Rahmen des öffentlichen Baurechts gesehen wird.

Als Grundlage („Prüfverfahren nach") für die allgemeinen bauaufsichtlichen Prüfzeugnisse (abP) werden sowohl die DAfStb-Richtlinie für Schutz und Instandsetzung von Betonbauteilen (SIBR) [15] als auch gemäß den Anlagen 9 bis 12 die jeweiligen Technischen Lieferbedingungen und Prüfvorschriften (TL/TP) des BMVBW (früher BMV) aufgeführt. Damit wird zur Vereinfachung für die Hersteller der Instandsetzungsprodukte die Anwendung der abP nach Landesbauordnungen im Regelungsbereich des BMVBW bzw. die Anwendung der „BMVBW-Produkte“ im Zuständigkeitsbereich der LBO ermöglicht.

Anlagen zu Bauregelliste A Teil 2

Anlage 9

Das allgemeine bauaufsichtliche Prüfzeugnis kann auch auf der Grundlage der folgenden Regelwerke erteilt werden:
TL/TP BE – PCC (Ausgabe 1990)
oder
TL/TP BE – SPCC (Ausgabe 1990)
oder
TL/TP BE – PC (Ausgabe 1990)

Anlage 10

Das allgemeine bauaufsichtliche Prüfzeugnis für die unterschiedlichen Instandsetzungsstoffe kann auch auf der Grundlage der folgenden Regelwerke erteilt werden:
TL/TP BE – PCC (Ausgabe 1990)
bzw.
TL/TP BE – SPCC (Ausgabe 1990)
bzw.
TL/TP BE – PC (Ausgabe 1990)

Anlage 11

Das allgemeine bauaufsichtliche Prüfzeugnis für die unterschiedlichen Oberflächenbeschichtungsstoffe kann auch auf der Grundlage des Regelwerkes TL/TP OS (Ausgabe 1996) erteilt werden.

Anlage 12

Das allgemeine bauaufsichtliche Prüfzeugnis für die unterschiedlichen Füllstoffe für Risse kann auch auf der Grundlage der folgenden Regelwerke erteilt werden:
TL/TP FG – EP (Ausgabe 1993)
bzw.
TL/TP FG – PUR (Ausgabe 1993)
bzw.
TL/TP FG – ZL / ZS (Ausgabe 1995)

4.7 Liste C

Bauprodukte, für die es weder Technische Baubestimmungen noch allgemein anerkannte Regeln der Technik gibt und die für die Erfüllung der Anforderungen der Landesbauordnungen nur eine untergeordnete Bedeutung haben, werden in der Liste C öffentlich bekannt gemacht [12]. Bei diesen Produkten entfallen Verwendbarkeits- und Übereinstimmungsnachweise. Diese Bauprodukte dürfen kein Übereinstimmungszeichen (Ü-Zeichen) tragen (vgl. Abschnitt 4.1).

Ungeachtet dessen können jedoch je nach Zusammensetzung der Bauprodukte und der Art ihrer Verwendung Anforderungen im Hinblick auf den Brandschutz, Gesundheits- oder Umweltschutz gestellt sein. Solche Anforderungen ergeben sich zum Beispiel aus dem Verwendungsverbot für Baustoffe, die auch in Verbindung mit anderen Baustoffen leichtentflammbar sind, ferner aus stofflichen Verboten oder Beschränkungen sowie allgemeinen Vorschriften oder Grundsätzen anderer Rechtsbereiche (z.B. Chemikaliengesetz, Gefahrstoffverordnung, Wasserhaushaltsgesetz), aus denen einschränkende Bestimmungen abzuleiten wären. So gilt die Liste C z.B. nur für solche Bauprodukte, die nach bauaufsichtlichen Vorschriften nur normalentflammbar (DIN 4102-B2) sein müssen.

Beispiele aus der Liste C

1	**Bauprodukte für den Rohbau**
1.5	Schutzschichten für Bauwerksabdichtungen
1.6	Abdichtungen von Fassaden zum Schutz gegen Wind und Schlagregen
1.7	Hydrophobiermittel gegen kapillare(n) Aufnahme und Transport von Wasser mit Ausnahme solcher, die für die Erhaltung der Standsicherheit von Betonbauteilen erforderlich sind
1.11	Bauprodukte zur Trockenlegung von feuchten Mauern
2	**Bauprodukte für den Ausbau**
2.8	Außenwandbeschichtungen mit einer Dicke bis 2 cm
2.13	Abdichtungsstoffe, außer den in Bauregelliste A Teil 1 genannten Baustoffen, im Verbund mit Fliesen- und Plattenbelägen gegen nicht drückendes Wasser bei mäßiger Beanspruchung, wie z.B. Balkone oder spritzwasserbelastete Fußboden- und Wandflächen im Wohnungsbau
2.14	Ringdichtungen für Rohrdurchführungen durch Bauteile, an die hinsichtlich des Brandschutzes keine Anforderungen gestellt werden
4	**Bauprodukte für ortsfest verwendete Anlagen zum Lagern, Abfüllen und Umschlagen von wassergefährdenden Stoffen**
4.1	Betonformsteine und Betonplatten für Abfüllflächen von Tankstellen
4.2	Beton für Abfüllflächen von Tankstellen
4.3	Fugenbänder für Abfüllflächen von Tankstellen
4.4	Fugenvergussmassen für Abfüllflächen von Tankstellen
4.5	Asphalt für Abfüllflächen von Tankstellen
7	**Bauprodukte für die Instandsetzung**
7.1	Beschichtungsmaterial für Stahloberflächen für Instandsetzungen von Betonbauteilen mit Ausnahme solcher, die für die Erhaltung der Standsicherheit erforderlich sind
7.2	Instandsetzungsbeton und -mörtel mit Ausnahme solcher, die für die Erhaltung der Standsicherheit von Betonbauteilen erforderlich sind
7.3	Oberflächenbeschichtungsstoffe für Beton mit Ausnahme solcher, die für die Erhaltung der Standsicherheit von Betonbauteilen erforderlich sind
7.4	Füllstoffe für Risse in Betonbauteilen mit Ausnahme solcher, die für die Erhaltung der Standsicherheit von Betonbauteilen erforderlich sind

5. Übereinstimmungsnachweis

5.1 Allgemeines

Geregelte und nicht geregelte Bauprodukte (vgl. Abschnitt 4.1) unterliegen einem in der Bauregelliste, der jeweiligen allgemeinen bauaufsichtlichen Zulassung (abZ) oder der Zustimmung im Einzelfall (ZiE) vorgeschriebenen Verfahren zum Nachweis der Übereinstimmung mit den ihnen zu Grunde liegenden technischen Regeln bzw. Verwendbarkeitsnachweisen. Es wird unterschieden:

- Übereinstimmungserklärung des Herstellers (ÜH),
  - Bestätigung der Übereinstimmung mit der technischen Regel bzw. dem Verwendbarkeitsnachweis durch den Hersteller
  - Werkseigene Produktionskontrolle durch den Hersteller
- Übereinstimmungserklärung des Herstellers nach vorheriger Prüfung des Bauprodukts durch eine anerkannte Prüfstelle (ÜHP) oder
  - Wie ÜH, zusätzlich vorherige Prüfung des Bauprodukts durch eine Prüfstelle
- Übereinstimmungszertifikat durch eine anerkannte Zertifizierungsstelle (ÜZ).
  - Bestätigung der Übereinstimmung mit der technischen Regel bzw. dem Verwendbarkeitsnachweis durch eine Zertifizierungsstelle
  - Werkseigene Produktionskontrolle durch den Hersteller
  - Fremdüberwachung durch eine Überwachungsstelle

Der Hersteller dokumentiert die Übereinstimmung des Produkts durch Kennzeichnung des Produkts mit dem Übereinstimmungszeichen Ü (Ü-Zeichen) aufgrund der Bestimmungen der Übereinstimmungszeichen-Verordnungen der Länder (vgl. [4]). Die Verordnungen bestimmen im Einzelnen die im Ü-Zeichen erforderlichen Angaben, die Grundlagen der Bestätigung sowie Form und Art der Anbringung.

Der Konformitätsnachweis für Bauprodukte nach harmonisierten technischen Spezifikationen wird in Abschnitt 6 behandelt.

5.2 Prüf-, Überwachungs- und Zertifizierungsstelle

Nach den Landesbauordnungen kann die Einschaltung anerkannter Prüf-, Überwachungs- und Zertifizierungsstellen erforderlich sein. Diese werden im Verzeichnis der Prüf-, Überwachungs- und Zertifizierungsstellen nach den Landesbauordnungen veröffentlicht [16].

Um als Prüf-, Überwachungs- und Zertifizierungsstelle (PÜZ-Stelle) im Rahmen des Übereinstimmungs- oder Verwendbarkeitsnachweises für bestimmte Bauprodukte und Bauarten tätig werden zu können, bedarf die Person, Stelle oder Überwachungsgemeinschaft der bauaufsichtlichen Anerkennung nach Landesbauordnung.

Das Anerkennungsverfahren und die Vorraussetzungen für die Anerkennung sind in den Ländern in einer PÜZ-Anerkennungsverordnung geregelt (vgl. [4]). PÜZ-Stellen müssen eine ausreichende Zahl an Beschäftigten mit entsprechender beruflicher Erfahrung sowie einen qualifizierten Leiter haben. PÜZ-Stellen, insbesondere deren Leiter müssen unparteilich sein und für die beantragten Bauprodukte die erforderlichen Fachkenntnisse besitzen. PÜZ-Stellen werden anerkannt als

- Prüfstelle für die Erteilung allgemeiner bauaufsichtlicher Prüfzeugnisse (§ 19 Abs. 2 MBO),
- Prüfstelle für die Überprüfung von Bauprodukten vor Bestätigung der Übereinstimmung (§ 23 a Abs. 2 MBO),
- Zertifizierungsstelle (§ 24 Abs. 1 MBO),
- Überwachungsstelle für die Fremdüberwachung von Bauprodukten (§ 24 Abs. 2 MBO),
- Überwachungsstelle für die Überwachung bei Einbau, Transport, Instandhaltung etc. nach § 17 Abs. 6 MBO,
- Prüfstelle für die Überwachung der Herstellung nach § 17 Abs. 5 MBO (Eignungsnachweis für Hersteller von Bauprodukten und Anwender von Bauarten).

Das Deutsche Institut für Bautechnik (DIBt) führt und veröffentlicht ein entsprechendes Verzeichnis der Prüf-, Überwachungs- und Zertifizierungsstellen nach den Landesbauordnungen [16]. Die nationale Kennziffer der jeweiligen Stelle in Deutschland ist in den Anhängen A und B des Verzeichnisses veröffentlicht.

Die Anerkennung von PÜZ-Stellen nach den Landesbauordnungen ist von einigen Bundesländern dem DIBt übertragen worden, für die übrigen Bundesländer wird das Anerkennungsverfahren vom DIBt durchgeführt und die Anerkennung selber vom jeweiligen Bundesland ausgesprochen.

Für den Geschäftsbereich des Bundesministeriums für Verkehr, Bau- und Wohnungswesen ist die Bundesanstalt für Straßenwesen (BASt) als anerkennende Stelle tätig. Die BASt führt für den BMVBW-Bereich Listen der anerkannten PÜZ-Stellen. Die Listen sind im Internet abrufbar [17].

5.3 Werkseigene Produktionskontrolle

Durch eine werkseigene Produktionskontrolle (WPK) für Bauprodukte soll durch den Hersteller sichergestellt werden, dass das hergestellte Bauprodukt den maßgeblichen technischen Regeln, der allgemeinen bauaufsichtlichen Zulassung (abZ), dem allgemeinen bauaufsichtlichen Prüfzeugnis (abP) oder der Zustimmung im Einzelfall (ZiE) entspricht. Die WPK besteht aus einer kontinuierlichen Überwachung der Produktion, die insbesondere folgende Maßnahmen einschließt:

- Beschreibung und Überprüfung des Ausgangsmaterials und der Bestandteile,
- Kontrolle und Prüfungen, die während der Herstellung durchzuführen sind und
- Nachweise und Prüfungen, die am fertigen Bauprodukt durchzuführen sind

Die Ergebnisse der werkseigenen Produktionskontrolle sind aufzuzeichnen und auszuwerten. Die Aufzeichnungen sind aufzubewahren und berechtigten Stellen, z.B. der zuständigen obersten Bauaufsichtsbehörde, auf Verlangen vorzulegen. Bei ungenügendem Prüfergebnis sind vom Hersteller unverzüglich die erforderlichen Maßnahmen zur Abstellung des Mangels zu treffen.

Bauprodukte, die den Anforderungen nicht entsprechen, sind so zu handhaben, dass Verwechslungen mit übereinstimmenden ausgeschlossen werden. Sie dürfen nicht mit dem Ü-Zeichen gekennzeichnet werden.

Eine unrechtmäßige Kennzeichnung mit dem Ü-Zeichen kann als Ordnungswidrigkeit mit einem Bußgeld geahndet werden. Darüber hinaus kann die Einstellung der betroffenen Bauarbeiten bzw. die Beseitigung der betroffenen baulichen Anlagen angeordnet und die Bauprodukte eingezogen werden.

Von der werkseigenen Produktionskontrolle (WPK) für Bauprodukte zu unterscheiden ist die Eigenüberwachung bei der Ausführung von Bautätigkeiten, z.B. Instandsetzungsmaßnahmen.

5.4 Fremdüberwachung

Zur Fremdüberwachung von Bauprodukten durch die Überwachungsstelle gehören

- die Erstinspektion des Werks und der werkseigenen Produktionskontrolle sowie
- die laufende Überwachung des Herstellers und seiner Produkte inklusive
- unabhängig durchzuführender Messungen, Untersuchungen und Kontrollprüfungen
  - zur Feststellung der Produkteigenschaften,
  - zur Beurteilung bzw. Auswertung des Herstellungsprozesses und seiner betrieblichen Steuerungs- und Kontrollmaßnahmen.

Für ihre regelmäßigen Prüfungen hat die Überwachungsstelle eine eigene Prüfstelle vorzuhalten oder eine geeignete in das Anerkennungsverfahren einbezogene Stelle einzuschalten.

5.5 Zertifizierungsstelle

Die Zertifizierungsstelle dient der Bewertung und abschließenden Beurteilung von produktbezogenen Prüfergebnissen und produktionsbezogenen Überwachungstätigkeiten der im Rahmen des Übereinstimmungsnachweises tätigen Überwachungsstellen.

Die Zertifizierungsstelle erteilt das Übereinstimmungszertifikat in den Fällen, wo es als Übereinstimmungsnachweis vorgesehen ist und die Voraussetzungen zur Erteilung erfüllt sind, u.a:

- positive Beurteilung der werkseigenen Produktionskontrolle des Herstellers,
- Erstprüfung des Bauprodukts belegt die Übereinstimmung,
- Fremdüberwachung durch eine Überwachungsstelle (siehe Abschnitt 5.4).

5.6 Eignungsnachweis für Hersteller von Bauprodukten und Anwender von Bauarten nach § 17 Abs. 5 MBO

Bei Bauprodukten, deren Herstellung in außergewöhnlichem Maß von der Sachkunde und Erfahrung der damit betrauten Personen oder von einer Ausstattung mit besonderen Vorrichtungen abhängt, kann in der allgemeinen bauaufsichtlichen Zulassung, in der Zustimmung im Einzelfall oder durch Rechtsverordnung der obersten Bauaufsichtsbehörde vorgeschrieben werden, dass der Hersteller über solche Fachkräfte und Vorrichtungen verfügt und den Nachweis hierüber gegenüber einer Prüfstelle nach § 25 MBO zu erbringen hat.

In der Rechtsverordnung können Mindestanforderungen an die Ausbildung, die durch Prüfung nachzuweisende Befähigung und die Ausbildungsstätten einschließlich der Anerkennungsvoraussetzungen gestellt werden.

Eine solche Rechtsverordnung liegt als „Muster – Verordnung über Anforderungen an Hersteller von Bauprodukten und Anwender von Bauarten (Muster-Hersteller- und Anwender-VO – MHAVO –)“ (Fassung März 1998) vor [4]. Sie betrifft unabhängig von den einschlägigen Regeln

1. die Ausführung von Schweißarbeiten zur Herstellung tragender Stahlbauteile,
2. die Ausführung von Schweißarbeiten zur Herstellung tragender Aluminiumbauteile,
3. die Ausführung von Schweißarbeiten zur Herstellung von Betonstahlbewehrungen,
4. die Ausführung von Leimarbeiten zur Herstellung tragender Holzbauteile und von Brettschichtholz,
5. die Herstellung von Beton mit höherer Festigkeit und anderen besonderen Eigenschaften auf Baustellen (Beton BII), Transportbeton, vorgefertigten tragenden Bauteilen aus Beton BII,
6. die Instandsetzung von tragenden Betonbauteilen, deren Standsicherheit gefährdet ist.

Sie wurde durch eine entsprechende „Verordnung über Anforderungen an Hersteller von Bauprodukten und Anwender von Bauarten (Hersteller- und Anwenderverordnung – HAVO)“ in Baden-Württemberg, Bayern, Berlin, Brandenburg, Hamburg, Mecklenburg-Vorpommern, Nordrhein-Westfalen, Rheinland-Pfalz und Thüringen umgesetzt.

Im Falle der Instandsetzung von tragenden Betonbauteilen, deren Standsicherheit gefährdet ist, betrifft sie den Eignungsnachweis der ausführenden Betriebe gegenüber einer anerkannten Prüfstelle. Die Beurteilung der Standsicherheitsrelevanz obliegt dem sachkundigen Planer.

In den Nachweis der Qualifikation des Baustellenfachpersonals ist der SIVV-Schein eingebunden, der entsprechend der vom Ausbildungsbeirat „Verarbeiten von Kunststoffen im Betonbau“ beim Deutschen Beton- und Bautechnik-Verein E.V. verabschiedeten Prüfungsordnung erlangt werden kann [18].

5.7 Überwachung von Tätigkeiten mit Bauprodukten und bei Bauarten nach § 17 Abs. 6 MBO

Für Bauprodukte, die wegen ihrer besonderen Eigenschaften oder ihres besonderen Verwendungszweckes einer außergewöhnlichen Sorgfalt bei Einbau, Transport, Instandhaltung oder Reinigung bedürfen, kann in der allgemeinen bauaufsichtlichen Zulassung, in der Zustimmung im Einzelfall oder durch Rechtsverordnung der obersten Bauaufsichtsbehörde die Überwachung dieser Tätigkeiten durch eine Überwachungsstelle nach § 25 MBO vorgeschrieben werden.

Eine solche Rechtsverordnung liegt als „Musterverordnung über die Überwachung von Tätigkeiten mit Bauprodukten und bei Bauarten (MÜTVO)“ (Fassung März 1998) vor [4]. Sie betrifft unabhängig von den einschlägigen Regeln

1. den Einbau von punktgestützten, hinterlüfteten Wandbekleidungen aus Einscheibensicherheitsglas in einer Höhe von mehr als 8 m über Gelände,
2. das Herstellen und der Einbau von Beton mit höherer Festigkeit und anderen besonderen Eigenschaften auf Baustellen (Beton BII),

3. die Instandsetzung von tragenden Betonbauteilen, deren Standsicherheit gefährdet ist,
4. den Einbau von Verpressankern,
5. das Einpressen von Zementmörtel in Spannkanäle,
6. das Einbringen von Ortschäumen in Bauteilflächen über 50 m^2.

Sie wurde durch eine entsprechende „Verordnung über die Überwachung von Tätigkeiten mit Bauprodukten und bei Bauarten (ÜTVO)" in Baden-Württemberg, Bayern, Berlin, Brandenburg, Hamburg, Mecklenburg-Vorpommern, Nordrhein-Westfalen, Rheinland-Pfalz und Thüringen umgesetzt.

Im Falle der Instandsetzung von tragenden Betonbauteilen, deren Standsicherheit gefährdet ist, betrifft sie die Überwachung der Ausführung der Instandsetzung durch eine anerkannte Überwachungsstelle. Die Beurteilung der Standsicherheitsrelevanz obliegt dabei dem sachkundigen Planer.

6. Konformitätsnachweis

6.1 Allgemeines

Die Konformität der Produkte mit den harmonisierten technischen Spezifikationen (harmonisierte Norm oder europäische technische Zulassung) und den auf Gemeinschaftsebene anerkannten nicht harmonisierten technischen Spezifikationen ist durch Verfahren der werkseigenen Produktionskontrolle und der Überwachung, Prüfung, Beurteilung und Zertifizierung durch unabhängige qualifizierte Stellen oder durch den Hersteller selbst sicherzustellen.

Die Konformität wird durch die CE-Kennzeichnung belegt.

Die Bauproduktenrichtlinie [10] unterscheidet die Systeme der Konformitätsbescheinigung nach Tabelle 1.

Tabelle 1: Systeme der Konformitätsbescheinigung nach Bauproduktenrichtlinie

<table>
<tr><th>System</th><th>Aufgabe des Herstellers</th><th>Aufgabe der Notifizierten Stelle</th><th>Grundlage für die CE-Kennzeichnung</th></tr>
<tr><td>4</td><td>Erstprüfung des Produkts, werkseigene Produktionskontrolle</td><td></td><td rowspan="2">Konformitätserklärung des Herstellers</td></tr>
<tr><td>3</td><td>werkseigene Produktionskontrolle</td><td>Erstprüfung des Produkts</td></tr>
<tr><td>2</td><td>Erstprüfung des Produkts, werkseigene Produktionskontrolle</td><td>Zertifizierung der werkseigenen Produktionskontrolle auf Grund von der Erstinspektion</td><td rowspan="2">Konformitätserklärung des Herstellers
+
Zertifizierung der werkseigenen Produktionskontrolle</td></tr>
<tr><td>2+</td><td>Erstprüfung des Produkts, werkseigene Produktionskontrolle,
Prüfung von Proben nach festgelegtem Prüfplan</td><td>Zertifizierung der werkseigenen Produktionskontrolle auf Grund von
– Erstinspektion
– laufender Überwachung, Beurteilung und Anerkennung der werkseigenen Produktionskontrolle</td></tr>
</table>

1	werkseigene Produktionskontrolle, weitere Prüfung von Proben nach festgelegtem Prüfplan	Zertifizierung der Produktkonformität auf Grund von Aufgaben der notifizierten Stelle und der dem Hersteller zugewiesenen Aufgaben Aufgaben der notifizierten Stelle: – Erstprüfung des Produkts; – Erstinspektion des Werkes und der werkseigenen Produktionskontrolle; – laufende Überwachung, Beurteilung und Anerkennung der werkseigenen Produktionskontrolle	Konformitätserklärung des Herstellers mit einem Zertifikat über die Produktkonformität
1+	werkseigene Produktionskontrolle, weitere Prüfung von Proben nach festgelegtem Prüfplan	Zertifizierung der Produktkonformität auf Grund von Aufgaben der notifizierten Stelle und der dem Hersteller zugewiesenen Aufgaben Aufgaben der notifizierten Stelle: – Erstprüfung des Produkts; – Erstinspektion des Werkes und der werkseigenen Produktionskontrolle; – laufende Überwachung, Beurteilung und Anerkennung der werkseigenen Produktionskontrolle; – Stichprobenprüfung (audit-testing) von im Werk, auf dem Markt oder auf der Baustelle entnommenen Proben	

6.2 Prüf-, Überwachungs- und Zertifizierungsstelle

Im Rahmen des Konformitätsnachweises für Bauprodukte kann nach der Bauproduktenrichtlinie [10], umgesetzt durch das Bauproduktengesetz (BauPG) [11], die Einschaltung notifizierter Prüf-, Überwachungs- und Zertifizierungsstellen erforderlich sein. Welche Stellen einzuschalten und welche Aufgaben durch die notifizierte Stelle wahrzunehmen sind, ist in den harmonisierten Normen oder den europäischen technischen Zulassungen festgelegt.

Die Stellen werden durch die oberste Bauaufsichtbehörde des Sitzlandes der Stelle oder durch das Deutsche Institut für Bautechnik, wenn ihm diese Aufgabe durch das Land übertragen wurde, anerkannt und bei der Europäischen Kommission notifiziert.

Das Anerkennungsverfahren ist in einer Verordnung geregelt [19].

Im Hinblick auf die Funktion der für die Konformitätsbescheinigung eingeschalteten Stellen ist zu unterscheiden zwischen:

- Zertifizierungsstelle: unparteiische Stelle, die für die Durchführung der Konformitätszertifizierung die erforderliche Kompetenz und Verantwortlichkeit besitzt
- Überwachungsstelle: unparteiische Stelle, die über die Organisation, das Personal, die Kompetenz und die Integrität verfügt, um Funktionen wie die Beurteilung, die Empfehlung für die Annahme und nachfolgende Begutachtung der Wirksamkeit der werkseigenen Qualitätskontrolle, die Auswahl und Bewertung von Produkten auf der Baustelle oder im Werk oder sonst wo nach bestimmten Kriterien ausüben zu können
- Prüfstelle: Laboratorium, das die Eigenschaften oder die Leistung von Baustoffen oder Produkten misst, untersucht, prüft, kalibriert oder auf andere Art und Weise bestimmt

Die von den Mitgliedstaaten bestimmten Prüf-, Überwachungs- und Zertifizierungsstellen müssen die folgenden Mindestvoraussetzungen erfüllen:

1. Erforderliches Personal sowie entsprechende Mittel und Ausrüstungen;
2. Technische Kompetenz und berufliche Integrität des Personals;
3. Unparteilichkeit der Führungskräfte und des technischen Personals in bezug auf alle Kreise, Gruppen oder Personen, die direkt oder indirekt am Markt für Bauprodukte interessiert sind, hinsichtlich der Durchführung der Prüfungsverfahren und der Erstellung von Berichten, der Ausstellung von Bescheinigungen und der Überwachungstätigkeiten gemäß der Bauproduktenrichtlinie;
4. Wahrung des Berufsgeheimnisses;
5. Abschluss einer Haftpflichtversicherung, sofern die Haftung nicht vom Staat durch inländisches Recht geregelt wird. Die Voraussetzungen nach den Nummern 1 und 2 werden von den zuständigen Stellen der Mitgliedstaaten regelmäßig geprüft.

Die Europäischen Kommission erteilt für jede notifizierte Stelle eine eindeutige Kenn-Nummer (Ident-Nr.), mit der diese im Verzeichnis der nach dem Bauproduktengesetz anerkannten und der Europäischen Kommission und den Mitgliedstaaten mitgeteilten (notifizierten) Prüf-, Überwachungs- und Zertifizierungsstellen geführt wird [20].

7. Bauaufsichtliche Behandlung der Neufassung der SIB-Richtlinie

7.1 Instandsetzungsprodukte – Historie

Zum Zeitpunkt der ersten Fassung der Instandsetzungsrichtlinie waren viele Fragen offen, insbesondere hinsichtlich Brauchbarkeitsnachweis der Baustoffe für die Instandsetzungssysteme, Überwachung der Herstellung der Bauprodukte, Ausführungsanweisungen und Überwachung der Ausführung. Aus diesen Gründen waren die Bauprodukte für die Instandsetzung als nicht geregelte Bauprodukte im Sinne der LBO zu betrachten, für die allgemeine bauaufsichtliche Zulassungen (abZ) als Verwendbarkeitsnachweis erforderlich gewesen wären.

Es bestand jedoch die Absicht, hierfür keine Zulassungen zu erteilen. Daher wurde gefordert, dass die maßgeblichen Anforderungen an die Baustoffe für die unterschiedlichen Instandsetzungskonzepte in der Instandsetzungsrichtlinie genau beschrieben werden, ebenso die erforderlichen Prüfungen für den Nachweis der Eigenschaften. Für den Nachweis der Brauchbarkeit konnten damit anstelle von Zulassungen Prüfzeugnisse bestimmter hierfür anerkannter Prüfanstalten festgelegt werden.

Mit der neuen Musterbauordnung (MBO) ab 1993 wurde dann für bauaufsichtlich relevante Bauprodukte anstelle der bisherigen Prüfzeugnisse das sogenannte allgemeine bauaufsichtliche Prüfzeugnis (abP) eingeführt. Die Erteilung des allgemeinen bauaufsichtlichen Prüfzeugnisses erfolgt auf der Grundlage einer Grundprüfung des Bauproduktes gemäß den in der Bauregelliste A Teil 2 bekannt gemachten Prüfverfahren (siehe Abschnitt 4.6). Es enthält u.a. insbesondere auch die Angaben für die Ausführung.

7.2 SIB-Richtlinie – Gliederung der Neufassung

Die Neufassung der DAfStb-Richtlinie Schutz und Instandsetzung von Betonbauteilen (Instandsetzungs-Richtlinie) [15] gliedert sich in die folgenden 4 Teile:

Teil 1: Allgemeine Regelungen und Planungsgrundsätze

Teil 2: Bauprodukte und Anwendung

Teil 3: Anforderungen an die Betriebe und Überwachung der Ausführung

Teil 4: Prüfverfahren

7.3 SIB-Richtlinie – Liste der Technischen Baubestimmungen und Rechtsverordnungen

Die Neufassungen der Teile 1 bis 3 wurden in die Musterliste der Technischen Baubestimmungen aufgenommen und werden von den Ländern in den Listen der Technischen Baubestimmungen bekannt gemacht.

Auch Teil 3 wurde in die Liste der Technischen Baubestimmungen (LTB) aufgenommen, da diese von den Rechtsverordnungen nach Abschnitt 5.6 und 5.7 in Bezug genommen wird.

Bekanntmachung der SIB-Richtlinie in der Liste der Technischen Baubestimmungen

Kenn./ Lfd.Nr.	Bezeichnung	Titel	Ausgabe	Bezugs-quelle/ Fundst.
1	2	3	4	5
2.3.11	Instandset-zungs-Richtlinie Anlage 2.3/11	DAfStb-Richtlinie - Schutz und Instandsetzung von Betonbauteilen		
		Teil 1: Allgemeine Regelungen und Planungsgrundsätze	Oktober 2001	*)
		Teil 2: Bauprodukte und Anwendung	Oktober 2001	*)
		Teil 3: Anforderungen an die Betriebe und Überwachung der Ausführung	Oktober 2001	*)
Anlage 2.3/11 *Zur Richtlinie für Schutz und Instandsetzung von Betonbauteilen* Bauaufsichtlich ist die Anwendung der technischen Regel nur für Instandsetzungen von Betonbauteilen, bei denen die Standsicherheit gefährdet ist, gefordert.				

*) Beuth Verlag GmbH, 10772 Berlin

7.4 Instandsetzungsprodukte – Bauregelliste A Teil 2

Die Instandsetzungsprodukte für Betonbauteile werden weiterhin als nicht geregelte Bauprodukte betrachtet, für die in standsicherheitsrelevanten Anwendungsfällen als Verwendbarkeitsnachweis ein allgemeines bauaufsichtliches Prüfzeugnis (abP) erforderlich ist. Auf die Neufassungen der Teile 2 und 4 wird in die Bauregelliste A Teil 2 [12], lfd. Nr. 2.22 bis 2.25 für die abP Bezug genommen.

Die Neufassung der Richtlinie beinhaltet im wesentlichen auch die Übernahme der Technischen Lieferbedingungen und Prüfvorschriften (TL/TP) aus den Regelwerken der ZTV-SIB bzw. ZTV-RISS des BMVBW (vgl. [21]). Diese waren ursprünglich auch in die Bauregelliste A Teil 2 aufgenommen worden, damit nur *ein* abP für Instandsetzungssysteme in den Zuständigkeitsbereichen der LBO und des BMVBW erforderlich ist.

Um die Konsistenz des Regelwerks des BMVBW einerseits zu erhalten, andererseits Produkte mit abP nach Landesbauordnung (LBO) im Zuständigkeitsbereich des BMVBW anwendbar zu machen, können die früher mit „oder" aufgeführten TL/TP weiterhin im abP in Bezug genommen werden (siehe Anlagen 9 bis 12 in Abschnitt 4.6).

Unabhängig von der Verpflichtung der Prüfstellen, die erteilten Prüfzeugnisse nach Gegenstand und wesentlichem Inhalt öffentlich bekannt zu machen, führt die Bundesanstalt für Straßenwesen (BASt) eigene Listen der geprüften Stoffe und Stoffsysteme. Die Listen sind im Internet abrufbar [17].

Die Einschränkung, dass ein Verwendbarkeitsnachweis im Geltungsbereich der LBO nur erforderlich ist für Instandsetzungen von Betonbauteilen, die für die Erhaltung der

Standsicherheit von Betonbauteilen erforderlich sind, bleibt bestehen. Die Beurteilung der Standsicherheitsrelevanz obliegt dem sachkundigen Planer.

Ein weiterer Punkt betrifft die Aufnahme von Beschichtungen unter Dichtungsschichten oder als Dichtungsschichten unter Schutz- und Deckschichten. Es handelt sich hierbei u.a. um die Systeme OS 7 entsprechend TL/TP – BEL EP und OS 10 entsprechend TL/TP – BEL-B3. Diese Bauprodukte waren früher in der Bauregelliste A Teil 2 als Oberflächenschutzsysteme unter der lfd. Nr. 2.24 enthalten.

In der neuen Richtlinie wird für die Oberflächenschutzsysteme OS 7 und OS 10 aus Vereinfachungsgründen auf die geltenden TL/TP verwiesen. Beide Systeme werden nicht nur im Brückenbau, sondern auch im Hochbau, bei Parkdecks und Hofkellerdecken angewendet. Beide Systeme sind im engeren Sinne keine „Oberflächenschutzsysteme“ wie die übrigen. Sie werden nicht nur als Instandsetzungsprodukte verwendet, sondern auch zur Abdichtung der Bauteile gegen das Eindringen bzw. Durchtreten von Oberflächenwasser im Neubau und im Instandsetzungsfall.

Diese Systeme sind als Bauprodukte zur Abdichtung gemeinsam mit weiteren Bauprodukte nach TL/TP BEL-B Teil 1 und Teil 2 in Bauregelliste A Teil 2, lfd. Nr. 2.37 und 2.38 aufgenommen worden (siehe Abschn. 4.6). Die TL/TP – BEL EP und TL/TP - BEL-B3 werden unter der lfd. Nr. 2.24 nicht mehr in Bezug genommen.

7.5 Instandsetzungsprodukte – Liste C

Für Anwendungsfälle ohne Standsicherheitsrelevanz sind die Instandsetzungsprodukte in Liste C aufgenommen mit der gleichen Bezeichnung wie in der Bauregelliste A Teil 2, jedoch mit dem Zusatz „mit Ausnahme solcher, die für die Erhaltung der Standsicherheit von Betonbauteilen erforderlich sind“, um klarzustellen, dass in diesen Fällen kein bauaufsichtlicher Verwendbarkeits- und Übereinstimmungsnachweis erforderlich ist (siehe Abschnitt 4.7).

8. Ausblick auf EN 1504

Für das Gesamtgebiet des Schutzes, der Instandsetzung und der Verstärkung von Betonbauteilen werden von CEN/TC 104/SC 8 auf der Grundlage des Normungsmandats M 128 die Normen der Reihe EN 1504 „Produkte und Systeme für den Schutz und die Instandsetzung von Betontragwerken – Definitionen, Anforderungen, Qualitätsüberwachung und Beurteilung der Konformität“ mit insgesamt 10 Teilen vorbereitet.

Bei den Teilen 2 bis 7 handelt es sich um künftig harmonisierte Produktnormen, die national unverändert umzusetzen sind. Diese müssen nach ihrer Veröffentlichung als DIN EN in Verbindung mit Teil 8 und evtl. Teil 1 in die Bauregelliste B Teil 1 aufgenommen werden. Die in den Teilen 2, 3, 5 und 7 behandelten Betoninstandsetzungsprodukte werden derzeit in Deutschland über allgemeine bauaufsichtliche Prüfzeugnisse (abP) geregelt (siehe Abschn. 7.4).

Der zentrale Teil dieser Normenreihe ist der nicht zu harmonisierende Teil 9 „Allgemeine Planungsgrundsätze". Er wurde Ende 1996 zur Veröffentlichung als Vornorm freigegeben und als ENV 1504-9:1997-07 bzw. als V DIN V ENV 1504-9:2001-03 veröffentlicht. Dieser nicht harmonisierte Teil regelt die „Anwendung" der Produkte im Sinne einer „Verwendungsregelung" (Welches Produkt wann für was ?).

Tabelle 2: Normenreihe EN 1504

Teil von EN 1504	Produkt	empfohlene Regelung der Anwendung
Teil 1	Definitionen	(keine Produktnorm)
Teil 2	Oberflächenschutzsysteme für Beton	Anwendungsnorm[1)2)]
Teil 3	Statisch und nicht statisch relevante Instandsetzung (Schutz-/Instandsetzungsmörtel, -beton)	Anwendungsnorm[1)]
Teil 4	Kleber für Bauzwecke - für Ankleben von Laschen - für Ankleben von Mörtel/Beton	 abZ abZ
Teil 5	Injektion von Betonbauteilen - Rissfüllstoffe für kraftschlüssiges Verbinden - Rissfüllstoffe für dehnfähiges Verbinden - Gele	 Anwendungsnorm[1)] Anwendungsnorm[1)] ausschliessen[3)]
Teil 6	Mörtel zur Verankerung der Bewehrung	abZ oder ETA
Teil 7	Vermeidung von Korrosion der Bewehrung (Beschichtungsstoffe für Betonstahlbewehrung)	Anwendungsnorm[1)]
Teil 8	Qualitätsüberwachung und Beurteilung der Konformität	(keine Produktnormen)
Teil 9	Allgemeine Prinzipien für die Anwendung von Produkten und Systemen	
Teil 10	Anwendung von Produkten und Systemen auf der Baustelle, Qualitätsüberwachung der Ausführung	

1): auf der Grundlage der SIB-Richtlinie des DAfStb

2): Oberflächenschutzsysteme für LAU-Anlagen in BRL B Teil 1 vom Anwendungsbereich ausnehmen

3): von der Verwendung in bewehrten, tragenden Bauteilen wegen Korrosionsgefahr auszuschließen

Der nicht zu harmonisierende Teil 10 „Anwendung von Produkten und Systemen auf der Baustelle, Qualitätsüberwachung der Ausführung" regelt die Anwendung von Produkten und Systemen auf der Baustelle im Sinne einer „Ausführungsregelung". Es ist denkbar, dass in Deutschland eine Anpassung auf der Grundlage des Teils 3 der SIB-Richtlinie des DAfStb erfolgt.

Mit der Fertigstellung der vollständigen Normenreihe ist erst ca. Ende 2006 zu rechnen. Die nationale Umsetzung wird derzeit von zuständigen Normenausschuss NaBau 07.06.00 erarbeitet. Für die Produkte, die in den Teilen 2, 3, 5 und 7 der EN 1504 geregelt sind, wird eine Anwendungsnorm auf der Grundlage der SIB-Richtlinie des DAfStb erarbeitet.

Hinsichtlich der Umsetzung der Normenreihe EN 1504 im Bereich des BMVBW siehe [21].

9. Schrifttum etc.

[1] Bossenmayer, Horst: Sicheres Bauen – Umsetzung europäischer Vorschriften für Bauprodukte. 44. Ulmer Beton- und Fertigteil-Tage 2000; S. 219-250

[2] Ernst, Helmut: Bauaufsichtliche Regelungen der Baurechtsbehörden. 44. Ulmer Beton- und Fertigteil-Tage 2000; S. 251 – 253

[3] Bossenmayer, Horst: Europäische und nationale Regelwerke für Bauprodukte. Betonwerk + Fertigteil-Technik 68 (2002), H. 1, S. 36 – 45

[4] Bauaufsichtliche Mustervorschriften der ARGEBAU; Hrsg. DIN Deutsches Institut für Normung e.V. und Justus Achelis; Loseblattsammlung, 1997 ff.; Beuth Verlag, Berlin

[5] http://www.is-argebau.de (Informationssystem der ARGEBAU)

[6] DIBt Mitteilungen, Deutsches Institut für Bautechnik (Erscheinungsweise: zweimonatlich); Verlag Ernst&Sohn, Berlin

[7] http://www.dibt.de (Deutsches Institut für Bautechnik)

[8] Muster–Liste der Technischen Baubestimmungen (beim DIBt erhältlich)

[9] Sammlung Bauaufsichtlich eingeführte Technische Baubestimmungen (STB); Hrsg. DIBt; Loseblattsammlung; 10 Ordner oder CD-0
ROM; Beuth Verlag, Berlin

[10] Richtlinie des Rates vom 21.12.1988 zur Angleichung der Rechts- und Verwaltungsvorschriften der Mitgliedstaaten über Bauprodukte (89/106/EWG) (ABl. L 40 vom 11.02.1989, S. 12), geändert durch die Richtlinie 93/68/EWG des Rates vom 22.07.1993 (ABl. L 220 vom 30.08.1993, S. 1) und geändert durch die Verordnung (EG) Nr. 1882/2003 des Europäischen Parlaments und des Rates vom 29. September 2003 (ABl. EU Nr. L 284 vom 31.10.2003, S. 1, 25) (Bauproduktenrichtlinie).

[11] Gesetz über das Inverkehrbringen von und den freien Warenverkehr mit Bauprodukten zur Umsetzung der Richtlinie 89/106/EWG des Rates vom 21. Dezember 1988 zur Angleichung der Rechts- und Verwaltungsvorschriften der Mitgliedstaaten über Bauprodukte und anderer Rechtsakte der Europäischen Gemeinschaften (Bauproduktengesetz – BauPG) in der derzeit gültigen Fassung vom 28.04.1998 (BGBl. I S. 812), zuletzt geändert durch Gesetz vom 06.01 2004 (BGBl. I S. 2, 15)

[12] Bauregelliste A, Bauregelliste B und Liste C – Ausgabe 2003/1 –, DIBt Mitteilungen, Sonderheft Nr. 28; Verlag Ernst&Sohn, Berlin

[13] Bauaufsichtliche Zulassungen (BAZ). Amtliches Verzeichnis der allgemeinen bauaufsichtlichen Zulassungen für Bauprodukte und Bauarten nach Gegenstand und wesentlichem Inhalt; Hrsg. DIBt; Loseblattsammlung, 5 Teile; Erich-Schmidt-Verlag, Berlin
Teil I – Tragwerke, Wärme- und Schallschutz
Teil II – Brandschutz
Teil III – Haustechnik
Teil IV – Gewässerschutz
Teil V – Europäische Technische Zulassungen – European Technical Approval (ETA)

[14] Informationszentrum Raum und Bau der Fraunhofer-Gesellschaft (IRB), Nobelstraße 12, 70569 Stuttgart; Tel.: 07 11/9 70 25 00; FAX: 07 11/9 70 25 07

[15] Deutscher Ausschuß für Stahlbeton (Hrsg.): „DAfStb-Richtlinie für Schutz und Instandsetzung von Betonbauteilen – Oktober 2001 –, Berlin: Beuth, 2001 (Vertriebs-Nr. 65030)

[16] Verzeichnis der Prüf-, Überwachungs- und Zertifizierungsstellen nach den Landesbauordnungen (Stand: Februar 2004), DIBt Mitteilungen, Sonderheft Nr. 29; Verlag Ernst&Sohn, Berlin

Teil I: Stellen zur Einschaltung beim Nachweis der Übereinstimmung geregelter Bauprodukte mit den technischen Regeln nach Bauregelliste A Teil 1

Teil II: Stellen zur Einschaltung beim Nachweis der Übereinstimmung nicht geregelter Bauprodukte und Bauarten

Teil III: Prüfstellen für die Erteilung allgemeiner bauaufsichtlicher Prüfzeugnisse für bestimmte Bauprodukte und Bauarten der Bauregelliste A

Teil IV: Prüfstellen für die Überprüfung von Herstellern bestimmter Bauprodukte und von Anwendern bestimmter Bauarten entsprechend § 20 Abs. 5 MBO

Teil V: Überwachungsstellen für die Überwachung bestimmter Tätigkeiten mit Bauprodukten und bei Bauarten entsprechend § 20 Abs. 6 MBO

[17] http://www.bast.de (Bundesanstalt für Straßenwesen)

[18] http://www.geb-online.com (Ausbildungsbeirat beim DBV)

[19] Verordnung über die Anerkennung als Prüf-, Übersachungs- und Zertifizierungsstelle nach dem Bauproduktengesetz (BauPG-PÜZ-Anerkennungsverordnung) vom 6. Juni 1996

[20] Verzeichnis der nach dem Bauproduktengesetz anerkannten und der Europäischen Kommission und den Mitgliedstaaten mitgeteilten (notifizierten) Prüf-, Überwachungs- und Zertifizierungsstellen (Vorabveröffentlichung im Internet unter [7])

[21] Großmann, Fritz; Gusia, Peter J.: Regelwerke zu Schutz und Instandsetzung von Betonbauteilen. Beton- und Stahlbetonbau 98 (2003), Heft 8, S. 490 – 499

6 Instandsetzungsbetone und -mörtel mit zugehörigen Systemkomponenten

Franz Stöckl

Diese Produkte und Systeme werden ausführlich im Teil 2 der Instandsetzungs-Richtlinie beschrieben. Die erfolgten Änderungen gegenüber der Rili-SIB 1990/92 sind schon in der Einleitung erwähnt.

Ebenso ist dort schon beschrieben, dass jetzt neben den üblichen kunststoffmodifizierten Zementmörteln – PCC (Polymer-Cement-Concrete) auch Spritzmörtel – SPCC – und Reparaturmaterialien auf Kunststoffbasis – PC (Polymer Concrete) – von den TL/TPs des BMVBW-Bereichs übernommen wurden.

1. Anwendungsbereich

Die Tabellen 4.1 (Beanspruchbarkeitsklassen) und 4.2 (Schichtdicken/Richtwerte) der Instandsetzungsrichtlinie sowie der Abschnitt 4.2 wurden wesentlich als Kompromiss aus beiden Regelwerken überarbeitet. Einfache, klare und eindeutige Aussagen sollten erreicht werden. Die Definitionen zu den Anwendungsbereichen und die genannten Anwendungsbeispiele in Tabelle 4.1 sind hilfreich für die praktische Umsetzung. Die Abhängigkeiten zwischen dem Größtkorndurchmesser des Instandsetzungsmaterials und den Minimal- und Maximal-Schichtdicken beim Auftrag sind jetzt nachvollziehbar und akzeptabel festgelegt.

Bei der Anwendung der Mörtel/Betone sind Beanspruchbarkeitsklassen und Anwendungsfälle zu unterscheiden. Die in Kombination mit dem Mörtel zu verwendenden weiteren Systemkomponenten sind:

- *der Korrosionsschutz der Bewehrung*
  Neben den heute üblichen zement-basierenden, mineralischen, kunststoff-modifizierten Materialien sind für Spezialanwendungen (z.B. bei geringer Überdeckung und/oder bei starker Chemikalieneinwirkung) auch Dickbeschichtungen auf EP-Basis (lösemittelfrei) zulässig. (Entrostungsgrad SA 2 ½ ist üblich; SA 2 ist für die mineralischen Materialien oft ausreichend).
- *die Haftbrücke zum Untergrund*
  Üblicherweise werden solche Haftbrücken auf mineralischer Basis und kunststoff-modifiziert zur Verbesserung des Haftverbunds der Mörtel mit dem Untergrund mit Erfolg verwendet. Sie werden im System mitgeprüft. Heute sind auch Instandsetzungsmaterialien am Markt, die auch als Korrosionsschutz oder/und Haftbrücke, oder auch ohne Haftbrücken angewendet werden. Da sind oft Zugeständnisse an die „leichtere, unkomplizierte“ Verarbeitung gemacht, die für „einfache Fälle“ möglicherweise auch ausreichen. Qualitativ sind sie in der gesamten Anwendungsbreite den konservativen und bewährten Lösungen sicher unterlegen.
  Für PC-Mörtel ist eine geeignete Haftbrücke auf PC-Basis vorzusehen.
  Normalerweise wird der Mörtel in beiden Fällen „nass-in-nass“ in die Haftbrücke eingearbeitet.

- *der Feinspachtel*
  Er schließt die Instandsetzung mit den Mörteln nach oben ab, egalisiert die Oberfläche und sorgt für ein gleichmäßiges optisches Aussehen der gesamten Fläche. Der Feinspachtel ist ein feinkörniger (< 0,3 mm Größtkorndurchmesser) zementreicher Mörtel mit relativ niedrigem Wasserzement-Anteil. Die Kunststoffmenge ist, bezogen auf den Zement, meist höher als bei den Instandsetzungsmörteln. Dies bringt z.B. Vorteile hinsichtlich Verarbeitung, Nachbehandlung, Haftung nach unten und nach oben zur nachfolgenden kunststoffreichen Oberflächenschutzbeschichtung.
  Der Feinspachtel dient im weiteren zur Minimierung und Vergleichmäßigung der Rauheit der Unterlage. Damit sind die für die Kohlendioxid-Dichtigkeit der OS-Schicht ausreichend guten Bedingungen geschaffen, um einen geringen Rauhigkeitszuschlag d_Z für die nachfolgende Beschichtung zu erreichen. (Näheres siehe im Kapitel von R. Stenner)

2. Beanspruchbarkeitsklassen

Die Mörtel/Beton sind in drei Klassen eingeordnet. Die genaue Beschreibung erfolgt in Abschnitt 4.2 des Teils 2 der Instandsetzungs-Richtlinie.

2.1 Beanspruchbarkeitsklasse M1

Diese Materialien sind nicht für die standsicherheitsrelevante Instandsetzung formuliert. Ihre Vorzüge liegen in der einfachen und guten Verarbeitbarkeit und in ihrer Eignung als Untergrund für nachfolgender CO_2-dichte Beschichtungen.

Üblicherweise werden sie mehr für „kosmetische" Arbeiten, z.B. Schließen von Lunkern und Fehlstellen im Betonuntergrund, eingesetzt. Sie müssen ausreichende Festigkeit besitzen und als Untergrund für die nachfolgenden OS-Systeme tauglich sein. Ihre zu erfüllenden Eigenschaften sind in den Tabellen 4.3 und 4.6 der Instandsetzungsrichtlinie festgelegt. Der Korrosionsschutz der Bewehrung wird – wie auch sonst – durch die Korrosionsschutzprinzipien W (Wasseranteil im Betonbauteil reduziert), C (Beschichtung des Bewehrungsstahls) oder K (kathodischen Schutz) abgedeckt.

2.2 Beanspruchbarkeitsklasse M 2

Diese Materialien müssen gegenüber der Beanspruchbarkeitsklasse M 1 zusätzliche Eigenschaften erfüllen. Eine wichtige Forderung ist die bessere Karbonatisierungsbeständigkeit, die als Mindestwert zu erfüllen ist. Weiter ist die Applikation und Aushärtung der Mörtel über Kopf und bei dynamischer Beanspruchung zu bestehen. Damit soll die Anwendung an Brückenbauteilen unter Verkehrslast simuliert werden. Ein Zugeständnis an den Bundesminister für Verkehr mit seinen TL/TPs, um den Kompromiss – für die Anwendungsbereiche Hochbau (DIBt) und Verkehrsbau (BMVBW / BASt) *ein* Regelwerk – zu ermöglichen.

Diese Diskussion kommt jetzt bei der Einführung der europäischen Normen und den entsprechenden Anwendungsnormen wieder hoch. Allerdings in umgekehrter Form.

Für den Hochbau sind diese kostspieligen Prüfungen nicht relevant und sollten auch nur als Ausnahme und nur für die Anwendung im Verkehrsbau vorzusehen sein.

2.3 Beanspruchbarkeitsklasse M 3

Hier sind zusätzlich zu M 2 weitere erhöhte Anforderungen gestellt. Nachweise sind nötig für:

- Tragfähigkeit und Gebrauchstauglichkeit
- Festigkeits- und Verformungseigenschaften, z.B. Kriechen, Schwinden
- Dauerstandsdruckfestigkeit
  Sie wird erfüllt mit einem Rechenwert für die Anwendung bis 40° C, der 60 % der 28-Tage-Druckfestigkeit / 23° C beträgt. Abgeleitet durch Langzeitversuchsreihen der RWTH Aachen mit unmodifiziertem Zementmörtel und kunststoffmodifiziertem Zementmörtel mit 15 Gew.-% Kunstharz auf Zement. Der Wert wäre heute realistisch auf 80 – 90 % einzustellen. Das Kriechen wird durch die Kunststoff-Zusätze deutlich weniger erhöht, als damals befürchtet wurde. Verantwortlich ist letztlich immer die vorhandene Zementstein-Matrix im Gefüge. Erst bei wesentlich höheren Kunststoffanteilen – insbesondere wenn die Matrix kunststoffgebunden ist – wird sich der Kriechwert bei Anteilen von mehr als 30 Gew.-% Kunststoff auf Zement naturgemäß dramatisch vergrößern.
- für die Wärmedehnzahl wird ein Rechenwert von $15 \times 10^{-6}\ K^{-1}$ angenommen.
- der Verbund mit dem Bewehrungsstahl und die Haftung am Betonuntergrund sind z.T. mit aufwendigen Prüfungen nachzuweisen.

3. Zementgebundene Instandsetzungsbetone / -mörtel

Diese sind ausführlich im Abschnitt 4.3 nachzulesen. Beton (DIN 1045) und Spritzbeton (DIN 18551) sind als Betonersatz ohne weitere Prüfungen oder Einschränkungen erlaubt. Zu berücksichtigen sind die Umgebungsbedingungen und die Art der äußeren Einwirkungen. Das Brandverhalten ist unstrittig.

Übliche Zementmörtel oder Trockenbetone / -mörtel haben zusätzliche Anforderungen zu erfüllen. Diese sind im Abschnitt 4.3.2 vorgegeben. Beispielhaft sollen genannt sein:

> Zementgehalt 400 kg/m³ und mehr, Wasser-Zement-Wert (W/Z) 0,50 und kleiner, werkmäßig nach DAfStb-Richtlinie hergestellt.

Für die Anwendung als Instandsetzungsmaterial sind die gleichen Anforderungen zu erfüllen, die auch für die kunststoffmodifizierten Materialien gelten (siehe Tabellen 4.3 und 4.6 der Instandsetzungsrichtlinie).

Kunststoffmodifizierte, zementgebundene Instandsetzungsmörtel / -betone, sog. PCCs bzw. SPCCs, müssen frei sein von korrosiven Stoffen, ihr Polymergehalt soll auf Zement bezogen kleiner 10 Gew.% betragen. Die Materialien können ein- oder mehrkomponentig sein.

Heute haben die „Pulvermörtel“ mit integriertem redispergierbaren Dispersionspulver den Markt voll besetzt. Über die Zugabemenge an Wasser kann die Verarbeitungskonsistenz und Standfestigkeit der Mörtel ideal eingestellt werden. Die Entsorgung der Reste und der Gebinde (Papiersäcke) ist einfach und problemlos.

Auch 3-komponentige Systeme aus Epoxidharz, Härter und Zement-Sand-Zuschlag-Additiv – sogenannte ECC's (Epoxi-Cement-Concrete) – sind heute schon vielfach in der Anwendung. Sowohl als Korrosionsschutz und Haftbrücke als auch als Instandsetzungsmaterial. Diese Reaktionsharz-Zementmörtel haben besondere Eigenschaften, die in der Nähe von reinen Reaktionsharzmörteln einzureihen sind. Über den Zementanteil und dessen hydraulische Erhärtung bringen sie aber auch spezifische Eigenschaften eines Zementmörtels mit.

4. Reaktionsharzgebundene Instandsetzungsbetone / -mörtel

Sie werden nur in Sonderfällen eingesetzt. Wenn eilige, kleine Reparaturarbeiten durchzuführen sind oder wenn die Nachbehandlungsaufwendungen für zementgebundene Materialien nicht auszuführen sind. Durch die größere Schwindung solcher Mörtel ist die Rissneigung z.T. groß oder ein Ablösen vom Untergrund ist möglich. Ihr Einsatz ist deshalb auf eine begrenzte Flächengröße beschränkt (s. Tabelle 4.1 der Instandsetzungsrichtlinie). Zum anderen ist der Materialpreis naturgemäß gravierend höher.

5. Tabellen

Die Tabellen 4.1 und 4 2 der Instandsetzungsrichtlinie sind schon eingangs besprochen worden.

Die Tabellen 4.3 und 4.5 befassen sich mit den Grundprüfungen der Materialien (PCC, SPCC, PC). Hier ist umfangreich aufgelistet, welche Eigenschaften mit welchen Prüfungen im Teil 4 der Instandsetzungs-Richtlinie abzuprüfen sind. Diese erfolgen an den Ausgangsstoffen, am Frischmörtel, am erhärteten Festmörtel und an Verbundkörpern (wo das Zusammenwirken aller Einzelstoffe im Systemaufbau auf ideale Weise und praxissicher abgebildet wird).

Die gewünschten Anforderungen an die Stoffe finden sich in den Tabellen 4.6 bis 4.8 der Instandsetzungsrichtlinie. Und in den Tabellen 4.9 bis 4.13 werden der jeweils geforderte Umfang der werkeigenen Produktionskontrolle und die Häufigkeit der Prüfungen festgeschrieben.

6. EN 1504 – Teil 3 und deutsche Anwendungsnormen

In der Workinggroup 2 des CEN/TC 104 / SC 8 wurden die Instandsetzungsmörtel – structural and non structural repair products – bearbeitet.

Das Ergebnis ist als EN 1504-3 mit Datum vom Juni 2005 zur Publikation an CEN und die EU-Kommission gegangen. Der „Date of withdrawal – DOW“ wird für Anfang

2007 erwartet. Der Arbeitskreis „Mörtel" des TA-SIV des DAfStb (Obmann: F. Stöckl) hat die Übertragung der Vorgaben auf eine deutsche Anwendungsnorm begonnen und einen ersten Entwurf im Juni 2005 vorgelegt.

Die Anwendungsnorm enthält Regeln für die Verwendung von Produkten und Systemen für die statische und nicht statisch relevante Instandsetzung von Betonbauteilen nach DIN EN 1504-3. Diese gelten für Haftbrücke, Betonersatz und Feinspachtel und den Korrosionsschutz gemäss DIN EN 1504-7 im Anwendungsbereich der Instandsetzungs-Richtlinie. Unter Abschnitt 4 der Anwendungsnorm werden die Haftbrücke, die einzelnen Beanspruchbarkeitsklassen und der Korrosionsschutz aus der Instandsetzungs-Richtlinie und die entsprechend erforderlichen Produkt- und Systemeigenschaften aus der europäischen Vorgabe zugeordnet.

Den Leistungsmerkmalen in Tabelle 1 der EN 1504-3 werden die Eigenschaften aus der Instandsetzungs-Richtlinie gegenübergestellt und bewertet. Dazu sind sog. Synopsen erstellt worden, die umfangreich besprochen werden und im Einzelnen zu bewerten sind. Da die europäischen in spezifischen Teilbereichen von den deutschen Prüfvorschriften naturgemäß abweichen oder insgesamt oft andere oder mehr oder weniger Prüfungen für das gleiche Ziel – die praxisnahe und sichere Anwendung – benützt wurden, ist die Übertragung nicht einfach.

Nur, diese Vorgehensweise ist ja nicht neu. In all den Jahren der Erarbeitung der EN's hatten alle relevanten Kreise die Möglichkeit der Einflussnahme. Und viele Entscheidungen sind natürlich auch Kompromisse, die aufgrund von Mehrheitsentscheiden zuerst in den einzelnen Workinggroups, dann im TC104/SC 8 bzw. im TC104 getroffen wurden.

Da die europäischen Regeln aber keine nachträgliche Einfügung von zusätzlichen Prüfungen erlauben, wird von interessierten Kreisen die Einfügung von Prüfnormen und Bewertungen aus den bisherigen deutschen Regelwerken als Ausweg versucht. Dies fällt dann zwar direkt in die Verantwortung der Verarbeiter und Anwender der Produkte. Doch wird erhofft und erwartet, dass die Hersteller der Produkte dies „freiwillig" akzeptieren und übernehmen (mit zusätzlichen Kosten und formalen Regularien!).

Die Übertragung ist auch deshalb sehr problematisch und schwierig, weil in den EN's 1504 beispielsweise neben den Produkten auch Systeme mit erwähnt sind, aber keine eindeutigen Zuordnungen festgeschrieben wurden. Der einzige Weg zum vernünftigen Ergebnis geht vorerst wegen der beengten Zeitschiene nur über pragmatische Entscheide. Verbesserungsanträge und -vorschläge können aber in den TC104/SC 8 eingebracht werden und dort besprochen und entschieden werden. Über ein beschleunigtes Änderungsverfahren kann der Entscheid dann nach Anhörung der nationalen Spiegelausschüsse und anschliessende formale Abstimmungen über die nationalen Normungsinstitute eingeführt werden.

Auch grobe Fehler in der Zuordnung der Aufgaben für den Hersteller bzw. das notifizierende Institut konnten beim Teil 3 erst in letzter Minute durch Eingabe der Dt. Bauchemie und intensiver Diskussion in TC104/SC 8 und mit dem zuständigen „Consultant" ausgemerzt werden. Diese grundsätzlichen Entscheide sind prinzipiell auf die anderen Teile der EN 1504 zu übertragen.

Aussagen zur Durchführung der Brandprüfungen fehlen gänzlich, was ebenfalls noch große Schwierigkeiten zur Folge haben wird. Das DIBt und die ARGE-Bau werden aus rein formaler Sicht Vorgaben festlegen müssen, um eine vernünftige und wirtschaftliche Umsetzung zu ermöglichen.

Die Hersteller müssen zum „Date of Withdrawal – DOW“ ihre Produkte mit dem CE-Zeichen versehen und haben dann die Vorgaben aus der Bauproduktenrichtlinie und der betreffenden Norm zu erfüllen. Möglicherweise hier in Deutschland leider auch durch weitere Zusatzprüfungen mit allgemein bauaufsichtlichen Prüfzeugnissen oder sogar bauaufsichtlichen Zulassungen und erheblichen Mehrkosten und Erschwernissen.

Dies entspricht ganz sicher nicht den ursprünglichen idealen Zielen der Bauproduktenrichtlinie, wie es sich die Politik vor schon mehr als 20 Jahren vorgestellt hat.

7 Oberflächenschutzsysteme nach der Instandsetzungsrichtlinie 2001 des Deutschen Ausschusses für Stahlbeton

Reinhold Stenner

1. Einleitung

Ab 1990 existierten unterschiedliche Regelwerke zum Schutz und Instandsetzen von Betonbauteilen:
die *ZTV-SIB* und *ZTV-RISS* im Bereich des BMVBW und
die *Rili-SIB* des DAfStb für den bauaufsichtlichen Bereich.

In den Jahren 1998 bis 2001 wurden diese Regelwerke harmonisiert. Im nachfolgenden Beitrag werden die Änderungen der *Rili-SIB 2001* gegenüber der *Rili-SIB 1990* erläutert.

Besonders ausführlich werden die befahrbaren und rissüberbrückenden Systeme sowie die Schichtdickenproblematik behandelt. Die europäische Richtlinie EN 1504 Teil 2 „Oberflächenschutzsysteme für Beton" wird erläutert und abschließend auf die Blasenproblematik bei Bodenbeschichtungen eingegangen.

2. Änderungen der Rili-SIB 2001 [1] Teil 2 Abschnitt 5 „Oberflächenschutzsysteme" gegenüber der Ausgabe 9/1990

In der überarbeiteten Fassung der Rili-SIB wurden die Oberflächenschutzsysteme der Rili-SIB 90 mit der TL-OS 96 harmonisiert.

Da die *TL/TP-OS 1996* überarbeitet wurden, stellen sie den letzten Stand der Technik dar. Dadurch entsprechen die Systeme *OS 1, 2, 4, 5, 9 und 11* nunmehr den Systemen OS-A bis OS-F.

OS 7 und *OS 10* werden in der Tabelle 5.1 der Rili-SIB 2001 beschrieben. Hinsichtlich Lieferung und Prüfung der Produkte werden auf die *TL/TP-BEL-EP* und *TL/TP-BEL-B Teil 3* verwiesen.

OS 3 wurde aus der Tabelle 5.1 der Oberflächenschutzsysteme gestrichen, da die Hauptanforderungen

- Steigerung des Verschleißwiderstandes und
- Verfestigung des Betonuntergrundes

nicht reproduzierbar nachgewiesen werden können. Die Ergebnisse sind extrem stark vom Referenzbeton abhängig.
Nach wie vor ist jedoch eine Imprägnierung mit dünnflüssigen, füllstofffreien Reaktionsharzsystemen eine sinnvolle Maßnahme zur Verfestigung poröser, mineralischer Untergründ mit ungenügender Festigkeit und zur Verhinderung des Staubens infolge Abrieb.

OS 6 wird aus der Tabelle 5.1 der Oberflächenschutzsysteme gestrichen, da es sich um eine chemisch hoch widerstandsfähige Beschichtung handelt, die in DIN 28052 [2] geregelt ist.

OS 8 wird aus der Tabelle 5.1 der Oberflächenschutzsysteme gestrichen, da es sich um Standard-Fußbodenbeschichtungssysteme handelt, die zukünftig in der DIN EN 13813 [3] geregelt werden.

OS 12 wird aus der Tabelle 5.1 der Oberflächenschutzsysteme gestrichen. Es wird beim Betonersatz als Reaktionsharzmörtel (M2/PC-I) beschrieben.

OS 13 wurde neu aufgenommen. Es erfüllt die mechanischen und chemischen Anforderungen des OS 8 Systems und besitzt zusätzlich eine statische Rissüberbrückung von 0,1 mm bei - 10 °C (Klasse A1).

3. Praxisbewährte Beschichtungssysteme

3.1 Allgemeines

Der letzte Stand der Regelwerke in Deutschland ist die *„Richtlinie zum Schutz und Instandsetzen von Betonbauteilen" des DAfStb, Ausgabe 2001* [1].

In diesem Regelwerk sind aktuell vier befahrbare, rissüberbrückende Beschichtungssysteme beschrieben:

- OS 10,
- OS 11 a (OS F a)
- OS 11 b (OS F b) und
- OS 13.

Kurzbeschreibung, Anwendungsbereiche, Eigenschaften und Regelaufbau sind in Tabelle 5.1 der Rili SIB enthalten.

In der Neufassung der Rili-SIB gibt es die Kategorie OS 8 nicht mehr. Als nicht rissüberbrückende befahrbare Beschichtung für den Bereich der Parkbauten haben sich diese Beschichtungssysteme in den letzten 10 Jahren bewährt.

Eine vergleichende Übersicht des Leistungsvermögens der einzelnen Systeme ist der Tabelle 1 zu entnehmen.

Tabelle 1: Leistungsübersicht von Oberflächenschutzsystemen für Parkbauten

Klasse / Kriterium	OS 8	OS 10	OS 11a (OS F a)	OS 11b (OS F b)	OS 13
Rissüberbrückungsfähigkeit	keine	IV_{T+V} Rissöffnung: 0,15 – 0,45 mm 100.000 Lastwechsel bei - 20°C + einmalig 1 mm Dehnung, statisch	II_{T+V} Rissöffnung: 0,05 – 0,35 mm 100.000 Lastwechsel bei - 20°C -		einmalig 0,1 mm Dehnung bei - 10°C
Temperaturwechselbeanspruchung	mit und ohne Frost-Tausalz	mit Frost-Tausalz (TP BEL B3)	mit Frost-Tausalz		ohne Frost-Tausalz
Haftzugfestigkeit [N/mm²]	2,0	1,3	1,5		
Chemikalienbeständigkeit	beliebige Flüssigkeiten	-	Tausalzlösung		3 Flüssigkeiten
Schlagfestigkeit	-	-	Fallenergie 4 Nm		
Mindestschichtdicke [mm]	1,0	2,0[1] + Verschleißschicht	4,5[2]	4,0[1]	2,5

[1]: ohne Grundierung und ggf. Deckversiegelung
[2]: 1. hwO (Schwimmschicht): 1,5 mm
2. hwO (Verschleißschicht): 3,0 mm

Tabelle 5.1: Oberflächenschutzsysteme [A] | **Blatt 3**

	Systembezeichnung	OS 10 (TL/TP-BEL-B3)	OS 11 (OS F)	OS 13
	1	8	9	10
1	Kurzbeschreibung	Beschichtung als Dichtungsschicht mit hoher Rissüberbrückung unter Schutz- und Deckschichten für begeh- und befahrbare Flächen	Beschichtung mit erhöhter dynamischer Rissüberbrückungsfähigkeit [1] für begeh- und befahrbare Flächen	Beschichtung mit nicht dynamischer Rissüberbrückungsfähigkeit für begeh- und befahrbare, mechanisch belastete Flächen
2	Anwendungsbereiche	Abdichtung von Betonbauteilen mit Trennrissen und planmäßiger mechanischer Beanspruchung, z. B. Brücke, Trog- und Tunnelsohlen u. ä. Bauwerken wie Parkdecks	Freibewitterte Betonbauteile mit oberflächennahen Rissen und/oder Trennrissen und planmäßiger [4] mechanischer Beanspruchung auch im Sprüh- oder Spritzbereich von Auftausalzen z. B. Parkhaus-Freidecks und Brückenkappen.	Mechanisch und chemisch beanspruchte, überdachte Betonbauteile mit oberflächennahen Rissen auch im Einwirkungsbereich von Auftausalzen, z. B. geschlossene Parkgaragen und Tiefgaragen.
3	Eigenschaften	<u>gefordert</u> – Verhinderung der Wasseraufnahme – Verhinderung des Eindringens beton- und stahlangreifender Stoffe – dauerhafte Rissüberbrückung vorhandener und neu entstehender Trennrisse unter temperatur- und lastabhängigen Bewegungen – Hitzebeständigkeit bis 250 °C (kurzzeitig) – Übertragung von Schubkräften aus Verkehr über Gussasphaltschutzschicht	– Verbesserung des Frost-Tausalz-Widerstandes – Verbesserung der Griffigkeit – Verbesserung des Frost-Widerstandes <u>nicht gefordert</u> – Verhinderung der Kohlendioxiddiffusion – starke Reduzierung der Wasserdampfdiffusion	– Verbesserung der Chemikalienbeständigkeit – Verminderung des Verschleißes – Schlagverhalten (impact resistance) – Zusätzlich, je nach Anforderung: Eignung bei rückseitiger Durchfeuchtung
4	Bindemittelgruppen der hauptsächlich wirksamen Oberflächenschutzschicht	Polyurethan und andere	Polyurethan mod. Epoxidharze 2-K Polymethylmethacrylat	modifizierte Epoxidharz Polyurethan 2-K Polymethylmethacrylat
5	Regelaufbau	1. Behandlung der Betonoberfläche nach OS 7 2. gegebenenfalls Haftvermittler 3. Dichtungsschicht (hwO) 4. gegebenenfalls Verbindungsschicht 5. Gussasphalt. In bestimmten Fällen ist auch eine verschleißfeste, vorgefüllte, ggf. abgestreute Deckschicht, ggf. mit Deckversiegelung möglich; diese Richtlinie enthält jedoch dafür keine Prüfvorschriften	a) 1. Grundierung 2. Nicht vorgefüllte elastische Oberflächenschutzschicht (hwO), nicht abgestreut 3. Verschleißfeste vorgefüllte [8, 9] Deckschicht, abgestreut (hwO) 4. gegebenenfalls Deckversiegelung [10] b) 1. Grundierung 2. Verschleißfeste, vorgefüllte [8, 9] Oberflächenschutzschicht, abgestreut (hwO) 3. Deckversiegelung 4. ggf. Abstreuung und zweite Deckversiegelung	1. Grundierung 2. Verschleißfeste gegebenenfalls vorgefüllte Oberflächenschutzschicht, abgestreut 3. Deckversiegelung
6	Schichtdicke der hauptsächlich wirksamen Oberflächenschutzschicht	(Die für die Bauausführung relevanten Schichtdicken sind den Anweisungen zur Ausführung zu entnehmen.)		
7	Rissüberbrückung	Klasse IV_{T+V} (ZTV-BEL-B-3)	Klasse $II_{T,V}$	Klasse A1 (-10 °C)

Fußnoten, siehe Blatt 1

3.2 Nicht rissüberbrückende Beschichtung OS 8 *(nach Rili SIB, Ausgabe 1990 [4]* Beschichtung für chemisch widerstandsfähige, befahrbare, mechanisch stark belastete Flächen

Anwendung

Alle mechanisch und chemisch beanspruchten auch freibewitterten Betonflächen, wie z. B. Fahrbahnen und Industrieböden inkl. Beanspruchungsgruppen II und III nach DIN 18560.

Aufbauten

Die drei meist ausgeführten Varianten von OS 8 sind:

Aufbau 1 – rutschfeste Beschichtung:

- Abgestreute, dünnflüssige, lösemittelfreie Grundierung mit einer pigmentierten Deckbeschichtung in einer Gesamtschichtdicke von mindestens 1 mm

Aufbau 2 – glatte Beschichtung:

- Abgestreute Grundierung mit einem quarzsandgefüllten Verlaufmörtel in einer Gesamtschichtdicke von 2 bis 3 mm

Aufbau 3 – rutschfeste Dickbeschichtung:

1. Grundieren mit einem lösemittelfreien, dünnflüssigen, farblosen Reaktionsharzsystem (ca. 300 – 400 g/m²)
2. Abstreuung mit trockenem Quarzsand der Körnung 0,7 – 1,2 mm Ø (max. 1 kg/m²)
3. Beschichtung mit einem Verlaufmörtel
   1,0 M.-Teile lösemittelfreies, pigmentiertes Reaktionsharzbindemittel
   0,5 – 0,8 M.-Teile trockener Quarzsand Körnung 0,1 – 0,3 mm Ø
   (ca. 1,5 kg/m²)
4. Abstreuen der frischen Beschichtung mit trockenem Quarzsand der Körnung 0,7 -1,2 mm Ø (ca. 4 kg/m²)
5. Deckversiegelung der abgestreuten Beschichtung mit einem lösemittelfreien, pigmentierten Reaktionsharzbindemittel (ca. 600 – 1000 g/m²)

Gesamtschichtdicke $\geq$ 2,5 mm.

Für direktbefahrene, chemisch beanspruchte, überdachte Stahlbetonkonstruktionen, wie z. B. Park- oder Tiefgaragen, mit oberflächennahen Rissen bis zu einer Größenordnung von max. 0,2 mm sind in den letzten Jahren überwiegend rutschfeste Beschichtungen gemäß Aufbau 1 (als Minimalaufbau) mit gutem Erfolg eingesetzt worden.

Voraussetzung für die erfolgreiche Anwendung ist, dass die nach dem intensiven Strahlen v-förmig geöffneten Risse mit der Grundierung vollkommen getränkt werden und damit auf mindestens 80 % der Risstiefe verklebt werden. Da die oberflächennahen Risse im wesentlichen auf Schwindvorgänge zurückzuführen sind, ist nach der Rissfüllung keine wiederholte Rissöffnung mehr zu erwarten.

Um mit diesem Minimalaufbau eine optisch gleichmäßige Fläche zu erreichen, muss der zu beschichtende Untergrund frei sein von Lunker, Löchern und sonstigen Vertiefungen. Derartige Fehlstellen können mit einer Grundierung bzw. Grundierspachtelung und einer Deckversiegelung nicht ausgeglichen werden. Zur Erlangung einer vollkommen gleichmäßigen und optisch ansprechenden Beschichtung ist ein zusätzlicher Beschichtungsgang mit einem Materialverbrauch von 1 kg/m² Bindemittel und einer Abstreuung mit feuergetrocknetem Quarzsand erforderlich.

Der Verwendbarkeitsnachweis für Oberflächenschutzsysteme der Klasse OS 8, ein allgemein bauaufsichtliches Prüfzeugnis (abP), ist in der Regel fünf Jahre gültig. Unabhängig von dem Erscheinungsdatum eines neuen Regelwerkes bleibt daher in jedem Fall die Gültigkeit der bisherigen Nachweise erhalten. Ausnahmen hierfür können sein, dass ein Regelwerk zurückgezogen bzw. in merklichen Teilen geändert wird.

An die Stelle der bisherigen befahrbaren Beschichtungen ohne rissüberbrückende Eigenschaften soll in Zukunft eine Beschichtung der Klasse OS 13 (vgl. Kapitel 3.3.3) treten.

3.3 Rissüberbrückende Beschichtungen

3.3.1 OS 10 *(ZTV-BEL-B Teil 3 [5])* Beschichtung als Dichtungsschicht mit hoher Rissüberbrückung unter Schutz- und Deckschichten für begeh- und befahrbare Flächen

Anwendung

Abdichtung von Betonbauteilen mit Trennrissen und planmäßiger mechanischer Beanspruchung, z. B. Brücke, Trog- und Tunnelsohlen u. ä. Bauwerke wie Parkdecks.

Aufbau

1. Grundieren mit einem lösemittelfreien, dünnflüssigen, farblosen Reaktionsharzsystem nach OS 7 (ca. 300 – 400 g/m²).
2. Abstreuung mit trockenem Quarzsand der Körnung 0,3 – 0,8 mm Ø.
3. Ggf. Haftvermittler.
4. Dichtungsschicht (hwO).
5. Ggf. Verbindungsschicht.
6. Gussasphalt. In bestimmten Fällen ist auch eine verschleißfeste, vorgefüllte ggf. abgestreute Deckschicht ggf. mit Deckversiegelung möglich.

Gemäß der Rili-SIB, Ausgabe 1990 – 92 [4], sind Oberflächenschutzsysteme der Klasse OS 10 identisch mit den Aufbauten des Bundesministeriums für Verkehr für Brückenabdichtung unter Gussasphalt der Bauart nach *ZTV BEL-B, Teil 3* [2].

Es handelt sich hierbei um eine Abdichtung, die sowohl hitze- als auch alterungsresistent ist, und den hohen Rissüberbrückungsanforderungen des Regelwerks mit statischen Rissbreiten bis zu 1 mm genügt.

In der Ausgabe 2001 ergibt sich nunmehr eine Öffnungsklausel, die die Anwendung dieser Abdichtung in Zusammenhang mit einer dünneren Verschleißschicht sieht, die an die Stelle des Gussasphaltes nach dem Regelwerk der *ZTV BEL-B, Teil 3*, tritt.

Die Variante, mit einer Beschichtung gleichzeitig eine Abdichtung mit hoher Rissüberbrückungsfunktion und geringem Gewicht zu kombinieren, stellt somit für jedes rissgefährdete Parkhaus die optimale Lösung dar. Die hierbei zum Einsatz kommenden Stoffe als Flüssigkunststoffabdichtung i. d. R. auf Polyurethanbasis sind in der Zusammenstellung der zertifizierten Stoffe für Brückenabdichtungen der Bundesanstalt für Straßenwesen, BASt enthalten, die jederzeit abrufbar ist. Es handelt sich hierbei um bewährte Stoffe mit zum Teil 20 und mehrjähriger Erfahrung für die Abdichtungslage.

Es ist daher nur konsequent, die positiven Eigenschaften der Abdichtung mit den bekannten verschleißfesten Eigenschaften bewährter Oberflächenschutzsysteme aus den Klassen OS 11 bzw. OS F zu kombinieren.
Das Prüfprogramm für solche Beschichtungen resultiert aus der Kombination der Prüfungen nach den technischen Prüfvorschriften für die Abdichtung auf Brücken nach der *TP BEL-B, Teil 3* [6], und der Richtlinie für Schutz und Instandsetzung für die Oberflächenschutzsysteme der Klasse OS 11 für die Anforderungen bezüglich Haftung, Verschleißfestigkeit und allen oberflächenrelevanten Eigenschaften.

3.3.2 OS 11 (OS F) Beschichtung mit dynamischer, erhöhter Rissüberbrückungsfähigkeit für begeh- und befahrbare Flächen

Anwendung

Freibewitterte Betonbauteile mit oberflächennahen Rissen und/oder Trennrissen und planmäßiger mechanischer Beanspruchung, auch im Sprüh- oder Spritzbereich von Auftausalzen, z. B. Parkhaus-Freidecks und Brückenkappen.

Aufbau a: Zweischichtsystem

1. Grundierung mit einem nicht pigmentierten, dünnflüssigen, lösemittelfreien Epoxidharzsystem (ca. 300 – 400 g/m²).
2. Abstreuung der Grundierung mit trockenem Quarzsand der Körnung 0,2 – 0,7 mm Ø (ca. 0,6 – 0,8 kg/m²).
3. Bei einer Rautiefe > 1 mm Aufbringen einer Spachtelung.
4. Elastische Oberflächenschutzschicht (Schwimmschicht) als hauptsächlich wirksame Oberflächenschutzschicht (hwO); Mindestschichtdicke ≥ 1,5 mm.

5. Verschleißfeste, vorgefüllte, Deckschicht, abgestreut; Mindestschichtdicke ≥ 3 mm.
6. Ggf. Deckversiegelung mit einem lösemittelfreien, pigmentierten, elastischen Beschichtungssystem zum Einbinden des Abstreukorns und zur besseren Reinigungsfähigkeit der gesamten Fläche (ca. 500 – 800 g/m²).

Aufbau b: Einschichtsystem

1. Grundierung mit einem nicht pigmentierten, dünnflüssigen, lösemittelfreien Epoxidharzsystem (ca. 300 – 400 g/m²).
2. Abstreuung der Grundierung mit trockenem Quarzsand der Körnung 0,2 – 0,7 mm Ø (ca. 0,6 – 0,8 kg/m²).
3. Bei einer Rautiefe > 1 mm Aufbringen einer Spachtelung.
4. Verschleißfeste, vorgefüllte, elastische Oberflächenschutzschicht, abgestreut, Mindestschichtdicke ≥ 4 mm.
5. Deckversiegelung mit einem lösemittelfreien, pigmentierten, elastischen Beschichtungssystem (ca. 500 – 800 g/m²).
6. Ggf. Abstreuung und zweite Deckversiegelung.

Anforderungen

Gegenüber der bisherigen Prüfpraxis treten folgende Änderungen ein:

– *Dynamische Rissüberbrückung* nach Bewitterung, Beschichten bei T_{NORM}: Rissüberbrückungsklasse II_{T+V}
  Drei von vier Probekörper müssen nach der Untersuchung folgende Ergebnisse aufweisen:
- keine Durchrisse und oberseitige Einrisse der hauptsächlich wirksamen Oberflächenschutzschicht (hwO), der Verschleißschicht und der Deckversiegelung
- unterseitige Einrisse ≤ 25 % der Dicke der hwO
- Ablösen auf keiner Seite des Risses ≥ 2 d der hwO

– *Schlagfestigkeit*
  Mit einem fallendem Gewichtsstück: ≥ 4 Nm sowie keinerlei Risse und Beschädigungen der Beschichtung. Die Prüfung wird am Probekörper mit kompletten Aufbau durchgeführt.

Beim *Zweischichtsystem* werden i. d. R. für die elastische, rissüberbrückende Schwimmchicht (hwO) und die elastische, gefüllte Verschleißschicht Polyurethan- (PU) bzw. Epoxid-Polyurethan-Kombinationssysteme (EP-PU) eingesetzt.
Beim Zweischichtsystem wird die elastische Oberflächenschutzschicht nicht abgestreut, so dass in Abhängigkeit der Witterungsbedingungen Haftungsprobleme zwischen Schwimm- und Verschleißschicht entstehen können.
Die Funktion „Rissüberbrückung“ wird der Zwischenschicht zugewiesen und die Funktion „Verschleißwiderstand“ der Deckschicht.
Die Zweischichtsysteme können z. B. im Freien, wenn hohe Rutschsicherheit erforderlich ist, ohne eine Deckversiegelung angewendet werden, wenn sämtliche geforderten Eigenschaften ohne Deckversiegelung nachgewiesen wurden.
Beim *Einschichtsystem* übernimmt die elastische Oberflächenschutzschicht sowohl die rissüberbrückende Funktion als auch die Funktion einer Verschleißschicht. Um

die entsprechende Rissüberbrückung zu erreichen, werden in der Regel hoch flexible Polyurethansysteme angewendet.
Diese elastischen Systeme binden das Abstreukorn schlechter ein als härter eingestellte PU- oder EP-PU-Kombinationssysteme. Beim Einschichtsystem ist unbedingt eine Deckversiegelung zur Korneinbindung erforderlich.
Bei hoher mechanischer Beanspruchung z. B. im Kurvenbereichen ist eine zweite Deckversiegelung mit Zwischenabstreuung sinnvoll.
Bezüglich der Verarbeitung sind die Einschichtsysteme eher unproblematisch, da jede einzelne Lage abgestreut wird, wodurch es keine Haftungsprobleme zwischen den Schichten gibt.

3.3.3 OS 13 Beschichtung mit nicht dynamischer Rissüberbrückungsfähigkeit für begeh- und befahrbare, mechanisch belastete Flächen

Anwendung

Mechanisch und chemisch beanspruchte, überdachte Betonbauteile mit oberflächennahen Rissen auch im Sprüh- und Spritzbereich von Auftausalzen, z. B. geschlosene Parkgaragen und Tiefgaragen.

Aufbau

1. Grundieren mit einem lösemittelfreien, dünnflüssigen, farblosen Reaktionsharzsystem (ca. 300 – 400 g/m²),
2. Abstreuung mit trockenem Quarzsand der Körnung 0,7 – 1,2 mm Ø
   (max. 1 kg/m²),
3. Beschichtung mit einem Verlaufmörtel
   1,0 M.-Teile lösemittelfreies, pigmentiertes Reaktionsharzbindemittel
   0,5 – 0,8 M.-Teile trockener Quarzsand Körnung 0,1 – 0,3 mm Ø
   Verbrauch an Reaktionsharzbindemittel: 1 – 1,5 kg/m²
4. Abstreuen der frischen Beschichtung mit trockenem Quarzsand der Körnung 0,7-1,2 mm Ø (ca. 4 kg/m²),
5. Deckversiegelung der abgestreuten Beschichtung mit einem lösemittelfreien, pigmentierten Reaktionsharzbindemittel (ca. 600 – 800 g/m²).

Gesamtschichtdicke ≥ 2,5 mm.

Anforderungen

- *Abreißfestigkeit nach Temperaturwechselbeanspruchung ohne Tausalzeinfluss* im Vergleich zur unbeanspruchte Probe (Beschichten bei T_{min}) : Mittelwert 1,5 N/mm² sowie zulässiger Abfall $ß_{HZ}$ nach Beanspruchung ≤ 30 %.
- *Statische Rissüberbrückung* nach 7 Tage Alterung bei 70 °C (Beschichten bei T_{NORM}) ≥ 0,1 mm bei – 10 °C.
- *Griffigkeit* nach Verschleißprüfung SRT ≥ 50 SKT.
- *Verschleißfestigkeit*
  Das Herauslösen ganzer Körner aus der Beschichtung, die zu ≥ 50 % ihrer Oberfläche eingebunden sind, ist nicht zulässig. Die Prüfung wird am nicht deckversiegelten Probekörper durchgeführt.

- *Chemikalienbeständigkeit gegen Dieselkraftstoff, Schwefelsäure 20 %ig und Natronlauge 20 %ig*
  Nach Beanspruchung keine Blasen, Risse und Ablösungen. Härteabfall ≤ 50 %. Gemessen nach 24 h Rekonditionierung bei 23 °C und 50 % r. F.
- *Schlagfestigkeit*
  Mit einem fallendem Gewichtsstück: ≥ 4 Nm sowie keinerlei Risse und Beschädigungen der Beschichtung. Die Prüfung wird am Probekörper mit kompletten Aufbau durchgeführt.

3.3.4 Eigenschaften der einzelnen Lagen der verschiedenen Systeme

Die Anforderungen an die Oberflächenschutzsysteme für die Grundprüfung und den Übereinstimmungsnachweis sind in Tabelle 5.3 Blätter 1 bis 3 des Teil 2 der Instandsetzungsrichtlinie beschrieben. Diese Anforderungen müssen erfüllt werden, damit für das jeweilige Oberflächenschutzsystem ein allgemeines bauaufsichtliches Prüfzeugnis ausgestellt werden kann.

Für die Entwicklung eines Produktes sind einfache Vorprüfungen an den einzelnen Lagen der verschiedenen Systeme sehr sinnvoll. Im wesentlichen handelt es sich um die Glasübergangstemperatur, die Shore Härte und die Reißdehnung. In der Tabelle 2 sind Richtwerte angegeben, die erfüllt sein sollen, um die Anforderungen gemäß Tabelle 5.3 der Instandsetzungsrichtlinie zu erfüllen.

Tabelle 2: Eigenschaften der einzelnen Lagen der verschiedenen Systeme

<table>
<tr><th rowspan="2"></th><th rowspan="2">Glasübergangs-temperatur [° C]</th><th colspan="2">Shore Härte</th><th rowspan="2">Reißdehnung bei 20 °C [%]</th></tr>
<tr><th>A</th><th>D</th></tr>
<tr><td>Schwimmschicht</td><td>- 25 bis - 40</td><td>70 bei 50 °C
75 bei 20 °C</td><td>-</td><td>300 - 500</td></tr>
<tr><td>Verschleißschicht</td><td>0 bis - 20</td><td rowspan="2">-</td><td rowspan="2">30 bei 50 °C
60 bei 23 °C
78 bei - 20 °C</td><td rowspan="2">30 - 100</td></tr>
<tr><td>OS 13</td><td>0 bis - 10</td></tr>
<tr><td>Deckversiegelung</td><td>0 bis 30</td><td>-</td><td>45 bei 50 °C
75 bei 23 °C
85 bei - 20 °C</td><td>10 bis 40</td></tr>
<tr><td>OS 8</td><td>40 bis 60</td><td>-</td><td>75 bei 50 °C
82 bei 23 °C
85 bei - 20 °C</td><td>1 bis 3</td></tr>
</table>

Erläuterung: 30 Shore D ~ 85 Shore A
20 Shore D ~ 72 Shore A
15 Shore D ~ 60 Shore A

4. Einsatzbereiche der verschienen Systeme

Die Tabelle 3 enthält eine Zusammenstellung welches System für welches Bauteil geeignet ist.

Tabelle 3: Welches System für welches Bauteil

Bauteil	System	Schichtdicke [mm]	Rissüberbrückung [mm]
Geschlossene Parkgaragen Mindesttemperatur + 10 °C	OS 8	≥ 1,0	0
Überdachte, freibelüftete Parkgaragen sowie überdachte Auf- und Abfahrten	OS 13	≥ 2,5	statisch 0,1 bei – 10 °C
Bewitterte Freidecks sowie überdachte, freibelüftete Parkgaragen	OS 11 a OS F a	≥ 4,5	dynamisch 0,35 bei – 20 °C
Bewitterte Freidecks sowie überdachte, freibelüftete Parkgaragen	OS 10 + Verschleißschicht von OS 11 a	≥ 2,0 + ≥ 3,0	dynamisch 0,55 bei – 20 °C
Freibewitterte Auf- und Abfahrten (Instandsetzung)	Bandage OS 13 + OS 13 mod.	≥ 5,0 ≥ 2,5	statisch ca. 0,2 – 0,4 bei – 10 °C
Freibewitterte Auf- und Abfahrten (Neubau)	OS 13 modifiziert	≥ 5,0	statisch ca. 0,4 bei – 10 °C

5 Schichtdickenproblematik

Bezüglich der Schichtdicken wurden die Mindestschichtdicken neu festgelegt, sowie Schichtdickenzuschläge in Abhängigkeit von der Rautiefe formuliert. Aufgrund der Bedeutung dieser gesamten Schichtdickenproblematik ist der Pkt. 5.2 Schichtdicken der Richtlinie nach folgendem Wortlaut abgedruckt, sowie die Tabelle 5.2 mit Mindestschichtdicke und Schichtdickenzuschlag d_Z in Abhängigkeit von der Rautiefe.

Schichtdicken aus der Rili 2001

Von der Dicke der Schutzschichten hängt die Schutzfunktion eines Oberflächenschutzsystems ab.

Jeder hauptsächlich wirksamen Oberflächenschutzschicht (hwO) ist eine oder sind mehrere Schutzfunktionen zugeordnet:

- *Diffusionsfähigkeit für H_2O*
- *Diffusionsdichtigkeit für H_2O*
- *Temperaturwechselbeständigkeit*
- *Rissüberbrückung*
- *Verschleißfestigkeit*

Die Angaben beziehen sich immer auf die Trockenschichtdicke der für die Schutzfunktion hauptsächlich wirksamen Oberflächenschutzschicht. Die Kontrolle der Schichtdicken auf der Baustelle erfolgt je nach System entweder nach Verbrauch oder durch direkte Messungen.

In dieser Richtlinie werden folgende Begriffe verwendet:

- *Mindestschichtdicke (d_{min})*
- *Maximalschichtdicke (d_{max})*
- *Sollschichtdicke (d_s)*
- *Schichtdickenzuschlag (d_z)*

Die Mindest- bzw. Maximalschichtdicken der hauptsächlich wirksamen Oberflächenschutzschichten ergeben sich für jedes Oberflächenschutzsystem nach unterschiedlichen Kriterien. Die Dicken sind im Rahmen der Grundprüfung von der Prüfstelle festzulegen.

Die Mindestschichtdicke (d_{min}) wird je nach System unter Beachtung folgender Kriterien ermittelt:

- Angabe der bei der Grundprüfung festgestellten mittleren Schichtdicke der Temperaturwechselbeanspruchungs-Platten.
- geringste Schichtdicke, mit der die geforderte Rissüberbrückung nachgewiesen wurde. Darunter ist die mittlere Schichtdicke eines Probekörpersatzes (4 Probekörper), der die Prüfung bestanden hat, zu verstehen.
- geringste Schichtdicke, mit der die geforderte CO_2-Diffusionswiderstand erreicht wird; Ermittlung durch Berechnung aus der geprüften CO_2-Diffusionswiderstandszahl μ (CO_2).

Der jeweils größte Wert ist anzugeben. Mindestens sind jedoch die in der nachfolgenden Tabelle aufgeführten Dicken als Mindestschichtdicken der hwO anzusetzen.

Die bei der Grundprüfung als mittlere Schichtdicke gemessene Mindestschichtdicke darf in der Praxis nicht unterschritten werden. Um die Mindestschichtdicke in der Praxis auch sicher zu erreichen, sind für Untergrundrauhigkeiten, Materialeigenschaften und Verarbeitungsverfahren Materialzuschläge notwendig.

Die für die Baupraxis relevante *Sollschichtdicke* d_z ist in den Angaben zur Ausführung anzugeben. Sie ergibt sich aus der in der Grundprüfung festgestellten Mindestschichtdicke d_{min} und dem vom Mittelwert der gemessenen Rautiefe R_t abhängigen *Schichtdickenzuschlag* d_z.

$$d_s = d_{min} + d_z$$

Die zugehörige *Materialverbrauchsmenge (MV)* ist ebenfalls anzugeben. In Abhängigkeit von der Rauheit der Unterlage sind für die verschiedenen Oberflächenschutzsysteme die in Tabelle 5.2 aufgeführten d_Z-Werte anzusetzen.

Die *Maximalschichtdicke* (d_{max}) ergibt sich aus der maximalen Schichtdicke, bei der geforderte H_2O-Diffusionswiderstand nicht überschritten wird. Ermittlung durch Berechnung aus geprüfter H_2O-Diffusionswiderstandszahl μ (H_2O).

Tabelle 4: Mindestschichtdicke und Schichtdickenzuschlag d_Z in Abhängigkei von der Rautiefe aus der Rili 2001 (Tab. 5.2)

Oberflächenschutzsystem	Mindestschichtdicke [µm]	Rautiefe R_{TM} [mm]	Schichtdicken-zuschlag d_Z [µm]
OS 2 (OS B)	80	0,2	50
		0,5	70
OS 4 (OS C)	80	0,2	50
		0,5	70
OS 5a (OS DII)	300	0,2	70
		0,5	100
OS 5b (OS DI)	2000	0,2	250
		0,5	400
		1,0	600
OS 9 (OS E)	1000	0,2	250
		0,5	400
OS 11a (OS F a) Verschleißschichtt	3000	0,2	300
elastische Oberflächenschutzschicht	1500	0,5	600
OS 11b (OS F b)	4000	0,5	750
		1,0	1200
OS 13	2500*	0,5	750
		1,0	1200
	* Gesamtschichtdicke	Zwischenwerte sind geradlinig zu interpolieren	

6. Europäische Normung zum Schutz und Instandsetzen von Betonbauteilen

6.1 Einleitung

1988 erschien die Europäische Bauproduktenrichtlinie mit den Grundlagendokumenten für die sechs wesentlichen Anforderungen an Baustoffe/Bauprodukte.

1. Mechanische Festigkeit und Standsicherheit
2. Brandschutz
3. Hygiene, Gesundheit und Umweltschutz
4. Nutzungssicherheit
5. Schallschutz
6. Energieeinsparung und Wärmeschutz

6.2 EN 1504 „Produkte und Systeme für den Schutz und die Instandsetzung von Betontragwerken"

Das Technical Committee TC 104 SC 8 erarbeitet die Norm EN 1504 „Produkte und Systeme für den Schutz und die Instandsetzung von Betontragwerken: Begriffe, Anforderungen, Qualitätskontrolle, Konformitätsbewertung mit den zehn Teilen:

Teil 1: General, Scope and Definitions
(Allgemeines und Begriffe)

Teil 2: Surface Protection Systems
(Oberflächenschutzsysteme)

Teil 3: Structural and Nonstructural Repair
(Instandsetzungssysteme)

Teil 4: Structural Bonding
(Kleben)

Teil 5: Concrete Injektion
(Rißinjektion)

Teil 6: Grouting to Ensure Reinforcement or to Fill External Voids
(Vergußmörtel zur Verankerung zusätzlicher Bewehrung oder um äußere Fehlstellen zu füllen)

Teil 7: Reinforcement Corrosion Prevention
(Korrosionsschutz der Bewehrung)

Teil 8: Quality Control and Evaluation of Conformity
(Qualitätskontrolle und Konformitätsbewertung)

Teil 9: General Principles for the Use of Products and Systems
(Allgemeine Prinzipien für die Anwendung von Produkten und Systemen)

Teil 10: Site Application of Products and Systems an Quality Control of the Works
(Anwendung der Produkte und Systeme auf der Baustelle und Qualitätskontrolle der ausgeführten Arbeiten)

Die einzelnen Teile werden in verschiedenen Working Groups bearbeitet. Teil 1 liegt als EN, Teil 9 als ENV vor. Mit der Verabschiedung der restlichen Teile ist 1999/2000 zu rechnen.

Teile 2 bis 7 sind gleichartig wie folgt gegliedert:

0	Vorwort
1	Anwendungsbereich
2	Normative Verweisungen
3	Definitionen
4	Leistungsmerkmale für den Einsatz (Performance characteristics for intended use)
5	Anforderungen
5.1	Identitätsprüfungen (Indentification Requirements)
5.2	Anforderungen an die Stoffe und Stoffsysteme (Performance Requirements)
5.3	Sicherheitsanforderungen (Safety Requirements)
5.4	Spezielle Anwendungen (Special Applications)
6	Probenahme
7	Qualitätssicherung

6.3 EN 1504 Teil 9 „Allgemeine Prinzipien für die Anwendung von Produkten und Systemen“ [8]

Allgemeines

ENV 1504 Teil 9 „General Principles for the Use of Products and Systems“, Ausgabe November 1996, regelt die Schutz- und Instandsetzungsprinzipien, die Anforderung an die Produkte und den Einsatz der Produkte. Sie gibt Rahmenregeln vor, welche den Sachkundigen Planungsingenieur (designer) veranlassen, die Konsequenzen jedes Schrittes auf seinem Weg zum Schutz- und Instandsetzungsplan zu bedenken.

Wesentliche Schritte beim Instandsetzungsprozess

- Bewertung des Ist-Zustandes der Betonkonstruktion
  (assessment of the condition of the structure)
  Muss in jedem Fall vom Sachkundigen Planungsingenieur (SPI) (designer) erarbeitet werden.
- Feststellung der Ursachen für die Schäden
  (identification of the causes of deterioration)
  Verantwortung: SPI
- Entscheidung über die Ziele für den Schutz und die Instandsetzung
  (deciding the objectives of protection and repair)
  Verantwortung: SPI und Bauherr
- Auswahl der geeigneten Prinzipien für den Schutz und die Instandsetzung
  (selection of the appropriate principles of protection and repair)
  Verantwortung: SPI
- Auswahl der Methoden
  (selection of methods)
  Verantwortung: SPI

- Festlegen der Eigenschaften der Instandsetzungsprodukte und -systeme
  (definition of properties of products and systems)
  SPI wählt ein Bauprodukt (oder System), das in EN 1504 Teile 2 bis 7 genormt ist und das für das Erreichen des prinzipiellen Ziels und für die gewählte Methode geeignet ist.

- Spezifizieren der Unterhaltungsanforderungen, die der Schutz- und Instandsetzungsmaßnahme folgen
  (specification of maintenance requirements following protection and repair)
  Verantwortung: SPI

Prinzipien

Allgemeines

Für den Korrosionsschutz der Bewehrung definiert die Rili SIB 1990 erstmals Instandsetzungsprinzipien. In der ENV 1504, Teil 9, werden diese Prinzipien für den Schutz und die Instandsetzung der Bewehrung und des Betons erweitert. Die Instandsetzungsprinzipien beruhen auf chemischen oder physikalischen Wirkungsmechanismen, die schädliche Prozesse für Beton und Bewehrungsstahl verhindern oder neutralisieren. Aus den Instandsetzungsprinzipien leiten sich die verschiedenen Methoden ab, die allein oder in Kombination angewandt werden und die teilweise einander bedingen. Diese Methoden entsprechen den Maßnahmen, die bisher in den Regelwerken definiert waren.

Prinzipien und Methoden für den Beton (Tabelle 5)

Die Prinzipien 1 bis 6 werden angewendet zum Schutz von Beton bzw. dem Instandsetzen von Schäden an Beton bzw. Betonkonstruktionen, die verursacht wurden durch:

a) *Mechanische Einwirkung*, insbesondere Stoß bzw. Anprall, Überlastung, Bewegungen verursacht durch Setzungen oder infolge einer Druckwelle bzw. einer Explosion

b) *Chemische und biologische Einwirkungen aus der Umgebung*

c) *Physikalische Einwirkungen* z. B. Frost-Tau bzw. Frost-Tausalz-Beanspruchung, Risse aus Temperaturspannungen, Quellen und Schwinden infolge Wasseraufnahme und Wasserabgabe, Salzkristallisation und Erosion

Tabelle 5: Instandsetzungsprinzipien für den Beton

Prinzip Nr.	Definition des Prinzips
Prinzip 1 (PI)	*Protection against ingress* (Schutz gegen Eindringen von Schadstoffen)
Prinzip 2 (MC)	*Moisture Control* (Kontrolle des Betonfeuchtegehaltes)
Prinzip 3 (CR)	*Concrete Restoration* (Betonersatz)
Prinzip 4 (SS)	*Structural Strengthening* (Verstärkung)
Prinzip 5 (PR)	*Physical Resistance* (Oberflächenverfestigung)
Prinzip 6 (RC)	*Resistance to Chemicals* (Verbesserung der chemischen Beständigkeit)

Prinzipien und Methoden für die Bewehrung (Tabelle 6)

Die Prinzipien 7 bis 11 werden angewendet bei der Korrosion der Bewehrung, die verursacht wurde durch:

a) *Physikalischen Verlust der Betonüberdeckungsschicht*

b) *Verlust der Alkalität in der Betonüberdeckungsschicht durch Karbonatisation*

c) *Kontaminierung der Betonüberdeckungsschicht durch korrossive Medien* (meist durch Chlordionen), die entweder bei der Herstellung oder aus der Umgebung in den Beton eingetragen wurden

d) *Erzeugung korrosionsfördernder Potentialunterschiede* durch Kriechströme von benachbarten, elektrischen Installationen

Tabelle 6: Instandsetzungsprinzipien für die Bewehrung

Prinzip Nr.	Definition des Prinzips
Prinzip 7 (RP)	*Preserving or Restoring Passivity* (Passivierung odr Repassivierung)
Prinzip 8 (IR)	*Increasing Resistivity* (Verringerung der Ionenleitfähigkeit)
Prinzip 9 (CC)	*Cathodic Control* (Kathoenkontrolle)
Prinzip 10 (CP)	*Cathodic Protection* (Kathodischer Korrosionsschutz)
Prinzip 11 (CA)	*Control of anodic areas* (Anodenkontrolle)

6.4 EN 1504 Teil 2 „Oberflächenschutzsysteme" [7

Ziel des Oberflächenschutzes ist die Erhöhung der Widerstandsfähigkeit der Betonbauteile gegen eine Vielzahl von äußeren Einwirkungen bzw. Beanspruchungen und damit eine Verlängerung der Lebensdauer und der Gebrauchstauglichkeit.

Zum Erreichen dieses Ziels wählt der sachkundige Planer, je nach vorliegender Einwirkung, die optimale Prinziplösung oder eine Kombination verschiedener Prinzipien aus.

Grundlage für den Oberflächenschutz sind folgende *Prinzipien*:

Prinzip 1 (PI): Schutz gegen Eindringen von Schadstoffen
(**P**rotection agains **I**ngress)

Prinzip 2 (MC): Kontrolle des Betonfeuchtegehaltes
(**M**oisture **C**ontrol)

Prinzip 5 (PR): Oberflächenverfestigung
(**P**hysical **R**esistance)

Prinzip 6 (RC): Verbesserung der chemischen Beständigkeit
(**R**esistance to **C**hemicals)

Die aus diesen Prinzipien resultierenden baulichen Maßnahmen sind verschiedene *Methoden* (Tabelle 7). Für den Oberflächenschutz werden folgende Methoden definiert:

- Hydrophobierung
- Imprägnierung
- Beschichtung

Für die Anwendung dieser Methoden werden bestimmte Baustoffe benötigt. Je nach Einwirkung auf das zu schützende Bauteil ergeben sich die verschiedenen Anforderungen an die Baustoffe. Da ein Baustoff nicht alle Anforderungen erfüllen kann, werden üblicherweise unterschiedliche Baustoffe in verschiedenen Lagen und Schichten zu *Oberflächenschutzsystemen* kombiniert.

Durch die Beschreibung der Methode (Maßnahme) ist die Hydrophobierung und die Imprägnierung exakt definiert und damit auch der begrenzte Einsatzbereich dieser Methoden und der hierzu erforderlichen Stoffe bzw. Systeme. Im Vergleich zur Hydrophobierung bzw. Imprägnierung können mit einer Beschichtung wesentlich mehr Anforderungen erfüllt werden. Da teilweise mehrere Prinzipien gleichzeitig erfüllt werden müssen, ergibt sich aus den daraus resultierenden unterschiedlichen Anforderungen an die Stoffe auch eine große Vielfalt an Beschichtungssystemen.

In der EN 1504 Teil 2 und Teil 9 ist festgelegt welche *Eigenschaften* für alle bzw. bestimmte Anwendungsgebiete in einer Grundprüfung nachgewiesen werden müssen (Eignungsnachweis), siehe Tabelle 1 der EN 1504 Teil 2.

Die in Tabelle 1 der EN 1504 Teil 2 mit einem ausgefüllten Kästchen ■ gekennzeichneten Eigenschaften sind immer nachzuweisen (obligatorisch). Die mit □ gekennzeichneten Eigenschaften sind nur bei bestimmten Anwendungsgebieten bzw. -fällen nachzuweisen.

Im Anhang B der EN 1502 Teil 2 sind beispielhaft für drei bestimmte Beschichtungssysteme die obligatorisch nachzuweisenden Eigenschaften aufgeführt.

Die EN 1504 Teil 2 bzw. Teil 9 stellt nur Anforderungen an die Hydrophobierung, Imprägnierung und Beschichtung. Die Anforderungen sind in verschiedene Klassen unterteilt. Der sachkundige Planer legt die Anforderungen fest, woraus sich ein Oberflächenschutzsystem ergibt. Durch die Kombinationsmöglichkeiten verschiedener Anforderungsklassen ergibt sich hier eine unendliche Vielzahl von Oberflächenschutzsystemen. Eine exakte Definition von z. B. 12 Oberflächenschutzsystemen für die Hauptanwendungsbereiche, wie sie in der Rili-SIB vorgenommen wurde, wurde auf europäischer Ebene abgelehnt nach dem Grundsatz: *Totale Freiheit für den sachkundigen Planer!*

Die Folge davon wird sein, dass national große Auftraggeber ihre Oberflächenschutzsysteme definieren, wie dies in der zusammengeführten Rili-SIB mit ZTV-SIB getan wurde. Diese zusammengeführte, gemeinsame Richtlinie zum Schutz und Instandsetzen von Betonbauteilen ist in Übereinstimmung mit der EN 1504 und erleichtert dem sachkundigen Planer die Arbeit.

Tabelle 7: Methoden (Maßnahmen) zum Oberflächenschutz

- Hydrophobierung (hyrophobic impregnation)

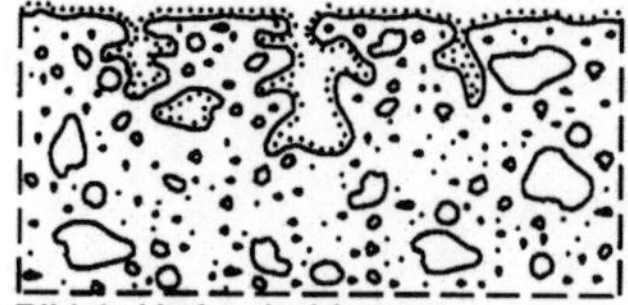

Bild 1: Hydrophobierung

Definition
Eine Hydrophobierung ist die wasserabweisende Behandlung eines kapillarporigen Untergrundes, ohne das Porensystem innerlich zu verstopfen und ohne Ausbildung eines Films an der Oberfläche. Weiterhin wird die Oberfläche optisch nicht verändert.

- Imprägnierung (partly porefilling impregnation)

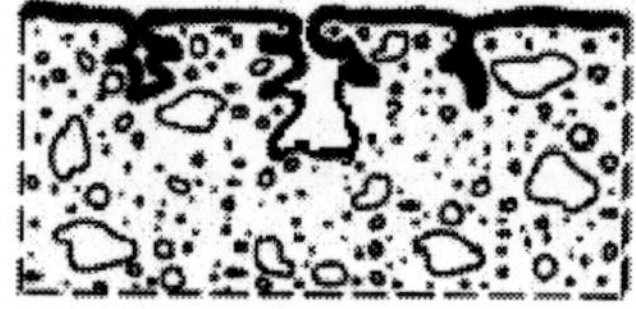

Bild 2: Imprägnierung

Definition
Eine Imprägnierung ist die Behandlung des kapillarporigen Betonuntergrundes mit einem Imprägnierstoff, der die Betonporen teilweise auskleidet und einen hauchdünnen Film > 10 bis < 100 µ Dicke an der Betonoberfläche ergibt.

- Beschichtung (coating)

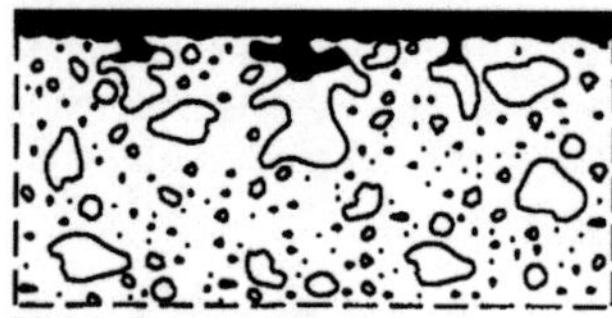

Bild 3: Beschichtung

Definition
Unter Beschichtung versteht man die Behandlung des kapillarporigen Betonuntergrundes mit einem Beschichtungsstoff, der zu einer geschlossenen, dichten Schicht von 0,1 bis 5 mm Dicke an der Betonoberfläche führt.
Bei Schichtdicken > 1 mm erfolgt i.d.R. ein Ausgleich von Unebenheiten im Beton.
Bei Schichtdicken < 1 mm Dicke ist zum Erreichen einer geschlossenen Schicht mit gleichmäßiger Oberflächenbeschaffenheit und zum Ausfüllen von Poren und Lunker eine Kratz- bzw. Ausgleichsspachtelung erforderlich.
Eine Beschichtung erfordert immer mindestens eine Grundierung.
Bei besonderen Anforderungen kommen z. B. rissüberbrückende Beschichtungen und/oder Verschleißschichten und ggf. Deckversiegelungen zur Anwendung.

Tabelle 1: Leistungsmerkmale für Produkte und Systeme zum Oberflächenschutz hinsichtlich der in ENV 1504-9 definierten "Prinzipien und Verfahren"

Nr.	Prüfverfahren festgelegt in	Prinzipien	1. Schutz gegen das Eindringen von Stoffen			2. Regulierung des Feuchtehaushaltes		5. Physikalische Widerstandsfähigkeit		6. Widerstandsfähigkeit gegen Chemikalien	8. Erhöhung des elektrischen Widerstandes	
		Leistungsmerkmale / Verfahren	1.1 (H)	1.2 (I)	1.3 (C)	2.1 (H)	2.2 (C)	5.1 (C)	5.2 (I)	6.1 (C)	8.1 (H)	8.2 (C)
1	2	3	4	5	6	7	8	9	10	11	12	13
1	EN 12617-1	Lineares Schrumpfen			□		□	□		□		□
2	EN 12190	Druckfestigkeit						□		□		
3	EN 1770	Wärmeausdehnungskoeffizient			□		□	□		□		□
4	EN ISO 5470-1	Abriebfestigkeit						■	■			
5	EN ISO 2409	Gitterschnittprüfung zur Beurteilung der Haftfestigkeit[a]			□		□	□		□		□
6	EN 1062-6	CO_2-Durchlässigkeit			■							
7	EN ISO 7783-1 EN ISO 7783-2	Wasserdampf-Durchlässigkeit		□	■		■					■
8	EN 1062-3	Kapillare Wasseraufnahme und Wasser-Durchlässigkeit		■	■		■	■	■	□		■
9		Haftfestigkeit nach Prüfung auf Temperaturwechselverträglichkeit										
	EN 13687-1	Frost-Tau-Wechselbeanspruchung mit Tausalzangriff		□	□		□	□	□	□		□
	EN 13687-2	Gewitterregenbeanspruchung (Temperaturschock)		□	□		□	□	□	□		□
	EN 13687-3	Temperaturwechselbeanspruchung ohne Tausalzangriff		□	□		□	□	□	□		□
	EN 1062-11: 2002	4.1: Alterung: 7 Tage bei 70 °C		□	□		□	□	□	□		□
10	EN 13687-5	Widerstand gegen Temperaturschock			□			□		□		
11	ISO 2812-1	Widerstandsfähigkeit gegen Chemikalien		□	□							
12	EN 13529	Widerstandsfähigkeit gegen starken chemischen Angriff								■		
13	EN 1062-7	Rissüberbrückungsfähigkeit			□		□	□		□		□
14	ISO 6272-1	Schlagfestigkeit						■	■			
15	EN 1542	Abreißversuch zur Beurteilung der Haftfestigkeit		□	■		■	■	■	■		■
16	EN 13501-1	Klassifizierung von Bauprodukten und Bauarten zu ihrem Brandverhalten — Teil 1: Klassifizierung mit den Ergebnissen aus den Prüfungen zum Brandverhalten von Bauprodukten		□	□		□	□	□	□		□
17	EN 13581	Widerstandsfähigkeit von hydrophobiertem Beton gegen Frost-Tausalz-Wechselbeanspruchung (Bestimmung des Masseverlustes)	□			□					□	

Tabelle 1: Leistungsmerkmale für Produkte und Systeme zum Oberflächenschutz hinsichtlich der in ENV 1504-9 definierten "Prinzipien und Verfahren" (Fortsetzung)

Nr.	Prüfverfahren festgelegt in	Prinzipien	1. Schutz gegen das Eindringen von Stoffen			2. Regulierung des Feuchtehaushaltes		5. Physikalische Widerstandsfähigkeit		6. Widerstandsfähigkeit gegen Chemikalien	8. Erhöhung des elektrischen Widerstandes	
		Leistungsmerkmale Verfahren	1.1 (H)	1.2 (I)	1.3 (C)	2.1 (H)	2.2 (C)	5.1 (C)	5.2 (I)	6.1 (C)	8.1 (H)	8.2 (C)
1	2	3	4	5	6	7	8	9	10	11	12	13
18	EN 13036-4	Griffigkeit/Rutschfestigkeit		□	□		□	□	□	□		□
19	siehe Tabelle 3	Eindringtiefe	■	■		■			■		■	
20	EN 1062-11: 2002	4.2: Verhalten nach künstlicher Bewitterung			□		□	□		□		□
21	EN 1081	Antistatisches Verhalten			□		□	□		□		□
22	EN 13578	Haftfestigkeit auf nassem Beton			□		□	□		□		
23	EN 13580	Wasseraufnahme- und Alkalibeständigkeitsprüfung von hydrophobierenden Imprägnierungen	■			■					■	
24	EN 13579	Trocknungsgeschwindigkeit bei hydrophobierender Imprägnierung	■			■					■	
25	unterliegt nationalen Normen und Gesetzesvorschriften	Diffusion von Chloridionen	□	□	□							

H hydrophobierende Imprägnierung
I Imprägnierung
C Beschichtung
■ Merkmal für alle vorgesehenen Verwendungszwecke
□ Merkmal für bestimmte vorgesehene Verwendungszwecke innerhalb des Anwendungsbereiches der ENV 1504-9:1997 (siehe auch Tabellen 3, 4, 5)

[a] Diese Prüfung dient dem Vergleich mit dem Abreißversuch, siehe Anmerkung zu Punkt 5 in Tabelle 5.

Anhang B (informativ)

Beispiele für die Anwendung des Klassifizierungssystems in drei Einzelfällen

Nr. nach Tabelle 1	Prüfverfahren festgelegt in	Leistungsmerkmale	Beispiel 1 1.3/2.2	Beispiel 2 1.3/5.1/6.1	Beispiel 3 1.3/5.1
1	EN 12617-1	Lineares Schrumpfen		⊠	
2	EN 12190	Druckfestigkeit			
4	EN ISO 5470-1	Abriebfestigkeit		⊠	⊠
6	EN 1062-6	CO_2-Durchlässigkeit	⊠	⊠	⊠
7	EN ISO 7783-2	Wasserdampf-Durchlässigkeit	⊠	⊠	⊠
8	EN 1062-3	Kapillare Wasseraufnahme und Wasser-Durchlässigkeit	⊠	⊠	⊠
9		Haftfestigkeit nach Prüfung auf Temperaturwechselverträglichkeit			
	EN 13687-1	Frost-Tau-Wechselbeanspruchung mit Tausalzangriff			⊠
	EN 13687-2	Gewitterregenbeanspruchung (Temperaturschock)	⊠		⊠
	EN 1062-11:2002	4.1: Alterung: 7 Tage bei 70 °C		⊠	
12	EN 13529	Widerstandsfähigkeit gegen starken chemischen Angriff		⊠	
13	EN 1062-7	Rissüberbrückungsfähigkeit			⊠
14	EN ISO 6272-1	Schlagfestigkeit		⊠	⊠
15	EN 1542	Abreißversuch zur Beurteilung der Haftfestigkeit	⊠	⊠	⊠
Nr. nach Tabelle 1	**Prüfverfahren festgelegt in**	**Leistungsmerkmale**	**Beispiel 1 1.3/2.2**	**Beispiel 2 1.3/5.1/6.1**	**Beispiel 3 1.3/5.1**
18	EN 13036-4	Griffigkeit/Rutschfestigkeit		⊠	⊠
20	EN 1062-11: 2002	4.2: Verhalten nach künstlicher Bewitterung	⊠		⊠

Beispiel 1 Beschichtungssystem für bewitterte Oberflächen, die nicht mechanisch oder chemisch beansprucht werden und keinem Einfluss durch Tausalze unterliegen, nach den Prinzipien 1 (IP) und 2 (MC), siehe Tabelle 1, 1.3 (C) und 2.2 (C)

Beispiel 2 Beschichtungssystem für Oberflächen in Innenräumen, die mechanisch und chemisch beansprucht werden, nach den Prinzipien 1 (IP), 5 (PR) und 6 (RC), siehe Tabelle 1, 1.3 (C), 5.1 (C) und 6.1 (C)

Beispiel 3 Beschichtungssystem für bewitterte Oberflächen mit Rissen, die mechanisch und gering chemisch beansprucht werden und Einfluss durch Tausalz unterliegen, nach den Prinzipien 1 (IP) und 5 (PR), siehe Tabelle 1, 1.3 (C) und 5.1 (C)

7. Untersuchungen zur Blasenbildung von Bodenbeschichtungen

7.1 Einleitung

Im Jahr 2001 wurde dem Polymer Institut wurde dem Polymer Institut von der Deutschen Bauchemie e. V. ein Forschungsauftrag zum Thema „Adhäsion und Blasenbildung von Beschichtungen bei rückseitiger Feuchteeinwirkung" erteilt. Über die Ergebnisse dieses Forschungsvorhabens wurde auf dem 5. Internationalen Kolloquiums „Industrieböden 03" berichtet. Die ausführliche Veröffentlichung [9] ist im Band 1 zum 5. Internationalen Kolloquium Industrieböden 03 auf den Seiten 79 bis 91 veröffentlicht. Nachfolgend wird eine Zusammenfassung der durchgeführten Arbeiten und eine Erläuterung der wesentlichen Ergebnisse der Untersuchungen zusammengestellt.

7.2 Zusammenfassung

Im Forschungsbericht wurden drei verschiedene Grundierungssysteme auf drei verschiedene Substrate nach sechs verschiedenen Applikations- und Lagerungsbedingungen aufgetragen. Nach 7 bzw. 56 Tagen Wasserlagerung wurde die Haftzugfestigkeit geprüft und eventuell entstandene Blasen markiert. Es wurden fünf verschiedene Applikationsarten der Grundierung sowie Sonderformulierungen sowohl der Grundierung als auch der Deckbeschichtung bezüglich osmotischer Blasenbildung überprüft. Weiterhin wurde der Einfluss von vier Zwischenschichten auf die osmotische Blasenbildung hin untersucht. Der Inhalt der osmotischen Blasen wurde analysiert und der Entstehungsort der osmotischen Blasen lokalisiert. Als Ergebnis bleibt festzuhalten, dass zwischen Nasshaftung und osmotischer Blasenbildung differenziert werden muss.

7.3 Ergebnisse der Untersuchung

a. Es konnte nicht generell festgestellt werden, dass auf einem *karbonatisierten* Beton keine Blasenbildung auftritt.

b. Mit einer benzylalkohol- und nonylphenolfreien Grundierung (B1) sind keine Blasen entstanden. Auch die Kombination dieser Grundierung mit einer benzylalkohol- und nonylphenolfreien Deckschicht bewirkte keine Blasenbildung. (Bei den Hauptversuchen waren bei Verwendung einer benzylalkohol- und nonylphenolfreien Grundierung und einer benzylalkohol- und nonylphenolhaltigen Deckschicht sehr wohl Blasen aufgetreten.)

c. Unterschiedliche Applikationsarten der Grundierung (einfach, mit oder ohne Abstreuung, doppelt) haben keinen erkennbaren Einfluss auf das grundsätzliche Auftreten von Blasen bewirkt. Die Blasenbildung wurde durch das Aufbringen einer doppelten Grundierung etc. nicht verhindert, sondern lediglich verzögert.

d. Das Auftreten von Blasen erfolgte z. T. bereits nach drei Wochen, in anderen Fällen erst nach 4 Monaten.

e. Bei Aufbringen einer flexibilisierten Deckschicht bildeten sich die Blasen weder früher, noch wurde eine erhöhte Blasenanfälligkeit im Vergleich zu einer starren Deckschicht festgestellt.

f. Die Probekörper mit dünner Deckschicht (0,6 kg/m²) wiesen grundsätzlich keine Blasen auf. Blasen wurden nur bei dickeren Deckschichten (3,0 kg/m²) festgestellt. Dies kann ggf. auf den geringeren Wasserdampfdiffusionswiderstand der dünneren Deckschicht zurückzuführen sein.

g. Bei Beschichtung der Luftseite von Grundkörpern aus einem ZE 20 wurden bei exakt gleicher Parameterkombination in einem Fall keine Blasen festgestellt, während im einem zweiten Fall sehr wohl Blasen festgestellt werden konnten.

h. Auf Grundkörpern aus B 45 wurden keine Blasen festgestellt.

i. Die erste Ablösung der Beschichtung (Entstehungsort der Blasen) erfolgte in den meisten Fällen unter der Grundierung bzw. in der Grundierung (durch die Penetration der Grundierung ins Substrat bleibt bei der Ablösung immer ein geringer Teil der Grundierung im Substrat zurück). Es wurde in einem Fall der Blasenentstehungsort zwischen Grundierung und Deckschicht beobachtet.

j. Die Trockenrückstände der Blasenflüssigkeiten enthalten die typischen Bestandteile der Kapillarflüssigkeit des Betons: Kalium und Natrium. Die Trockenrückstände waren gekennzeichnet durch ausgesprochen hohe Siliziumanteile. Hauptbestandteil der Blasenflüssigkeiten waren demnach lösliche Alkalisilikate aus dem Beton bzw. dem Estrich, deren Konzentration in den Flüssigkeiten außergewöhnlich hoch war.

k. Die Blasenflüssigkeit enthielt zusätzlich die Formulierungsbestandteile der Grundierung <u>und</u> der Deckschicht. Dies bedeutet, dass die aufgebrachte Deckschicht in Kontakt mit der Blasenflüssigkeit stand und damit ebenfalls an der Blasenbildung, eventuell am Blasenwachstum beteiligt war.

Tabelle 8: Wahrscheinlichkeiten für Blasenbildung unter bzw. innerhalb von Reaktionsharzbeschichtungen auf Betonuntergründen

Parameter	hoch	gering	sehr gering
Untergrundbeton mit sehr hoher Festigkeit bzw. geringem Kapillarporenanteil (B55)			x
Untergrundbeton mit hoher Festigkeit bzw. geringem Kapillarporenanteil		x	
Untergrundbeton aus einem Zementestrich oder Beton mit geringer Festigkeit bzw. hohem Kapillarporenanteil	x		
Applikation der Reaktionsharzbeschichtung auf trockenen erst später durchfeuchteten Beton	x		
Applikation der Reaktionsharzbeschichtung auf bereits feuchten Beton			x
Untergrund bei der Applikation noch nicht karbonatisiert	x		
Untergrund bei der Applikation karbonatisiert		x	
Einsatz von Zwischenschichten unter die Grundierung (PC, PCC, ECC, EPZ)			x
Verwendung benzyl- und nonylphenolfreier Grundierungen		x	
Verwendung dicker Deckschicht	x		
Verwendung dünner Deckschicht		x	

Die Angaben der Tabelle basieren auf den Ergebnissen der Forschungsberichte (Beanspruchungsdauern von rd. 36 Monaten). Bereits in diesem Zeitraum konnte festgestellt werden, dass Blasen mitunter erst nach mehreren Monaten auftreten.

7.4 Schlussbeurteilung

Aus den Untersuchungen können folgende Erkenntnisse gezogen werden:

Das Problem der rückseitigen Durchfeuchtung muss zweischichtig betrachtet werden. Es gibt erstens das Problem der *Nasshaftung* und zweitens das Problem der *osmotischen Blasenbildung*.

Zwischen beiden besteht ein wesentlicher Unterschied:

- Bei der Nasshaftung wird die Haftung und die Benetzbarkeit eines Beschichtungsmaterials auf nassem Beton überprüft. Wie nachgewiesen wurde, gibt es auf dem Markt Systeme, die auch auf vollkommen nassem Beton eine hervorragende Haftfestigkeit besitzen und nach langer Wasserlagerung immer Betonbruch ergeben.
  Formulierte Systeme zeigen dagegen, insbesondere wenn hohe Anteile an Benzylalkohol enthalten sind, auf ganz nassem Untergrund eine schlechte Haftung.
  Das Bild ändert sich, wenn nicht auf vollkommen nassen, sondern auf gerade abgetrockneten Untergrund (Wartezeit zwischen Herausnehmen aus dem Wasserbad und Beschichten ca. 2 h) beschichtet wird. In diesem Fall ergibt sich bei System B und System C eine wesentliche Verbesserung der Haftfestigkeit, während das System A genauso gut ist wie auf ganz nassem Beton.

- Eine osmotische Blasenbildung wird nie beobachtet, wenn auf einem nassen Untergrund beschichtet wird. Osmotische Blasenbildung wird nur dann beobachtet, wenn ein trockener Untergrund beschichtet wird und nach 7-tägiger Aushärtung mit Wasser von der Rückseite beaufschlagt wird. Diese osmotische Blasenbildung spielt sich immer in der Grundierung mit Kontakt zur Deckbeschichtung bzw. zwischen Grundierung und Substrat ab. Ursache für diese osmotische Blasenbildung ist der sogenannte „Chromatographieeffekt", d. h. dass bestimmte Bestandteile und Formulierungshilfsmittel der Grundierung bzw. Beschichtung unterschiedlich tief in die Kapillaren des Betons bzw. Estrichs penetrieren. Damit werden bestimmte Bestandteile der Beschichtung dem Härtungsmechanismus entzogen und stellen dann an der Substratoberfläche die Blasenkeime dar.
  Dieser Chromatographieeffekt stellt sich nicht nur bei nicht reaktiven Weichmachern wie Benzylalkohol ein, sondern es kann ebenso freies Amin in den Untergrund wegschlagen und dann als Auslöser für die osmotische Blasenbildung wirken.

Wie jedoch die Untersuchungen zeigen, spielt die Grundierung, die mit einem Materialverbrauch von 350 g/m² aufgetragen und definiert abgestreut wird, sondern auch die Deckbeschichtung eine entscheidende Rolle für die osmotische Blasenbildung. Die abgestreute Grundierung bildet i. d. R. die semipermeable Membran und die Substanzen für das osmotische Blasenwachstum werden aus der Deckbeschichtung geliefert. Daher kann die osmotische Blasenbildung vermieden werden, wenn eine Deckbeschichtung frei von Osmose fördernden Bestandteilen formuliert wird. Dies ist jedoch nicht praktikabel, da Weichmacher und Additive für die Formulierung benötigt werden.

Nach bisherigem Stand der Erkenntnis, insbesondere auch aus den durchgeführten Untersuchungen, ist die einfachste Art zur Vermeidung der Blasenbildung der Einbau von Zwischenschichten auf Basis PC, PCC und ECC oder aber – was der einfachste Fall ist – die Verwendung einer Epoxid-Zement-Kombination (EPZ), das sowohl als Grundierung als auch als Zwischenschicht wirkt.

8 Literaturverzeichnis

[1] DAfStb-Richtlinie, Ausgabe Oktober 2001
Schutz und Instandsetzung von Betonbauteilen (Instandsetzungs-Richtlinie)
Teil 1: Allgemeine Regelungen und Planungsgrundsätze
Teil 2: Bauprodukte und Anwendung
Teil 3: Anforderungen an die Betriebe und Überwachung der Ausführung
Teil 4: Prüfverfahren
Beuth Verlag, Berlin

[2] DIN 28052 Teile 1 bis 6 „Oberflächenschutz mit nichtmetallischen Werkstoffen für Bauteile aus Beton in verfahrenstechnischen Anlagen“
Beuth Verlag, Berlin

[3] DIN EN 13813 „Estrichmörtel, Estrichmassen und Estriche – Estrichmörtel und Estrichmassen – Eigenschaften und Anforderungen“, Ausgabe 2002
Beuth Verlag, Berlin

[4] DAfStb-Richtlinie, Ausgabe 1990
Schutz und Instandsetzung von Betonbauteilen (Instandsetzungs-Richtlinie)
Beuth Verlag, Berlin

[5] ZTV-BEL-B „Zusätzliche Technische Vertragsbedingungen und Richtlinien für das Herstellen von Brückenbelägen auf Beton“ Teil 3: Dichtungsschicht aus Flüssigkunststoff, Ausgabe 1995, Der Bundesminister für Verkehr

[6] TP-BEL-B Teil 3 „Technische Prüfvorschriften für Baustoffe zur Herstellung von Brückenbelägen auf Beton mit Dichtungsschicht nach ZTV-BEL-B Teil 3, Ausgabe 1995, Der Bundesminister für Verkehr

[7] DIN EN 1504-2 „Produkte und Systeme für den Schutz und die Instandsetzung von Betontragwerken“, Begriffe – Anforderungen – Qualitätskontrolle, Konformitätsbewertung, Teil 2: Oberflächenschutzsysteme, Ausgabe Januar 2005
Beuth Verlag, Berlin

[8] DIN ENV 1504-9 „Produkte und Systeme für den Schutz und die Instandsetzung von Betontragwerken“, Begriffe – Anforderungen – Qualitätskontrolle, Konformitätsbewertung, Teil 9: Allgemeine Prinzipien für die Anwendung von Produkten und Systemen, Ausgabe 1997
Beuth Verlag, Berlin

[9] Stenner R., Machill N., Adhäsion und Blasenbildung von Beschichtungen bei rückseitiger Feuchteeinwirkung, Band 1, Seiten 79 bis 91, 5. Internationales Kolloquium „Industrieböden 03“ vom 21. bis 23. Januar 2003
Technische Akademie Esslingen

8 Überwachung der Ausführung: Anforderungen an das ausführende Unternehmen

Uwe Grunert

Zusammenfassung

Ausgehend vom deutschen Bauordnungsrecht wird der Teil 3 der neuen Instandsetzungs-Richtlinie des DAfStb vorgestellt. Insbesondere die Festlegungen zum Fachpersonal der ausführenden Unternehmen (qualifizierte Führungskraft, Bauleiter und Baustellen-Fachpersonal) werden erläutert, wobei auf Änderungen gegenüber der alten Richtlinie hingewiesen wird. Eine besondere Rolle kommt der Überwachung der Betoninstandsetzung bei standsicherheitsrelevanten Betoninstandsetzungsmaßnahmen zu. Sie ist als System aus „Überwachung durch das ausführende Unternehmen" und „Überwachung durch eine dafür anerkannte Stelle" zu organisieren.

1. Einleitung

In den Jahren 1996 bis 2001 wurde die Richtlinie für Schutz und Instandsetzung von Betonbauteilen des Deutschen Ausschusses für Stahlbeton (DAfStb) grundlegend überarbeitet. Der Teil 3 „Anforderungen an die Betriebe und Überwachung der Ausführung" wurde von einem Redaktionsteam überarbeitet, dem neben dem Verfasser der leider verstorbene Dr. Hjorth für den Zentralverband des Deutschen Baugewerbes (ZDB), Dipl.-Ing. von Croy-Dülmen (Hochtief Construction AG) für den Deutschen Beton- und Bautechnik-Verein E.V. (DBV) und Dipl.-Ing. Bodo Schmidt vom Hauptverband Farbe, Gestaltung, Bautenschutz angehörten.

Der Arbeit lagen folgende wesentlichen Ziele zu Grunde::

- Redaktionelle Überarbeitung zur Verbesserung der Anwendbarkeit und Berücksichtigung der seit 1991 gesammelten praktischen Erfahrungen mit der „alten" Richtlinie,
- Senkung des Aufwandes bei den „Eigenüberwachungs"-Maßnahmen auf der Baustelle auf ein vernünftiges Maß, um die Akzeptanz der Richtlinie bei den Ausführenden zu erhöhen,
- Harmonisierung der technischen Inhalte mit den ZTV-SIB/RISS des Bundesministers für Verkehr (heute: Bundesministerium für Verkehr, Bau- und Wohnungswesen) – inzwischen als ZTV-ING neu erschienen und seit Mai 2003 verbindlich,
- Berücksichtigung der künftigen Regelungen nach der Normenreihe DIN EN 1504 ff., die sich in der Bearbeitung befindet.

2 Bauordnungsrechtliche Grundlagen der Betoninstandsetzung

Musterbauordnung § 20 (6)

Die Grundlage für die bauaufsichtliche Relevanz bestimmter Betoninstandsetzungsaufgaben finden wir in den Landesbauordnungen. Diese wurden auf der Grundlage der (alten) Musterbauordnung erstellt, die in § 20 (6) folgende Aussage trifft:

> *„Für Bauprodukte, die wegen ... ihres besonderen Verwendungszweckes einer außergewöhnlichen Sorgfalt bei Einbau, Transport, Instandhaltung oder Reinigung bedürfen, kann ... durch Rechtsverordnung der obersten Bauaufsichtsbehörde die Überwachung dieser Tätigkeiten durch eine Überwachungsstelle nach § 24c vorgeschrieben werden."* [1]

Das bedeutet, dass die Überwachung in gesonderten Rechtsverordnungen vorgeschrieben werden kann. Hier muss zunächst definiert werden, was überwacht werden soll. Diese Überwachung bezieht sich sowohl auf die Qualifikation der Unternehmen als auch auf die Durchführung der überwachungspflichtigen Tätigkeiten.

In der neuen Musterbauordnung findet sich diese Aussage in identischer Form, in § 17. Da jedoch den aktuellen Landesbauordnungen die alte MBO zu Grunde liegt, soll hier grundsätzlich auf diese Bezug genommen werden..

Die Qualifikationsanforderungen, die in der Instandsetzungs-Richtlinie beschrieben werden, finden sich als juristische Regelungen in den Hersteller- und Anwender-Verordnungen der Bundesländer. Diese wurden auf der Grundlage der Muster-Hersteller- und Anwender-VO – MHAVO – Stand 05/98 – erarbeitet.

Zunächst sollen die relevanten Verordnungstexte aus dieser Verordnung genannt werden:

> *„§1 Satz 1*
>
> *Für ...*
> *6. die **Instandsetzung von tragenden Betonbauteilen, deren Standsicherheit** gefährdet ist, muss der Hersteller und der Anwender über Fachkräfte mit besonderer Sachkunde und Erfahrung sowie über besondere Vorrichtungen verfügen.*
> *...*
>
> *§ 1 Satz 2*
>
> *Die erforderliche Ausbildung und berufliche Erfahrung der Fachkräfte sowie die erforderlichen Vorrichtungen bestimmen sich in den Fällen des Satzes 1 ...*
>
> *Nr.6 nach der Richtlinie für Schutz und Instandsetzung von Betonbauteilen, Teil 3*
> *...*
>
> *§2*
>
> *Die Hersteller und Anwender haben vor der erstmaligen Durchführung der Arbeiten nach § 1 und danach für Tätigkeiten nach*

1. Nrn. ... und 6 in Abständen von höchstens drei Jahren gegenüber einer nach § 24 c Abs. 1 Nr.6 MBO) anerkannten Prüfstelle nachzuweisen, dass sie über die vorgeschriebenen Fachkräfte und Vorrichtungen verfügen." [2]

Bei den Überwachungsgemeinschaften, z. B. der Gütegemeinschaft Erhaltung von Bauwerken (GEB), wird dieser Nachweis im Rahmen des Aufnahmeverfahrens für neue Mitglieder und dann im Rahmen der laufenden Überwachung erbracht. Nur ordentliche Mitglieder (Betriebe, die Betoninstandsetzungsarbeiten ausführen) die dem Verband länger als 3 Jahre keine Baustelle zur Überwachung angezeigt haben, müssen gesondert geprüft werden und dabei ihre Fachkräfte und betrieblichen Einrichtungen, z. B. Mess- und Prüfgeräte, nachweisen.

Wenn einzelne Baustellen von Nichtmitgliedern per Überwachungsvertrag überwacht werden, muss der Überwachungsbericht auch eine Aussage über die fachliche Qualifikation und die Geräteausstattung enthalten.

Die Überwachung von bauaufsichtlich relevanten Betoninstandsetzungsmaßnahmen darf nur von anerkannten Überwachungsstellen durchgeführt werden. Die GEB ist nach den technischen Regelwerken „Richtlinie für Schutz und Instandsetzung von Betonbauteilen" (Instandsetzungs-Richtlinie) des Deutschen Ausschusses für Stahlbeton (DAfStb) für das gesamte Bundesgebiet anerkannt. Diese Anerkennung wurde der GEB vom Deutschen Institut für Bautechnik Berlin (DIBt) ausgesprochen (veröffentlicht im DIBt-Sonderheft Nr. 23 vom Juli 2000 [5]). Dort sind auch weitere anerkannte Stellen genant, die bundesweit (z. B. die Bundesgütegemeinschaft Instandsetzung von Betonbauwerken) oder regional (z. B. MPA) tätig sind. Die GEB ist weiterhin für die Überwachung von Instandsetzungsarbeiten nach den ZTV-SIB/RISS (jetzt ZTV-ING) der Bundesanstalt für Straßenwesen und nach dem Wasserhaushaltsgesetz (WHG) § 19 I für die Überwachung von WHG-Beschichtungen anerkannt.

Die Anforderungen an die Überwachungsstellen sind in den Landesbauordnungen definiert. In der Musterbauordnung findet sich die Text-Vorlage im § 24c:

„(1) Die oberste Bauaufsichtsbehörde kann eine Person, Stelle oder Überwachungsgemeinschaft als ...
5. Überwachungsstelle für die Überwachung nach § 20 Abs. 6 anerkennen ..." [1]

Es werden besondere *Anforderungen an das Personal* gestellt hinsichtlich

- Ausbildung, Fachkenntnis, persönliche Zuverlässigkeit, Unparteilichkeit
- Gewähr dafür, dass diese Aufgaben den öffentlich-rechtlichen Vorschriften entsprechend wahrgenommen werden ...

Die Überwachung selbst ist juristisch in den Überwachungsverordnungen der Bundesländer geregelt. In der Muster-Verordnung über die Überwachung von Tätigkeiten mit Bauprodukten und bei Bauarten (MÜTVO) heißt es:

„§1 Folgende Tätigkeiten müssen durch eine Überwachungsstelle nach § 24 c Abs. 1 Nr.5 MBO überwacht werden: ...
3. die Instandsetzung von tragenden Betonbauteilen, deren Standsicherheit gefährdet ist ..." [3]

3 Instandsetzungs-Richtlinie Teil 3 [4]
Anforderungen an die Unternehmen und Überwachung der Ausführung

Dieser Teil der Richtlinie ist vor allem für die ausführenden Unternehmen wichtig. Er enthält die technischen Regeln für die Ausführung der bauaufsichtlich relevanten Betoninstandsetzung und deren Überwachung.

Er ist in folgende Abschnitte gegliedert:

1. Personal und Ausstattung der ausführenden Unternehmen
2. Überwachung der Ausführung
3. Prüfverfahren

Anhänge A bis F

3.1 Abschnitt 1 „Personal und Ausstattung der ausführenden Unternehmen"

Dem Fachpersonal wird in der Richtlinie besondere Bedeutung beigemessen. Es werden drei Verantwortungsebenen definiert:

- Qualifizierte Führungskraft
- Bauleiter des Unternehmens
- Baustellenfachpersonal (SIVV-Schein-Inhaber)

3.1.1 Aufgaben der qualifizierten Führungskraft

- Prüfen von Leistungsbeschreibungen
- Planung der Arbeitsabläufe
- Beurteilung der fachlichen Qualifikation des Personals
- Auswertung der Eigenüberwachung und Ziehen von Schlussfolgerungen aus den Ergebnissen

Neu (im Vergleich zu Ausgabe 1991) ist, dass zu den Aufgaben der qualifizierten Führungskraft nur nach *besonderer Vereinbarung* auch Aufgaben des sachkundigen Planers gehören können. In der „alten" Richtlinie war diese Aussage pauschal enthalten (also ohne die „besondere Vereinbarung"). Es wird damit verdeutlicht, dass die Aufgaben des sachkundigen Planers, der im Auftrage und Interesse des Auftraggebers handelt, von denen der qualifizierten Führungskraft des ausführenden Unternehmens strikt getrennt werden müssen. Ansonsten kann es zur Aufteilung bzw. Vermischung der Planungsverantwortung kommen, die gemäß VOB beim Auftraggeber liegt.

3.1.2 Aufgaben des Bauleiters

Zu den Aufgaben des Bauleiters gehören insbesondere:

- (v.a. Zusammenarbeit mit der Überwachungsstelle)
- Anzeigen der Baustelle bei Überwachungsstelle (z.B. GEB)
- Veranlassung der Eigenüberwachung
  (neuer Begriff: „Überwachung durch das ausführende Unternehmen")

- Sicherstellung der Verwendung geeigneter Baustoffe – mit den geforderten Übereinstimmungsnachweisen (Ü-Zeichen)

Diese Aufgaben stellen selbstverständlich nur einen Ausschnitt des Tätigkeitsgebietes eines Bauleiters dar. Aber es sind genau diejenigen, die für Betoninstandsetzungsarbeiten nach dieser Richtlinie von besonderer Bedeutung – und in dieser Form an anderer Stelle nicht geregelt sind.

3.1.3 Anforderungen und Aufgaben an das Baustellenfachpersonal

Die Qualifikation des Baustellenfachpersonals kann nur durch Vorlage der „SIVV-Bescheinigung" des Ausbildungsbeirates Verarbeiten von Kunststoffen im Betonbau beim DBV nachgewiesen werden. Der Begriff „SIVV" steht für „Schützen, Instandsetzen, Verbinden und Verstärken von Betonbauteilen". In Deutschland ist diese Bescheinigung zurzeit der einzige bauaufsichtlich anerkannte Befähigungsnachweis für gewerbliches Fachpersonal. Er nach einem zweiwöchigen Lehrgang nach einer bestandenen schriftlichen und ggfs. mündlichen Prüfung erworben. Dieser Lehrgang beinhaltet sämtliche Instandsetzungsprinzipien, stellt die Instandsetztungsstoffe ausführlich vor, wobei das Prinzip der strikten Produktneutralität gilt, und vermittelt durch seine umfangreichen Übungen und Vorführungen solide theoretische Kenntnisse und praktische Fertigkeiten.

Folgende besonderen Anforderungen und Aufgaben legt die Instandsetzungs-Richlinie für das Baustellenfachpersonal fest:
- Ständige Anwesenheit auf der Baustelle bei entsprechenden Arbeiten,
- verantwortlich bei der praktischen Durchführung der Maßnahmen,
- Festlegen und Überwachen der Arbeiten,
- Anleiten des übrigen Personals und Prüfen der handwerklichen Fertigkeiten der Nachunternehmer
- Durchführung, Aufzeichnung und Auswertung der Eigenüberwachungsprüfungen

Nicht neu ist die Forderung der Richtlinie, dass das maßgebliche Baustellenfachpersonal in Abständen von höchstens 3 Jahren durch das Unternehmen weitergebildet werden muss („Weiterbildung für SIVV-Schein-Inhaber"). Die für die Durchführung von SIVV-Lehrgängen anerkannten Ausbildungszentren der deutschen Bauwirtschaft bieten diese Lehrgänge an.

Zuständig für die Anerkennung der Weiterbildungsmaßnahmen als bauaufsichtlich relevante „Weiterbildung für SIVV-Schein-Inhaber" sind die bauaufsichtlich anerkannten Überwachungsstellen für die Betoninstandsetzung. Diese haben mit dem Ausbildungsbeirat einen Kriterien-Katalog für die SIVV-Weiterbildung abgestimmt.

Erwähnt werden muss auch, dass Nachunternehmer die Personalanforderungen auch erfüllen und über die erforderlichen Geräte und Einrichtungen verfügen müssen.

Diese Forderung, die oft unterschätzt wird, betrifft natürlich immer die Gewerke, die von Nachunternehmern ausgeführt werden. So kann beispielsweise vereinbart werden, dass das SIVV-Fachpersonal des Hautpunternehmers die ensprechenden Aufgaben beim Nachunternehmer wahrnimmt, wenn dieser Arbeiten ausführen soll, die eine Anwesenheit von Baustellenfachpersonal erfordern.

3.2 Abschnitt 2 „Überwachung der Ausführung"

Es muss zunächst darauf hingewiesen werden, dass seitens der Bauaufsicht die bisherigen Begriffe an das aktuelle Bauordnungsrecht angepasst wurden:

Wir sprechen also künftig von

- Überwachung durch das ausführende Unternehmen
  (alter Begriff „Eigenüberwachung")

und von

- Überwachung durch eine dafür anerkannte Überwachungsstelle
  (alter Begriff „Fremdüberwachung")

Die neuen Begriffe sind „selbsterklärend" und müssen nicht näher erläutert werden. Jedoch erscheint eine nähere Betrachtung der damit verbundenen Tätigkeiten und Verantwortlichkeiten dennoch durchaus als sinnvoll.

3.2.1 Überwachung durch das ausführende Unternehmen

Es sind prüfbare und ständig verfügbare Aufzeichnungen zu allen für die Güte und Dauerhaftigkeit wichtigen Angaben zu führen. Die „Eigenüberwachung" ist, wenn sie richtig betrieben wird, eine effiziente Möglichkeit, Fehler zu vermeiden oder aber rechtzeitig zu korrigieren. Damit ist diese Überwachung vor allem im ureigensten Interesse der ausführenden Unternehmen. Sie wird deshalb – richtig angewendet – zum integralen Bestandteil von QM-Systemen bei Betrieben, die eine Zertifizierung nach DIN EN ISO 9000 ff. anstreben oder bereits erworben haben.

Die Richtlinie schreibt die erforderlichen Prüfungen an zu verarbeitenden bzw. den verarbeiteten Baustoffen und dem Betonuntergrund vor. Verantwortlich für die korrekte Durchführung sind Bauleiter, sein Vertreter oder das SIVV-Personal.

Die Richtlinie bietet hier in den neu gestalteten Anhängen A und E einige wichtige Hilfsmittel für die „Eigenüberwachung".

Anhang A enthält in der Form des Anhangs 9 der ehemaligen ZTV-SIB 90 die jeweiligen produktbezogenen Baustellenprüfungen in einer so genannten „Eigenüberwachungstabelle", die unverständlicherweise in den neuen ZTV-ING entfallen ist.

Im ebenfalls neuen informativen Anhang E werden Geräte aufgelistet, die, gegliedert nach Geräten für die Voruntersuchung und nach Instandsetzungsprodukten, eine Empfehlung für die Ausstattung von Instandsetzungsunternehmen enthält. Dieser Anhang ersetzt die Geräteliste der in der Richtlinie entfallenen „Baustoffprüfstelle SIB".

Neu aufgenommen wurde in die Richtlinie eine mit dem DIBt vereinbarte einheitliche Form der *Kennzeichnung* überwachten Instandsetzungsbaustellen. Die Baustellen-Kennzeichnungsschilder müssen mindestens folgende Angaben enthalten:

- den Schriftzug „ÜBERWACHT",
- die genaue Bezeichnung des Regelwerks, also im konkreten Fall „DafStb-Richtlinie für Schutz und Instandsetzgung von Betonbauteilen" und
- Name und Anschrift der anerkannten Überwachungsstelle

Hinweis zum „Ü-Zeichen"

Es muss an dieser Stelle darauf hingewiesen werden, dass die Kennzeichnung von Baustellen mit einem „Ü" für „Überwacht" bereits seit dem Jahre 1996 bauaufsichtlich nicht mehr zulässig ist. Das „Ü" darf nur noch zur Kennzeichnung der Übereinstimmung von *Bauprodukten* verwendet werden und steht für „Übereinstimmungszeichen". Entsprechend der jeweiligen Festlegung in der Bauregelliste A Teil 2 kann für Bauprodukte ein „*Übereinstimmungszertifika ÜZt*", (einschließlich werkseigener Produktionskontrolle und Fremdüberwachung), *Übereinstimmungserklärung* des Herstellers (mit Produktprüfung) ÜHP oder die Übereinstimmungserklärung des Herstellers ÜH vorgeschrieben sein. Für Bauprodukte nach dieser Richtlinie, die im standsicherheitsrelevanten Bereich verwendet werden, ist immer ein *Übereinstimmungszertifikat* ÜZ vorgeschrieben. Die Gestalt des Übereinstimmungzeichens ist in der Übereinstimmungszeichen-Verordnung des jeweiligen Bundeslandes geregelt.

3.2.2 Die Überwachung durch die Überwachungsstelle

Die Überwachungsstelle prüft vor allem die Ergebnisse der „Eigenüberwachung". Hierzu zählen jedoch auch, wie bereits erwähnt, das Vorhandensein von Baustellen-Fachpersonal und die Vollständigkeit und Funktionsfähigkeit der Geräte und Einrichtungen.

Insbesondere sind zu prüfen:

- Vollständigkeit der Baustellen-Anzeige:
  Bezeichnung der Baustelle, Personal (QF, Bauleiter, SIVV-Personal), Art der Arbeiten, Baustoffe, Beginn / Ende, Prüfstelle für die Eigenüberwachung ...
- Ergebnisse der „Eigenüberwachung"
  Erfolgte Korrektur festgestellter Fehler?
- Evtl. Ergebnisse einer Stichprobenprüfung vor Ort
- Gesamtbewertung der Eigenüberwachung

Durchführung der Überwachung

Für die Überwachung wurden einige wichtige Grundsätze festgelegt:

- I.d.R. ohne vorherige Ankündigung
- Mindestens einmal vor Ort
- In angemessenen Zeitabständen

Probenahme (in begründeten Zweifelsfällen)

In Zweifelsfällen ist die Überwachungsstelle verpflichtet, selbst eine Progenahme durchzuführen.

Für diese werden folgende formellen Prinzipien festgelegt:

- Sie muss nach nach statistischen Grundsätzen erfolgen,
- Proben müssen unverwechselbar gekennzeichnet sein,
- Das Protokoll muss die Unterschrift der auf der Baustelle aufsichtsführenden Person tragen, sowie
- die Beschreibung des Stoffes, die Anzahl und Menge der Proben sowie Entnahmeort, Kennzeichnung, Ort und Datum der Probenahme enthalten.

Überwachungsbericht

Der Überwachungsbericht muss in Form einer „Momentaufnahme" einen vollständigen Überblick über die zum Überwachungszeitpunkt vorliegenden Aufzeichnungen der Überwachung durch das ausführende Unternehmen bieten und diese hinsichtlich Vollständigkeit und Regelwerkskonformität bewerten.

Insbesondere sind folgende Angaben zwingend erforderlich:

- Anschriften des Unternehmens, der Baustelle und der Überwachungsstelle
- Kurzbeschreibung der Instandsetzungsmaßnahme
- Namen der qualifizierten Führungskraft, des Bauleiters und des Baustellenfachpersonals (mit SIVV-Schein)
- Feststellungen zur und Bewertung der Eigenüberwachung
- Datum der Überwachung
- Siegel und Unterschrift des Leiters der Überwachungsstelle

Überwachungs-Abschlussbericht (Neu)

Nach Beendigung der Arbeiten sind der Überwachungsstelle die Ergebnisse wichtiger Prüfungen im Rahmen der Überwachung durch das ausführende Unternehmen auf Anforderung zu übergeben. Bei der GEB wird der Überwachungs-Abschlussbericht schon immer erstellt. Es entspricht der überwachungsinternen Logik, dass dieser Überwachungs-Abschlussbericht auch die Gesamt-Bewertung der Eigenüberwachung der betreffenden Instandsetzungsmaßnahme enthält. Damit wird eine Überwachung von Anfang bis Ende der Instandsetzungsarbeiten sichergestellt.

„Kleinbaustellen-Ausnahme" (Neu)

Bei kleineren bzw. zeitlich kürzeren Maßnahmen darf auf die Überprüfung durch die Überwachungsstelle verzichtet werden.

Aber: Das gilt nicht für Kleinmaßnahmen, bei denen die Standsicherheit gefährdet ist. Aber wann ist die Standsicherheit gefährdet? Der Teil 2 der Richtlinie enthält hierzu folgende Aussage:

„Eine Gefährdung der Standsicherheit liegt nicht nur bei einem entsprechenden Schaden vor. Sie liegt auch dann vor, wenn ein Schaden mit großer Wahrscheinlichkeit künftig zu erwarten ist." [4]

Dies zu beurteilen ist eine wichtige Aufgabe des sachkundigen Planers. Er muss festlegen, „ob die geplante Maßnahme für die Erhaltung der Standsicherheit erforderlich ist und welche Maßnahmen zur Überwachung der Ausführung gemäß Teil 3 der Richtlinie zu treffen sind. Diese Angaben sind in die Ausschreibungsunterlagen aufzunehmen" [4]

Die Mitglieder von Überwachungsgemeinschaften können jedoch strengere Regelungen treffen, um ihren Anspruch auf Förderung einer hohen Qualität der Arbeit der Mitgliedsunternehmen zu unterstreichen. Die GEB hat beispielsweise in ihrer aktuellen Satzung folgende Aussage

„Die Mitglieder sind verpflichtet, sich der Überwachung aller Betonerhaltungsarbeiten zu unterziehen, die vorgeschriebenen Meldungen und Auskünfte zu erteilen und die Kosten, soweit nichts anderes bestimmt ist, zu übernehmen ..." [6]

3.3 Abschnitt 3 „Prüfverfahren"

In diesem Abschnitt werden besondere Prüfverfahren beschrieben, die jedoch an dieser Stelle nicht näher beschrieben werden sollen.

Folgende Prüfverfahren sind enthalten:

Prüfung des Betonuntergrundes

- Feuchtegehalt
- Wassereindringung
- Benetzbarkeit
- Rautiefe
- Oberflächenzugfestigkeit
- Risse und Hohlräume
- Verarbeitungsbedingungen

Prüfungen an Instandsetzungsmörteln und -betonen

Derartige Prüfungen, wie beispielsweise Luftgehalt und Frischmörtelrohdichte, sind in der Richtlinie nur noch begründeten Ausnahmefällen durchzuführen. Diese Erleichterung der Eigenüberwachung ist auf Grund der langjährigen Erfahrungen bei der Verarbeitung der PCC-Systeme durchaus gerechtfertig. Hier gibt es übrigens einen wesentlichen Unterschied zu den Festlegungen der ZTV-ING, die im Verkehrsbereich die Mörtelprüfungen fordern.

Prüfungen an OS-Systemen

Folgende Prüfverfahren werden beschrieben:
- Dicke der Beschichtung
- Haftzugfestigkeit vor dem Aufbringen der letzten Lage (neu)
- Gitterschnittprüfung

Prüfungen im Zusammenhang mit dem Füllen von Rissen und Hohlräumen

Im Vergleich zur Vorgänger-Richtlinie ist nun geregelt, dass der Prüfumfang durch den sachkundigen Planer festgelegt werden muss.

Insbesondere sind folgende Vorgaben einzuhalten:
- Vollständigkeit der Füllung nur an Bohrkernen mit einem Durchmesser von 50 mm
- mindestens 80 % Füllgrad bei Rissen mit Breiten > 0,1 mm
- bei Tränkung: mindestens bis zu einer Tiefe von 5 mm bzw. der 15-fachen Rissbreite (der kleinere Wert ist maßgebend) gefüllt

3.4 Anhänge

In der Richtlinie werden normative und informative Anhänge unterschieden. Die informativen Anhänge D bis F sollen den Unternehmen direkt bei der Arbeit helfen; beispielsweise ist die Taupunkttabelle ein wichtiges Arbeitsmittel bei der Verarbeitung von epoxidharzgebundenen Produkten.

- Anhang A (normativ) Überwachung der Ausführung durch das ausführende Unternehmen
- Anhang B (normativ) Prüfverfahren
- Anhang C (normativ) Abreißprüfung (Quelle: ZTV-SIB 90)
- Anhang D (informativ) Taupunkttabelle (ZTV-SIB)
- Anhang E (informativ) Empfohlene Ausstattung der Betriebe
  gegliedert nach Geräten für die Voruntersuchung und nach Instandsetzungsprodukten (Ersatz der alten Tabelle „Ausstattung der Baustoffprüfstelle SIB“)
- Anhang F (informativ) Prüfung des Feuchtegehaltes des Betonuntergrundes mit dem CM-Gerät (Quelle: ZTV-SIB 90)

4 Ausblick

Abschließend kann festgestellt werden, dass mit der neuen Richtlinie ein für alle an einer Betoninstandsetzung Beteiligten, also für den Eigentümer, das planende Büro („sachkundiger Planer“), den Hersteller der Bauprodukte und das ausführende Unternehmen ein umfassendes Regelwerk geschaffen wurde, das dem heutigen Stand der Technik entspricht. Es wurde auch eine weitgehende Harmonisierung mit den Zusätzlichen Technischen Vertragsbedingungen und Richtlinien des Bundesministeriums für Verkehr, Bau- und Wohnungswesen (ZTV-SIB 90 und ZTV-RISS 93 – jetzt in den ZTV-ING enthalten) erreicht. Besonders hervorzuheben sind die vereinheitlichten Produkt-Anforderungen und -bezeichnungen, so dass für Hersteller und Anwender der Produkte eine größere Verarbeitungssicherheit erreicht werden konnte.

Leider ist es nicht gelungen, sämtliche technischen Inhalte der ehemaligen ZTV-SIB 90 so mit denen der Richtlinie abzustimmen, dass das Bundesministerium für Verkehr, Bau- und Wohnungswesen auf die Sonder-Regelung verzichten kann. So werden auch die seit dem 1. Mai 2003 gültigen Zusätzlichen Technischen Vertragsbedingungen und Richtlinien für Ingenieurbauten (ZTV-ING) technische Regelungen zur Ausführung und zur Überwachung von Betoninstandsetzungsarbeiten enthalten, die sich in einigen Punkten von der Instandsetzungs-Richtlinie unterscheiden. Beispiel: Baustellenprüfungen an kunststoffmodifizierten Zementmörteln (PCC).

Es ist zu erwarten, dass die aktuelle Instandsetzungs-Richtlinie eine größere Verbreitung und Anwendung finden wird als ihre Vorgängerin, die zu Beginn der 1990er Jahre vorgelegt worden war. Die bauaufsichtliche Einführung der Teile 2 und 4 erfolgt mit der Veröffentlichung in Kapitel 2 der Bauregelliste A Teil 2 durch Nennung der Richtlinie als Regelwerk für die anerkannten Prüfverfahren. Die Richtlinie wurde im Herbst 2002 in die „Liste der eingeführten Technischen Baubestimmungen" eingetragen und gilt damit als öffentlich bekannt gemacht. In den meisten Bundesländern wurde die Richtlinie inzwischen bauaufsichtlich eingeführt.

Vor dem Hintergrund der europäischen Normung ist vorgesehen, die Instandsetzungs-Richtlinie als nationales Anwendungsdokument für die Normenreihe DIN EN 1504 ff. anzupassen, so dass die in Deutschland mit den bewährten Regelungen der Richtlinie gesammelten Erfahrungen in der Betoninstandsetzung berücksichtigt werden können.

Literatur

[1] Muster-Bauordnung – MBO –

[2] Muster-Hersteller- und Anwender-VO – MHAVO – (Mai 1998)

[3] Muster-Verordnung über die Überwachung von Tätigkeiten mit Bauprodukten und bei Bauarten – MÜTVO – (Mai 1998)

[4] Deutscher Ausschuss für Stahlbeton im DIN:
Richtlinie für Schutz und Instandsetzung von Betonbauteilen, Teile 1 bis 4, Beuth Verlag Berlin, Oktober 2001

[5] Deutsches Institut für Bautechnik Berlin: Sonderheft 23 vom Juli 2000

[6] Gütegemeinschaft Erhaltung von Bauwerken (Sitz in Berlin):
Satzung Ziff. 4.2.5a), Fassung 30. November 2000

9 Füllen von Rissen und Hohlräumen

Peter J. Gusia

Zusammenfassung

Die bisherigen und mehr als 10 Jahre alten Instandsetzungsregelwerke sind grundlegend überarbeitet worden. Eine Einarbeitung europäischer Normen ist bereits z. T. erfolgt. In der künftigen Normreihe EN 1504; Produkte und Systeme für den Schutz und die Instandsetzung von Betontragwerken – Definitionen, Anforderungen, Qualitätsüberwachung und Beurteilung der Konformität, Teil 5, Injektion von Betonbauteilen, wird das Füllen von Rissen europäisch geregelt.

Die Kenntnis der Rissursachen und des Rissverhaltens sind entscheidend für eine fachgerechte Planung der Maßnahme. Planungsunterlagen setzen eine sorgfältige Schadenanalyse und Aufnahme des Risses voraus, um eine qualifizierte Beurteilung der Notwendigkeit und der Art des Füllens vornehmen zu können.

Die Fragen, welches Anwendungsziel erreicht werden soll und wie der Feuchtezustand der Risse zu beurteilen ist, bestimmen die Auswahl des Rissfüllstoffes. Die Bedingungen am Bauteil sind daher bei der Ausführung mit denen bei der Planung auf Übereinstimmung zu überprüfen. Da die Maßnahmen irreversibel sind und eine nachträgliche Kontrolle sehr aufwendig ist, ist unbedingt eine sachgerechte Vorbereitung der Maßnahme erforderlich.

Alle Stoffe und Stoffsysteme werden weiterhin (grund-) geprüft, überwacht und zertifiziert. Die Zusammenstellungen können von den Straßenbauverwaltungen der Länder im Internet abgerufen werden, so dass dem Nutzer jederzeit eine aktuelle Übersicht zur Verfügung steht. Diese „Zusammenstellungen" können im Internet abgerufen werden unter: http://www.bast.de/Pruefst/Dokument/doku.htm

Die von den Herstellern gezielt für den Brücken- und Ingenieurbau hergestellten Bauprodukte sind im Hochbau in der Regel keinen vergleichbaren Beanspruchungen ausgesetzt. Auf der Grundlage der Instandsetzungs-Regelwerke der Straßenbauverwaltung sind gute und preiswerte Produkte auf dem Markt.

1 Instandsetzungs-Regelwerke

1.1 Allgemeines

In Deutschland sind in den vergangenen Jahrzehnten für die beiden Anwendungsbereiche einerseits Brücken- und Ingenieurbau und andererseits Hochbau unterschiedliche Instandsetzungs-Regelwerke entstanden.
Dies sind für den Bundesfernstraßenbereich:

- Zusätzliche Technische Vertragsbedingungen und Richtlinien
  - für Schutz und Instandsetzung von Betonbauteilen (ZTV-SIB 90) und

- zum Füllen von Rissen und Hohlräumen in Betonbauteilen (ZTV-RISS 93) mit ihren Vertrags- und Richtlinientexten.

Die einzelnen ZTV des Bundesministeriums für Verkehr, Bau- und Wohnungswesen (BMVBW) für die verschiedenen Sachgebiete des Brücken- und Ingenieurbaus wurden in den Zusätzlichen Technischen Vertragsbedingungen und Richtlinien für Ingenieurbauten (ZTV-ING) [1] zusammengefasst.

Für den bauaufsichtlichen Bereich gilt die:

- Instandsetzungs-Richtlinie (RiLi-SIB) des Deutschen Ausschusses für Stahlbeton (DAfStb) [2]

1.2 Schutz und Instandsetzungs-Regelwerke der Straßenbauverwaltung

Die Instandsetzungs-Regelwerke für den Bundesfernstraßenbereich berücksichtigen, dass bei Brücken- und Ingenieurbauwerken, insbesondere auf Grund der Frost- und Tausalzbeanspruchung und der Verkehrseinwirkungen, erhöhte Anforderungen an Herstellung und Verarbeitung und infolge dessen an die Überwachung der Bauprodukte gestellt werden müssen (siehe Bild 1). Die von den Herstellern gezielt für den Brücken- und Ingenieurbau hergestellten Bauprodukte sind im Hochbau in der Regel keinen vergleichbaren Beanspruchungen ausgesetzt.

Die Zusätzlichen Technischen Vertragsbedingungen (*ZTV*) enthalten Zusätzliche Technische Vertragsbedingungen im Sinne der VOB, die als Bestandteil des Bauvertrages vereinbart werden können. Die ZTV regeln einerseits die Ausführung der Maßnahmen, andererseits die Anforderungen an die Stoffe sowie deren Prüfung und Überwachung. Der jeweilige Vertragsbestandteil ist mit Randstrich gekennzeichnet. Die Richtlinien enthalten Anweisungen an den Auftraggeber für Planung, Ausschreibung, Bauvorbereitung, Bauüberwachung, Abnahme, Abrechnung und Dokumentation. Der kursiv gedruckte Text wird nicht Vertragsbestandteil.

Der allgemeine Teil 1, Abschnitt 1, der ZTV-ING enthält grundsätzliche Regelungen und Empfehlungen für alle Stoffe und Stoffsysteme, z. B. beträgt die Verjährungsfrist für Mängelansprüche *(Gewährleistung)* gemäß der VOB, Teil B, 5 Jahre.

Die ZTV-ING, Teil 3, Abschnitt 5 (nachfolgend RISS), umfassen Lieferung, Prüfung, Ausführung, Abnahme und Abrechnung für Stoffe zum Füllen von Rissen durch Tränkung und Injektion. Der Teil 3, Abschnitt 5, ersetzt die ZTV-RISS 93. Die RISS selbst umfassen 10 Nummern und Anhänge von A bis D. Die RISS enthält die allgemeinen Nummern 1 bis 6, die grundsätzliche Regelungen und Empfehlungen für alle Füllgüter und -arten geben. Die angegebenen Füllgüter und -arten selbst werden in den nachfolgenden Nummern 7 bis 10 geregelt. Sie gelten nur in Verbindung mit dem Abschnitt 1 der ZTV-ING sowie mit den Nummern 1 bis 7.

Zu den RISS gehören die

- TL/TP - ING, FG-EP Technische Lieferbedingungen und Technische Prüfvorschriften für Füllgut aus Epoxidharz und zugehörige Injektionsverfahren.
- TL/TP - ING, FG-PUR Technische Lieferbedingungen und Technische Prüfvorschriften für Füllgut aus Polyurethan und zugehörige Injektionsverfahren.
- TL/TP - ING, FG-ZL und -ZS Technische Lieferbedingungen und Technische Prüfvorschriften für Zementleime und Zementsuspensionen und zugehörige Injektionsverfahren.

Die TL regeln Art und Umfang der Prüfungen sowie die Anforderungen an Füllgut und zugehörige Injektionsverfahren. Die TP enthalten alle erforderlichen Angaben zur Durchführung der nach den TL geforderten Prüfungen, die einen einheitlichen Bewertungsmaßstab gewährleisten sollen.

Mit Allgemeinem Rundschreiben Straßenbau (ARS) 14/2003 vom 07.03.2003 (veröffentlicht im Verkehrsblatt-Verlag) hat das BMVBW die ZTV-ING, Ausgabe 2003, mit Wirkung vom 01.05.2003 bekannt gegeben, und anschließend haben die Straßenbauverwaltungen der Länder diese dann eingeführt. Um flexibel auf die künftigen Entwicklungen (insbesondere im Hinblick auf europäische Regelwerke) reagieren zu können, erscheinen ZTV-ING und TL/TP-ING als Loseblatt-Sammlungen. Die Regelwerke können wie bisher beim Verkehrsblatt-Verlag, Hohe Str. 39, D-44139 Dortmund, bezogen werden (Fon: +49 (0) 231/12 - 8047 bzw. Fax: - 5640; E-Mail: info@verkehrsblatt.de).

1.3 Instandsetzungs-Richtlinie des Deutschen Ausschusses für Stahlbeton (DAfStb)

Die Instandsetzungs-Richtlinie des DAfStB wurde überarbeitet und im Oktober 2001 veröffentlicht. Das Füllen von Rissen wird in der Instandsetzungs-Richtlinie in gleicher Weise wie den RISS geregelt.

Während der Arbeiten zur Angleichung der Regelwerke ist der Wunsch geäußert worden, nur noch ein Regelwerk für beide Bereiche in Bezug zu nehmen. Um zunächst die formalen Vorgehensweisen anzugleichen, wird seit der bauaufsichtlichen Einführung der RiLi-SIB das allgemeine bauaufsichtliche (baurechtliche) Prüfzeugnis (abP) auf der Grundlage der Instandsetzungs-Richtlinie, z. B. nach Teil 4, als gleichwertig gegenüber den entsprechenden Instandsetzungs-Regelwerken des BMVBW anerkannt. Diese Gleichwertigkeit wird mit der Doppelnennung der Bezugsregelwerke in den abP dokumentiert. So sollen weiterhin, bis zur Umstellung auf europäische harmonisierte (Produkt)-Normen, in der Bauregelliste A, Teil 2, Zeilen 2.22 bis 2.25 (nachfolgend Bauregelliste), sowohl die TL/TP als auch die nunmehr überarbeitete Instandsetzungs-Richtlinie, Teil 4, geführt werden.

Bild 1: Schadhafte Stelle im Kragarm einer Brücke

2 Rissbreite und Rissart

Die örtliche Überschreitung der Zugfestigkeit im Beton führt zum Riss. Dieser ermöglicht aggressiven Medien und Feuchtigkeit den Zutritt in das Bauteilinnere und führt u. U. zu einer weiterführenden Schädigung.

Die Kenntnis der Rissursachen und des Rissverhaltens sind entscheidend für eine fachgerechte Planung der Instandsetzung. Ein weiteres Kriterium ist die Unterscheidung zwischen den oberflächennahen Rissen und Trenn-Rissen (siehe Bilder 2 bis 5). Planungsunterlagen setzen eine sorgfältige Schadenanalyse und Aufnahme des Risses voraus, um eine qualifizierte Beurteilung der Notwendigkeit und der Art des Füllens vornehmen zu können.

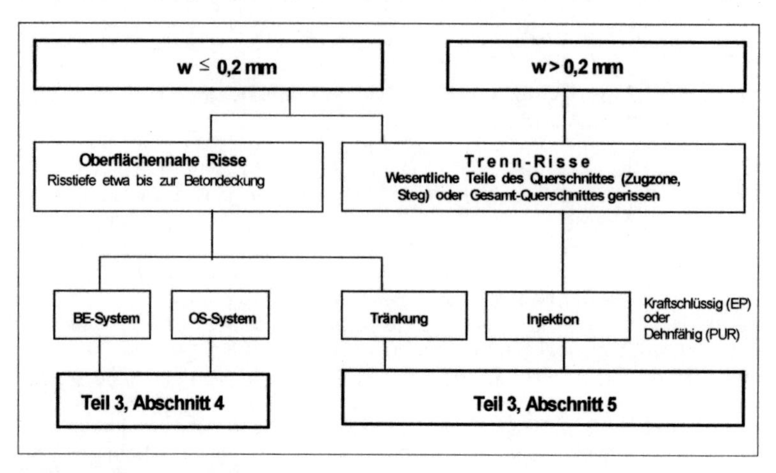

Bild 2: Rissarten nach [1]

Bild 3: Oberflächennahe Risse

3 Anwendung

Unter Füllgut (RISS) bzw. Rissfüllstoff (Rili) versteht man ein Stoffgemisch zum Füllen von Rissen und Hohlräumen (nachfolgend Rissfüllstoff). Die Auswahl des Rissfüllstoffes und des Injektionsverfahrens richtet sich nach dem Feuchtezustand im Bereich der Risse (siehe Tabelle 1) und dem Anwendungsziel. In Abhängigkeit vom Feuchtezustand und Anwendungsziel sind die Anwendungsbereiche in Tabelle 2 aufgezeigt.

Tabelle 1: Feuchtezustand von Rissen, Rissufern und Rissflanken

Begriff	Merkmal
trocken [1]	- Wasserzutritt nicht möglich - Beeinflussung des Rissbereiches durch Wasser nicht feststellbar - Wasserzutritt möglich, jedoch seit ausreichend langer Zeit ausschließbar - Rissufer/-flanke optisch feststellbar trocken [2]
feucht	- Farbtonveränderung im Rissbereich durch Wasser, jedoch kein Wasseraustritt - Anzeichen von Wasseraustritt in der unmittelbar zurückliegenden Zeit, (z. B. Aussinterungen, Kalkfahnen) - Rissufer/-flanke optisch feststellbar feucht oder matt-feucht [2]
„drucklos" wasserführend	- Wasser in feinen Tröpfchen im Rissbereich erkennbar - Wasser perlt aus dem Riss
unter Druck wasserführend	- Zusammenhängender Wasserfilm tritt aus dem Riss aus

1) Beton mit umgebungsbedingter Ausgleichsfeuchte
2) Beurteilung der Rissflanken an Trockenbohrkernen

Tabelle 2: Anwendungsbereiche der Füllgüter und Füllarten

Anwendungsziel	Feuchtezustand von Rissen, Rissufern und Rissflanken		wasserführend	
	trocken [1]	**feucht**	**„drucklos"**	**unter Druck** [2]
schließen	EP-I PUR-I ZL-I ZS-I EP-T ZL-T ZS-T	PUR-I ZL-I ZS-I ZL-T ZS-T	PUR I ZL-I ZS-I	PUR-I ZL-I ZS-I
abdichten	EP-I PUR-I ZL-I ZS-I	PUR-I ZL-I ZS-I	PUR-I ZL-I ZS-I	PUR-I ZL-I ZS-I
kraftschlüssig verbinden	EP-I ZL-I ZS-I	ZL-I ZS-I	ZL-I ZS-I	ZL-I ZS-I
begrenzt dehnfähig verbinden	PUR-I	PUR-I	PUR-I	PUR-I

1) Bei der Verwendung von ZL/ZS sind trockene Risse gemäß den Angaben zur Ausführung vorzubehandeln.
2) Zusammen mit Maßnahmen zur Druckminderung, z. B. Entlastungsbohrungen, Wasserhaltung und rückwärtiges Abdichten.

4 Rissfüllstoff (Füllgut)

4.1 Allgemeines

Die Fragen, welches Anwendungsziel erreicht werden soll und wie der Feuchtezustand der Risse zu beurteilen ist, bestimmen die Auswahl des Rissfüllstoffes. Daher werden an den Rissfüllstoff folgende Anforderungen gestellt:

- füllartangepasste Viskosität (*niedrig*)
- gute Verarbeitbarkeit (*innerhalb füllartabhängig definierter Grenzen*)
- ausreichende Mischungsstabilität (*bei ZL/ZS*)
- geringer reaktionsbedingter Volumenschwund
- ausreichende Haftfestigkeit am Betongefüge
- ausreichende Eigenfestigkeit
- hohe Alterungsbeständigkeit
- nicht korrosionsfördernd
- Verträglichkeit mit allen Stoffen, mit denen er in Berührung kommt

Die niedrigste Anwendungstemperatur richtet sich nach den Eigenschaften des Rissfüllstoffes. Diese Anwendungstemperatur kann höher liegen als die Bauteiltemperatur. Die Anwendungstemperatur ist während der Injektion, Nachinjektion und der Aushärtezeit einzuhalten. Eine Nachinjektion innerhalb der Gebindeverarbeitungszeit ist immer erforderlich. Die Aushärtezeit erstreckt sich bis zu dem Zeitpunkt, zu dem das Bauteil wieder belastbar ist.

4.2 Epoxidharz

Für das kraftschlüssige Verbinden werden lösemittelfreie, ungefüllte, kalterhärtende, niedrigviskose Zweikomponenten-Epoxidharze (EP) verwendet; Komponente A (Stammkomponente) und Komponente B (Härter). Für die einkomponentige Injektion sind nur Gebinde mit ca. 1 kg Inhalt zulässig (siehe Bild 4).

Bild 4: 2komponentiges Epoxidharz-Gebinde

Mit Injektion (EP-I) ist ein vollständiges Schließen des Risses nicht immer gewährleistet, wenn in wesentlichen Bereichen die Rissbreite unter 0,1 mm liegt. Die Herstellung einer dehnfähigen Verbindung ist nicht möglich. Bei einer Rissfüllung mit Epoxidharz darf die Bauteiltemperatur 8 °C nicht unterschreiten. Die Festigkeitseigenschaften der durch EP-I hergestellten Verbindung werden i. d. R. durch den Bauwerksbeton bestimmt.

Eine Injektion eines Hohlraums von über 100 cm³ ist nicht sinnvoll. Die Verbindung ist zwar kraftschlüssig, dient jedoch auf Grund des niedrigen E-Modules des EP-Harzes nicht der Verfestigung.

4.3 Polyurethanharz

Zum Schließen, Abdichten und begrenzt dehnfähigen Verbinden werden lösemittelfreie, kalterhärtende, niedrigviskose Zweikomponenten-Polyurethane (PUR) verwendet; Komponente A (Polyol) und Komponente B (Isocyanat). Das Isocyanat reagiert mit Wasser, daher ist eine Tränkung nicht möglich, die Restfeuchte des Betons führt zur Bildung von Kohlendioxid-Gasbläschen, die die kapillare Saugwirkung behindern.
Polyurethane haben hohe Dehnfähigkeit (je nach Rissbreite w, bis zu 0,25 w) bei ausreichender Haftfestigkeit. Der Grenzwert wird in Abhängigkeit von der Rissbreite festgelegt. Für Rissbreiten unter 0,3 mm sowie auch bei Rissbreiten-Änderungen ist vollständige Füllung, ausreichende Dehnfähigkeit und eine absolute Dichtheit nicht gewährleistet. Beim Füllen von nicht wasserführenden Rissen ist vor der PUR-Injektion ggf. eine Wasserspülung durchzuführen.

PUR läßt sich nur unter Druck in den Riss einbringen. PUR-I ist zur Erleichterung der optischen Füllkontrolle ohne Verdämmung über Bohrpacker auszuführen. Kraftschlüssige Verbindung ist nicht möglich. Bei der Rissfüllung mit Polyurethanharz darf die Bauteiltemperatur 6 °C nicht unterschreiten.

Zur vorübergehenden Minderung der Wassereinbrüche bei drückendem Wasser sind Sekundenschäume (S-PUR) entwickelt worden, die unter großer Volumenzunahme einen feinzelligen Schaum aufbauen. S-PUR ermöglicht eine schnelle Abdichtung bei Wasserführung. Zu jedem PUR-Injektionsverfahren gehört ein S-PUR. Ein Vorinjizieren mit SPUR ist auf begründete Ausnahmefälle zu begrenzen.

4.4 Zementleim und Zementsuspension

Die Zementleine (ZL) bzw. Zementsuspension (ZS) bestehen aus Zement, entmineralisiertem Wasser und Additiven (Pulver und Flüssigkomponente). Die wesentlichen Vorteile für kraftschlüssige Verbindungen auf Zementbasis sind, dass Wasser kein Hindernis für die Flankenhaftung ist und dass die ZL/ZS ebenso wie der umgebende Beton anorganische Stoffe sind und gleiche Feuerwiderstandseigenschaften besitzen (siehe Bild 5).

Rissbreiten-Änderungen während der Injektion und in der Erhärtungsphase sind nicht zulässig. Bei der Rissfüllung mit ZL-I und ZS-I darf die Bauteiltemperatur 5 °C nicht unterschreiten.

Die Festigkeit der hergestellten Verbindung wird in der Regel durch den Rissfüllstoff bestimmt. Der Beton im Rissbereich muss vorgenässt sein (in Hohlräumen jedoch die Gefahr der Wasserrückstände beachten). Bei wasserführenden Rissen muss das Herausspülen des Rissfüllstoffes wirksam verhindert werden.

Für Zementleiminjektionen ist die Einsatzgrenze bei Rissen mit ≤ 1,5 mm Breite zu sehen; für Zementsuspensionen bei ≤ 0,25 mm Breite (siehe Bild 5). Das Einbringen der Suspension in die Risse ist bei niedrigem Druck (etwa 2 bis 5 bar) mit hohem Füllgrad möglich. Wesentlich höherer Druck führt zu Verstopfungen; die Grenze liegt bei ca. 20 bar.

5 Ausführung

5.1 Auswahl der Füllart

Das Füllen der Risse und Hohlräume ist irreversibel und eine nachträgliche Kontrolle ist sehr aufwendig. Eine sachkundige Vorbereitung der Maßnahme ist daher unbedingt erforderlich und die Bedingungen am Bauteil sind unmittelbar vor der Ausführung mit denen bei der Planung auf Übereinstimmung zu prüfen.

Vor dem Füllen ist der Riss im oberflächennahen Bereich, z. B. mit Industriestaubsauger oder mit ölfreier Druckluft, zu säubern. Die Grenzwerte der rissfüllstoffspezifischen Anwendungsbedingungen sind während der Ausführung einzuhalten.
Bei der Füllart wird unterschieden zwischen Tränkung und Injektion.

Bild 5: „Instand gesetzter“ Trennriss

5.1.1 Tränkung (T)

Die geringe Oberflächenspannung einiger Epoxidharze ermöglicht ein druckloses Füllen, d. h. Tränkung (EP-T) z. B. durch Pinselauftrag, Schwalbennest etc.. Das Tränken ist in Abständen von 3 bis 5 min zu wiederholen, bis der Riss kein Epoxidharz mehr aufnimmt bzw. bis der Riss zu einer Tiefe von 5 mm oder der 15fachen Rissbreite geschlossen wird. Der kleinere Wert ist maßgebend! Der Rissbereich ist ggf. hinterher mit Sand abzustreuen. Eine kraftschlüssige Verbindung lässt sich damit nicht herstellen. Bei wiederkehrenden Rissursachen wird der Riss sich wieder öffnen.

Eine Tränkung mit Zementsuspension ist ebenfalls möglich (ZS-T). Bei unsachgemäßer Anwendung besteht jedoch die Gefahr, dass das Anmachwasser aufgesaugt wird (Wasserentzug der Suspension) und der Riss verstopft.

Je nach Bedeutung der Risse für das Bauwerk kann auf die Überwachung auf der Baustelle verzichtet werden.

5.1.2 Injektion (I)

Unter einer Injektion versteht man das Füllen von Rissen und Hohlräumen unter Druck über Packer (siehe Bild 6). Die Injektion ist zu dem Zeitpunkt durchzuführen, wenn die größten Rissbreiten und die kleinsten Rissbreiten-Änderungen sich einstellen. So tritt das tägliche Minimum der Rissbreite aus Temperatur (z. B. über dem Auflagerbereich eines Durchlaufträgers) etwa von 07.00 bis 09.00 Uhr und das Maximum von 19.00 bis 21.00 Uhr auf.

Kann dies nicht eingehalten werden, so ist zumindest der Nachinjektionszeitpunkt in die Zeit mit den größten täglichen Rissbreiten zu legen. Um Volumenverluste infolge Kapillarwirkung, Undichtigkeiten und Reaktionsschwund (z. B. bei EP 3 bis 4 %) auszugleichen, hat eine Nachinjektion innerhalb der Gebindeverarbeitungsdauer zu erfolgen.

Der Injektionsdruck ist gemäß den Angaben zur Ausführung rissfüllstoffspezifisch sinnvoll zu begrenzen. Der Maximaldruck sollte in etwa Betongüte / 3 * 10 ≅ ... [bar] nicht überschreiten. Der Grund liegt darin, dass weitere Schädigungen der Betonmatrix vermieden werden sollen (Reißverschlusseffekt in der Risswurzel).

Mit einer Injektion wird das Verformungsverhalten des ungerissenen Bauteils weitgehend wieder hergestellt. Eine einwandfreie Durchführung der Injektion wird eine erneute Beanspruchung nur bis in die Größenordnung der ursprünglich rissverursachenden Beanspruchungen ermöglichen. Eine darüber gehende Tragwerksertüchtigung ist ausgeschlossen.

5.2 Injektionsverfahren

Injektionsverfahren besteht aus:

- Injektionsgerät
- ggf. Anlage(n) zur Herstellung des Rissfüllstoffes als Stoffgemisch
- Packer und ggf. Verdämmung
- AbP (einschl. Angaben zur Ausführung; ist auf der Baustelle vorzuhalten!)

Bild 6: Mit Epoxidharz über Bohrpacker injizierter Trennriss (Koppelfuge)

Für die Druckerzeugung können z. B. Fußhebelpresse, Fettpresse, Schlauchpumpe, Kolbenpumpe eingesetzt werden. Ein Druckregelventil zur Begrenzung des Injektionshöchstdruckes an der Anlage ist sinvoll. Für ZS/ZL-Injektionen müssen spezielle Anlagen vorgehalten werden. Die Anlagen müssen mit denen der Grundprüfung des Injektionsverfahrens übereinstimmen. Die Anlage ist vor dem Einsatz auf Funktionsfähigkeit zu prüfen.

Bei einkomponentiger Injektion wird der fertig gemischte Rissfüllstoff vom Injektionsgerät unter Druck bis zum Packer gefördert. Bei der zweikomponentigen Injektion werden die Komponenten des Rissfüllstoffes in einem am Packer unmittelbar anschließbaren Mischkopf fertig gemischt. Die Dosierung erfolgt über die Fördermenge. Die stetige Verfügbarkeit der Anlagentechnik muss in der Regel durch Bereitstellung von Ersatzgeräten sicher gestellt sein.

5.3 Verdämmen der Risse

Die zu injizierenden Risse sind in der Regel zu verdämmen (je Seite 5 bis 10 cm breiter Streifen, 3 mm Schichtdicke). Es handelt sich hierbei um eine Abdichtung auf der Oberfläche des Bauteils gegen das Herausfließen des Rissfüllstoffes während des Injektionsvorganges. Die Verdämmung hat dem Injektionsdruck und den kurzzeitigen oder täglichen Rissbreiten-Änderungen standzuhalten.

5.3.1 Packer

Der Rissfüllstoff wird über Packer eingebracht. Das Einbringen von Rissfüllstoff geschieht unter Druck. Die Anordnung der Packer ist dem Anhang D der RISS zu entnehmen. Bei beidseitigem Injizieren der Risse halbieren sich die Packerabstände. Beim Injizieren wird grundsätzlich von unten nach oben gearbeitet. Am Hochpunkt ist eine Entlüftung vorzusehen. Die häufigste Anwendung finden Klebe- und Bohrpacker.

- Klebepacker
  In der Praxis werden je nach Betonuntergrund Klebepacker (siehe Bild 7) für Drücke bis etwa 60 bar eingesetzt. Die Klebefläche des Klebepackers muss mit Sandpapier aufgeraut sein. Der Klebepacker wird mit eingefettem Nagel angeheftet und der Nagel nach Aushärtung entfernt.

- Bohrpacker
  Bohrpacker werden ähnlich einem Spreizdübel eingebracht (ø 10 bis 14 mm, Länge 7 bis 15 cm Kugelventil) (siehe Bild 6). Die Wirksamkeit von Bohrpackern mit größerem Durchmesser als 14 mm ist in bauwerkspezifischen Eignungsprüfungen nachzuweisen. Der Bohrpacker wird für größere Drücke oberhalb 100 bar eingesetzt. Vor dem Einsetzen des Bohrpackers ist der Bohrstaub auszublasen.
  Eine spezielle Ausführung der Bohrpacker ist für Injektion von Zementsuspensionen erforderlich, damit eine Entmischung des Rissfüllstoffs während der Injektion nicht eintritt und das Austreten des Rissfüllstoffs nach Beendigung der Arbeiten verhindert wird. Herkömmliche Packer mit Rückschlagventil erfüllen die Anforderungen in der Regel nicht. Vor Beginn einer Injektion sind die Packer auf Durchgängigkeit zu prüfen.

Bild 7: Fixierter Klebepacker am Übungsbalken bei Einweisung eines Herstellers

5.4 Angaben zur Ausführung

Die Angaben zur Ausführung sind eine verbindliche Anweisung für die Ausführung der Arbeiten, deren Inhalt die Technischen Lieferbedingungen regeln. Sie sollen vom Anwender auf der Baustelle schnell und eindeutig verstanden werden. In den Angaben zur Ausführung sind die Stoffkenndaten und Ergebnisse der Grundprüfungen mit Bestätigung der Richtigkeit seitens der Prüfstellen enthalten. (Sie werden nicht mehr von der Bundesanstalt für Straßenwesen (*BASt)* auf Vollständigkeit und Übereinstimmung mit den TL geprüft und vor dem Eintrag in die "Zusammenstellungen" als geprüft abgestempelt.) Die Angaben zur Ausführung sind während der Ausführung einzuhalten. Die Angaben zur Ausführung werden mit dem Angebot vom Bieter zu verlangt.

Beim Füllen von Rissen ist die Abrechnung in der Regel nach der bearbeiteten Länge der Risse vorzunehmen (*Für die Straßenbauverwaltung gilt der Standardleistungskatalog für den Straßen- und Brückenbau, STLK, Leistungsbereich 124, Schutz und Instandsetzung von Betonbauteilen*). Dabei sind je nach Art der Bearbeitung (z. B. ein- oder beidseitiges Füllen, Risse mit und ohne Verdämmung, Instandsetzung der Betonoberfläche im Bereich des Risses usw.) getrennte Positionen zu vereinbaren. Sofern keine andere Regelung getroffen wurde, ist die für den einzelnen Riss gemessene größte Rissbreite der Abrechnung des gesamten Risses zugrunde zu legen.

5.5 Qualitätssicherung der Ausführung

Die Güteüberwachung besteht aus Eigen- und Fremdüberwachung. Art und Umfang der Eigenüberwachung der Ausführung sind in Tabelle 3 geregelt. Fremdüberwachung beschränkt sich i. d. R. auf eine Prüfung der Eigenüberwachung der Ausführung.

Die Bestandteile der Qualitätssicherung für die Ausführung sind dabei:

- Im Vorfeld der Ausführung
  - Anforderungen an den Rissfüllstoff, insbesondere die Fremdüberwachung der Rissfüllstoff-Herstellung
  - Grundprüfung des Injektionsverfahrens, Eignung der Injektionsanlage
  - Qualifikation des Personals (als Grundausbildung wird der SIVV-Schein verlangt, u. U. zusätzliche Qualifikationen z. B. Einweisung der Hersteller; siehe Bild 7)
  - Führung von "Zusammenstellungen der zertifizierten Füllgüter und zugehörigen Injektionssysteme" bei der BASt, die nur Systeme zulässt, welche die Anforderungen erfüllen.
  -
- Während der Ausführung
  - Kolonnenführer muss ständig präsent sein,
  - Überprüfung der Gebinde auf das Vorhandensein der Übereinstimmungszeichen (nur originalverschlossene Gebinde auf der Baustelle verwenden).
  - Eignung für die Ausführung eines wirksamen Füllens der Risse prüfen.
  - Dokumentation der Eigen- und Fremdüberwachung der Ausführung; Ausführungsunterlagen sind in Formblättern und Protokollen (z. B. RISS Anhang B Blatt 1 bis 4) vom Unternehmen in einem Bericht zu erstellen, der der Bauüberwachung einzureichen ist.
  - Kontrolle des Mengenverbrauchs, Rückstellproben für etwaige spätere Identitätsprüfung.

Tabelle 3: Art, Umfang und Häufigkeit der Eigenüberwachung der Ausführung

Prüfungen		Anforderungen	Häufigkeit
Gegenstand, Vorgang	**Einzelheiten**		
Rissfüllstoff Verdämmstoffe, Packer	Lieferung	TL FG-EP für EP-I TL FG-PUR für PUR-I TL FG-ZL/ZS für ZL/ZS-I	jede Lieferung bzw. jede Verpackungseinheit
Hilfsstoffe Hilfsmittel	Lagerung	Bedingungen gemäß den Angaben zur Ausführung bzw. sonstigen Vorschriften	nach jeder Lieferung bzw. nach Festlegung
Bautechnische Unterlagen	Angaben zur Ausführung	Geprüft, liegt vor	vor Beginn der Arbeiten
	Protokolle, Art der Aufzeichnung	Leistungsbeschreibung	
Technische Ausrüstung	Vollständigkeit	gemäß Angaben zur Ausführung	
	Funktionskontrolle		vor Beginn der Arbeiten, dann nach Angaben zur Ausführung
Vorbereitung der Ausführung	Vorbereitung der Risszonen		bei jedem Riss
	Packer, Abstand		
	Verdämmung		
Ausführungs-bedingungen	Rissmerkmale	Einhaltung der rissfüllstoff-spezifischen Anwendungs-bedingungen	nach Bedarf
	Witterungsbedingungen	gemäß Angaben zur Ausführung	mehrmals täglich
	Bauteiltemperaturen		bei jedem Riss
Füllen	Durchführung		kontinuierlich
Aufzeichnung	Protokolle und Berichte gemäß Anhang B	vollständig und nachvollziehbar	

Zur Feststellung der aktuellen Werte im Rahmen der Eigenüberwachung der Ausführung hat sich auf der Baustelle mindestens zu befinden:

- ein Hygrothermograph
- und ein Digitalthermometer.

- Nach der Ausführung

  - Kontrollprüfungen (Ergebniskontrolle)
    Bei der Tränkung beschränkt sich die Ergebniskontrolle auf Feststellung der Fülltiefe.
    Die Kraftschlüssigkeit einer Injektion kann durch Wegänderungsmessungen nachgewiesen werden. Sie ist ausreichend, wenn die verbleibende Dehnfähigkeit des Betons nicht überschritten wird.
    Die Flüssigkeitsdichtheit kann optisch festgestellt werden.
    Die Vollständigkeit der Füllung gilt als erbracht, wenn der Füllgrad am Bohrkern 80 % erreicht. Eine Bohrkernentnahme stellt stets eine Störung dar und sollte daher auf begründete Ausnahmefälle beschränkt werden (z. B. bei optisch von außen erkennbaren Mängeln in der Füllung). Der Umfang der Bohrkernentnahme richtet sich nach der Bedeutung der Maßnahme.

6 Neuerungen für alle Instandsetzungsstoffe

6.1 Allgemeines

Die Regelungen zum Füllen von Rissen wurden technisch aktualisiert und um die Erfahrungen aus der Baupraxis und um neue Prüferkenntnisse ergänzt. Gegenüber den bisherigen Regelungen wurden insgesamt einige Prüfungen gestrichen, Tabellen herausgenommen und der Umfang der Überwachung teilweise reduziert. Es wurden auch einige redaktionelle Umstellungen vorgenommen. Eine Einarbeitung europäischer Normen ist bereits z. T. erfolgt.

Unter Bezugnahme auf die Bauprodukten-Richtlinie bzw. das Bauprodukten-Gesetz enthält die Musterbauordnung neue Begriffe (z. B. Ü-Zeichen, Übereinstimmungs-Nachweis; Übereinstimmungserklärung durch eine anerkannte Zertifizierungsstelle), die sinnvollerweise auch in die Regelungen aufgenommen wurden. Die bisherige Güteüberwachung der Stoffherstellung wird nunmehr zum Übereinstimmungs-Nachweis der Stoffherstellung, bestehend aus werkseigener Produktionskontrolle (WPK) und Fremdüberwachung der Stoffherstellung. Bei der Stoffherstellung wurde die Anzahl der Fremdüberwachungsprüfungen begrenzt, d. h. es muss nicht zwingend jede Charge überwacht werden.

Entsprechend dem von der Bauregelliste vorgegebenen Übereinstimmungs-Nacheis werden weiterhin alle Stoffe und Stoffsysteme, die eingesetzt werden, (grund-) geprüft, überwacht und zertifiziert. So ist als Verwendbarkeitsnachweis ein abP zu fordern, das von einer anerkannten Prüfstelle zu erteilen ist.

Angaben zur Ausführung ersetzen auch bei der Rissinjektion die Ausführungsanweisungen; diese sind in Tabellenform verfasst und werden jeweils für einen Rissfüllstoff erstellt (siehe abP, Anhang 1). Eine Nachschulung der SIVV-Schein-Inhaber ist vorgesehen.

6.2 Neuerungen für Rissfüllstoffe

6.2.1 Allgemeines

Bei der Überarbeitung wurden insbesondere Erfahrungen aus der Anwendung von Reaktionsharzen (EP, PUR und S-PUR) berücksichtigt.

Es ergeben sich folgende wesentliche Änderungen:

- Der Begriff „Füllgut" aus den RISS wird nicht weitergeführt sondern anstatt des Begriffes der alten RiLi „Füllstoff" nunmehr Rissfüllstoff verwendet (um eine Verwechslung mit den Füllstoffen der Oberflächenschutzsysteme (OS) zu vermeiden).
- Der Anwendungsbereich der Rissfüllstoffe wurde auf Risse und Hohlräume ausgeweitet.
- Die Tränkung darf nur von oben auf annähernd horizontalen Flächen erfolgen.

6.2.2 Epoxidharz (EP)

Es ergeben sich folgende wesentliche Änderungen:

- Insbesondere ist zu nennen, dass einzelne Prüfungen entfallen und dass insgesamt eine Reduzierung der Häufigkeit der Fremdüberwachung vorgenommen werden konnte. Darüber hinaus ist eine maximale Anzahl der Fremdüberwachungsprüfungen der Rissfüllstoffherstellung festgelegt worden, somit ist die Häufigkeit der Fremdüberwachung der Rissfülistoffherstellung nach „oben begrenzt" worden.
- Wird hingegen weiterhin jede Charge fremdüberwacht, kann sich WPK auf die Abfüllprüfung beschränken.

6.2.3 Polyurethan (PUR und S-PUR)

Es ergeben sich folgende wesentliche Änderungen:

- Deutlicher Hinweis auf die begrenzte Dehnfähigkeit von PUR
  Die Dehnfähigkeit von Polyurethan ist begrenzt. Die rissfüllstoffabhängigen Dehnfähigkeiten sind in den Angaben zur Ausführung enthalten. Sie nehmen mit niedrigeren Bauwerkstemperaturen stark ab. Für Rissbreiten unter 0,3 mm sind die zugehörigen Dehnfähigkeiten in der Grundprüfung des Injektionsverfahrens nicht nachgewiesen. Diese Risse können nur dauerhaft abdichtend gefüllt werden, wenn praktisch keine Rissbreitenänderungen auftreten.
- Bei der einkomponentigen Injektion ist die Verwendung größerer Gebinde als 1 kg möglich. *„Für einkomponentige Injektion sind nur Originalgebinde in der Größe zulässig, die in der Grundprüfung des Injektionsverfahrens verwendet wurden"*.
- Niedrigere Anwendungstemperatur (n. A.) als 6 °C ist gemäß Angaben zur Ausführung möglich.
- Die Bedeutung der schnellschäumenden PUR-Injektion wurde deutlicher herabgesetzt. *„Zur vorübergehenden Verminderung einer unter Druck stehenden Wasserzufuhr kann der Einsatz von einem schnellschäumenden PUR (S-PUR) erforderlich werden. Das zum Injektionsverfahren gehörende S-PUR ist kein dehnfähiger Rissfüllstoff und hat auch keine dauerhaft abdichtende Wirkung."*

6.2.4 Zementleim und Zementsuspension (ZL/ZS)

Es ergeben sich folgende wesentliche Änderungen:
- Die Grundprüfung für ZL und ZS wurde ähnlich den Prüfungen für Reaktionsharze geregelt.
- ZS-I wurden für Injektionen ab 0,2 mm Rissbreite aufgenommen.
- Die geringste injizierbare Rissbreite für ZL wurde von 3 mm auf 0,8 mm herabgesetzt.
- ZL werden auch für Tränkung zugelassen.
- Für Hohlrauminjektionen ist eine Bauteil-Prüfung hinzugefügt worden.

7 Zusammenstellungen der zertifizierten Rissfüllstoffe und Injektionsverfahren

7.1 Allgemeines

Für die Anwendung an Bauwerken und Bauteilen der Bundesverkehrswege schreiben die ZTV-ING die ausschließliche Verwendung von Stoffen aus der jeweiligen „Zusammenstellung der zertifizierten Stoffe und zugehörigen Injektionssysteme" vor. Für den Angebotsvergleich sind alle Systeme in einer „Zusammenstellung" als gleich zu bewerten. Voraussetzung für die Aufnahme in die „Zusammenstellung" ist sowohl ein im Rahmen der Grundprüfung einmalig zu führender Eignungsnachweis, als auch eine kontinuierliche Fremdüberwachung zur Sicherstellung gleichbleibender Stoffqualität.

Die Zusammenstellungen richten sich in erster Linie an die ausschreibenden Stellen der Straßenbauverwaltungen der Länder (Bilder 8 und 9), darüber hinaus aber auch an Hersteller, betroffene P-, Ü-, Z-Stellen und weitere interessierte Kreise. Sie werden aktualisiert (tag-genauer Stand) und bedürfen somit ständiger Wartung. Alle Zusammenstellungen und Verzeichnisse können abgerufen werden, so dass dem Nutzer stets eine aktuelle Übersicht über die geführten Stoffe und Stoffsysteme zur Verfügung steht.

Die Abrufarten sind:
- Fax-On-Demand +49 (0) 2204/43-144 (entspricht nicht einem Fax-Abruf-System sondern ist ein interaktives Faxsystem; bei dem Vorgehen ist zunächst eine Ansage abzuwarten, ehe weitere Eingaben folgen können) und
- Internet unter: http://www.bast.de/htdocs/qualitaet/dokument/doku.htm.

Der Hersteller stellt bei der BASt einen formlosen Antrag auf Aufnahme in die entsprechende Zusammenstellung; seinem Antrag fügt er das abP und das Übereinstimmungszertifikat für die entsprechenden Stoffe und Stoffsysteme in Kopie bei. Die Änderungen der Einträge in den Zusammenstellungen sind durch Neuanträge, Ablauf, Marktbereinigung (z. B. durch Übernahmen von Systemen anderer Hersteller, Marktrückzug etc.) bedingt und gehen in der Regel von den Herstellern aus.

7.2 Voraussetzungen für die Aufnahme in die Zusammenstellung

7.2.1 Anerkennung von P-, Ü-, Z-Stellen

Die Prüf-, Überwachungs- und Zertifizierungsstellen (P-, Ü-, Z-Stellen) werden auf Antrag vom Deutschen Institut für Bautechnik (DIBt) für den bauaufsichtlichen Bereich anerkannt. Auf dieser Grundlage können sie anschließend von der BASt für den Bereich der Bundesfernstraßen anerkannt werden. Sie führen die Grundprüfung und die Überwachung der Stoffherstellung durch und erstellen das abP.

7.2.2 Allgemeines bauaufsichtliches (baurechtliches) Prüfzeugnis

Das abP ist ein Verwendbarkeitsnachweis für nicht geregelte Bauprodukte der Bauregelliste. Eine Voraussetzung für die Erteilung des abP ist die erfolgreich durchgeführte Grundprüfung durch eine anerkannte Prüfstelle.

Im abP sind die wesentlichen Werte des Grundprüfberichtes enthalten (Auszug), die sich auch in den Angaben zur Ausführung niederschlagen. Das abP beinhaltet die von einer anerkannten Zertifizierungsstelle geprüften Angaben zur Ausführung, die in Tabellenform verfasst sind und jeweils für einen Stoff bzw. ein Stoffsystem und ggf. für das zugehörige Verfahren erstellt werden.

Das abP wird für höchstens 5 Jahre erteilt (eine Verlängerung ist möglich) und ist auf den Instandsetzungs-Baustellen vorzuhalten.

7.2.3 Übereinstimmungs-Zertifikat

Die Bestätigung der Übereinstimmung der Eigenschaften eines Stoffes mit den Anforderungen erfolgt durch ein Übereinstimmungs-Zertifikat. Voraussetzung für die Erteilung eines Übereinstimmungs-Zertifikat ist die erfolgreich durchgeführte Grundprüfung durch eine hierfür anerkannte P-Stelle sowie der Nachweis einer WPK und einer laufenden Überwachung der Stoffherstellung. Das Übereinstimmungs-Zertifikat wird von einer anerkannten Zertifizierungsstelle (Z-Stelle) als Übereinstimmungs-Nachweis erteilt.

Der geführte Übereinstimmungsnachweis berechtigt den Hersteller, die zertifizierten Stoffe mit einem Übereinstimmungs-Zeichen (Ü-Zeichen) zu kennzeichnen. Mit dem Ü-Zeichen wird die Übereinstimmung mit den maßgebenden technischen Regeln (Bezugsregelwerk) oder mit dem abP dargestellt.

7.3 (Fremd-) Überwachung der Ausführung

Die Stoffe und Stoffsysteme unterliegen einerseits während der Stoffherstellung einer Überwachung durch eine anerkannte Überwachungsstelle, andererseits sind die Arbeiten am Bauwerk durch eine anerkannte Ü-Stelle für die Überwachung der Ausführung zu überwachen. Um die Ausführung durch eine anerkannte Überwachungsstelle überwachen zu können, muss hierfür die Überwachungsstelle selbst anerkannt sein oder Mitglied in einer anerkannten Überwachungs- bzw. Güteschutzgemeinschaft sein.

7.4 Eintrag in die Zusammenstellungen

In die „Zusammenstellungen" der RISS werden nur Kombinationen von Rissfüllstoff und Injektionsverfahren aufgenommen.

Eine Verlängerung des Verbleibes in der Zusammenstellung kann ohne erneute Grundprüfung erfolgen, wenn:

- der Stoff nachweislich weiterhin mit identischer Zusammensetzung und identischen Eigenschaften produziert wird.
- alle Anforderungen erfüllt sind; ggf. sind Ergänzungsprüfungen durchzuführen. Falls erforderlich, sind die Ergebnisse der Ergänzungsprüfungen zu berücksichtigen. Insgesamt muss bezüglich des Eignungsnachweises und der Angaben zur Ausführung ein Stand vorliegen, der einem nach aktuellem Regelwerk neu geprüften System vergleichbar ist.
- von der Bewährung in der Praxis ausgegangen werden kann. Angaben über Praxiserfahrungen holt die BASt bei den Baubehörden der Länder ein.

Bild 8: Injektion von Brückenkappen

Bild 9: Injektion der Fahrbahnplatte

8 Füllen von Rissen nach dem europäischen Regelwerk

8.1 Allgemeines

Die Normreihe prEN 1504 [3]; Produkte und Systeme für den Schutz und die Instandsetzung von Betontragwerken – Definitionen, Anforderungen, Qualitätsüberwachung und Beurteilung der Konformität, besteht aus den Teilen:

1 - Definitionen
2 - Oberflächenschutzsysteme für Beton
3 - Statisch und nicht statisch relevante Instandsetzung
4 - Kleber für Bauzwecke
5 - Injektion von Betonbauteilen
6 - Mörtel zur Verankerung der Bewehrung oder zum Ausfüllen von äußeren Hohlräumen
7 - Vermeidung von Korrosion der Bewehrung (*Korrosionsschutz der Bewehrung*)
8 - Qualitätsüberwachung und Beurteilung der Konformität
9 - Prinzipien für die Anwendung von Produkten und Systemen *(Überarbeitung der Vor-Norm aufgenommen)*
10 - Anwendung von Produkten und Systemen auf der Baustelle, Qualitätsüberwachung der Ausführung *(Formelle Abstimmung ist abgeschlossen!)*

Die Teile 2 bis 7 der Normreihe sind mandatiert und stellen somit harmonisierte Normen dar. Eine harmonisierte Norm muss Aspekte der "Produktleistungen" (*Performance*) erfüllen, welche sich auf die wesentlichen Anforderungen beziehen. Dabei weist der Anhang Z (informativ) auf die Abschnitte mit den wesentlichen Anforderungen der Bauprodukten-Richtlinie hin. Die europäische Instandsetzungsnorm ist daher nach dem Leistungskonzept (*Performance*-Konzept) erstellt. In diesem Leistungskonzept wird nach der Intension der Verwendung unterschieden:

- ■ Für *sämtliche* vorgesehenen Verwendungszwecke (*all intended uses*)
- ▲ Für *bestimmte* vorgesehene Verwendungszwecke (*certain intended uses*)

Das Performance-Konzept beruht auf einem System von produktspezifischen Eigenschaften, bei dem nicht Merkmale des Produkts, wie Material, Konstruktion, Beschaffenheit, Abmessungen u. dgl. „deskriptiv" beschrieben werden, sondern lediglich die "Produktleistungen" (Performances) wie Druckfestigkeit, Wärmeleitfähigkeit, Korrosionsbeständigkeit, Frostbeständigkeit usw.

Der Nachweis der Konformität (*Übereinstimmung*) ist Voraussetzung für die Lieferung von Stoffen für den freien Handel in Europa. Es genügt, dass der Hersteller, sein Bevollmächtigter oder der Importeur die Übereinstimmung mit den EU-Richtlinien (Bezugsregelwerk) erklärt. Nach der europäischen Bauprodukten-Richtlinie kann sich der Nachweis der Konformität über sechs mögliche Verfahren erstrecken (von 1+ bis 4).

2+ Für *andere Verwendungszwecke*; in Hoch- und Tiefbauten (*Ingenieurbauwerke*)
4 Für Verwendungszwecke *mit geringen Leistungsanforderungen* in Hoch- und Tiefbauten (*Gebäude und ingenieurtechnische Bauwerke; allg. Hochbau und sonstige Bauwerke*)

Für alle Instandsetzungsprodukte ist im Mandat M128 (*Erzeugnisse für Beton, Mörtel und Einpressmörtel v. 26.01.99*) der Europäischen Kommission für Verwendungszwecke mit geringen Leistungsanforderungen das Verfahren 4 und für Ingenieurbauwerke das Konformitäts-Nachweis-Verfahren 2+ vorgegeben *(Annex 3; Attestation of Conformity*), wie auch für vergleichbare Bauprodukte, wenn tragende Bauteile bzw. Bauprodukte betroffen sind.

8.2 Nationale Anwendung

Der Ausgang des Europäischen Normungsverfahrens mit zugehörigen Prüfnormen ist noch nicht abgeschlosen. Einige Prüfnormen befinden sich noch in einer CEN-Umfrage und liegen somit noch im Entwurf vor. Die Mehrzahl der Prüfnormen ist bereits veröffentlicht oder zur formellen Abstimmung vorgelegt. Sollten unzureichende Festlegungen zur Anwendung der Bauprodukte für die Bauwerke in den Normen bestehen, ist es notwendig, sogenannte Anwendungs bzw. Restnormen in den Arbeitsgremien des Normen-Ausschusses Bauwesen (NABau) erstellen zu lassen, um die Verwendung der harmonisierten Bauprodukte in Deutschland zu ermöglichen.

Der Teil 5, Injektion von Betonbauteilen, liegt im Entwurf vor und ist derzeit in der formellen Abstimmung. Deutschland lehnt den Normentwurf ab; eine Veröffentlichung wurde u. a. abgelehnt, da eine Abstimmung mit den Prüfmethoden noch erforderlich ist. Es fehlen z. T. noch Prüfmethoden, z. B. für das „Korrosionsverhalten". Ein weiterer Mangel ist es, dass keine Bauteilprüfung am Riss oder Hohlraum stattfindet.

Der Teil 5 kann ggf. erst nach Überarbeitung in die Bauregelliste B, Teil 1, aufgenommen werden. Die Anwendung in Deutschland wird durch eine Anwendungsnorm auf der Grundlage der Instandsetzungs-Richtlinie des DAfStb geregelt werden. Die quellfähigen Gele sollen von der Verwendung für tragende Bauteile ausgeschlossen werden.

8.3 Normreihe EN 1504, Teil 5

Die Injektion von Betonbauteilen wird als ein Verfahren für die in ENV 1504-9 festgelegten Prinzipien angewendet:

- *Prinzip 1* [IP] Schutz gegen das Eindringen von Stoffen und Herstellen von Wasserdichtheit (*Protection against Ingress and Waterproofing*)
  Verfahren (*Method*) 1.4 Füllen von Rissen (*Filling Cracks*)
- *Prinzip 4* [SS] Verstärken (*Structural Strengthening*)
  - Injektion von Rissen, Hohlräumen und Fehlstellen; Verfahren 4.5 (*Injecting Cracks voids or interstices*;)
  - Injektion von Rissen, Hohlräumen und Fehlstellen; Verfahren 4.6 (*Filling Cracks voids or interstices*)

Eine Injektion wird angewendet, um die Schäden durch Risse und Hohlräume zu beheben und:

- Dichtheit und damit insbesondere Wasserdichtheit zu erreichen
- ein Eindringen von aggressiven Stoffen zu vermeiden
- das Bauwerk zu verstärken durch Wiederherstellen bzw. Erhöhen der Tragfähigkeit des Betons

Die EN 1504, Teil 5, soll nicht gelten:

- Für besondere, hoch spezialisierte Anwendungen, z. B. Injektion unterhalb der üblichen Anwendungstemperatur (z. B. Frost)
- Bei Verfüllen von Rissen (Fugen) mit elastomerer Dichtungsmasse
- Für das Aufbringen des Abdichtung*sstoffes „von außen“, z. B. Boden.* *(Für Abdichtungsinjektion gilt die EN 12715*)
- Bei temporären Injektionen; zum vorübergehenden Abdichten von Wassereinbrüchen

Außer auf die Normreihe EN 1504 (10 Teile) verweist dieser Normteil auf 34 Prüfnormen, davon 12 Prüfnormen, die speziell zur Prüfung der Rissfüllstoffe erstellt wurden (es konnte auf 22 bestehende Prüfnormen zurückgegriffen werden), z. B.

- Bestimmung der Aminzahl
- Reaktive Polymerbindemittel
- Hydraulische Bindemittel

Darüber hinaus wurden einige pragmatische Festlegungen getroffen, z. B.

- Verarbeitbarkeitsdauer wird zu 70 % der Topfzeit festgelegt
- Feuchtezustand (trocken, feucht, nass, drucklos wasserführend) gemäß der bisherigen Definition der deutschen Regelwerke.

Es werden Anforderungen an die Leistungsfähigkeit und Identität gestellt. Nach dem Leistungskonzept (*Performance-Konzept*) werden für die Rissfüllstoffe insbesondere nachgewiesen:

- *allgemeine Merkmale*
  - Haftung
  - Schrumpfen
  - Verträglichkeit mit anderen Stoffen
  - Glasübergangstemperatur
  - Wasserdichtheit
- *Verarbeitungsmerkmale* (nach Angabe des Herstellers)
  - Anwendungsbedingungen
  - Rissbreite
  - Feuchtezustand der Risse
- *Reaktionsfähigkeitsmerkmale*
  - Verarbeitungsdauer und
  - Entwicklung der Festigkeit
- *Dauerhaftigkeit*
  - Langzeitverhalten des ausreagierten Rissfüllstoffes unter klimatischen Bedingungen

Dabei werden insbesondere folgende Leistungsmerkmale herausgestellt:

- Verarbeitbarkeit
- Reaktionsfähigkeit und
- Dauerhaftigkeit

Die Tabellen 1a bis 1c enthalten Leistungsmerkmale für verschiedene Anwendungsziele. Die Tabellen 3a bis 3c enthalten Leistungsanforderungen für verschiedene Anwendungsziele. Der Teil 5, Injektion von Betonbauteilen, nennt ähnlich wie in den deutschen Instandsetzungsregelwerken *drei* Verwendungsklassen:

- Kategorie F (*Force*) zum kraftschlüssigen Füllen von Rissen, Hohlräumen und Fehlstellen in Beton (kraftschlüssig)
  Rissfüllstoffe, die in der Lage sind, einen Verbund mit der Betonoberfläche zu bilden und über diese Kräfte zu übertragen
  - F1 Haftzugfestigkeit > 2 N/mm^2
  - F2 Haftzugfestigkeit begrenzt > 0,6 N/mm^2
- Kategorie D (*duktil*) zum dehnfähigen Füllen von Rissen, Hohlräumen und Fehlstellen in Beton (dehnfähig)
  Flexible Rissfüllstoffe, die in der Lage sind, Rissbreitenänderungen aufzunehmen
  - D1 wasserdicht bei $2x10^5$ Pa
  - D2 wasserdicht bei $7x10^5$ Pa (für besondere Anwendungen)
- Kategorie S (*swelling*) zum quellfähigen Füllen von Rissen, Hohlräumen und Fehlstellen in Beton (quellfähig).
  Rissfüllstoffe (Gele), die in der Lage sind, durch Wasseradsorption zu quellen, wobei die Wassermoleküle gebunden werden (keine Haftung zum Beton)
  - S1 wasserdicht bei $2x10^5$ Pa
  - S2 wasserdicht bei $7x10^5$ Pa (für besondere Anwendungen)

Für D und S kommen nur Rissfüllstoffe mit reaktiven Polymerbindemitteln in Betracht. Eine der Neuerungen ist, dass Acrylatgele für die Injektion von Betonbauteilen geregelt werden. Künftig wird es möglich sein, diese Acrylatgele in der Verwendungsklasse S (quellfähig) einzusetzen.

Bild 10: Rissbreiten auf der Bauteiloberfläche

Danach folgen *vier* Gruppen

- Die Mindest-Rissbreitenklassen W werden in fünf Klassen der Injektionsfähigkeit eingeteilt (Bild 10):
  - 0,1; 0,2; 0,3; 0,5; 0,8 in [mm/10]
- Es sind vier Klassen für den Feuchtegehalt im Riss vorgesehen
  - 1 trocken; 2 feucht; 3 nass; 4 mit Wasser gefüllt
- Die Mindest- und Höchsttemperatur bei Anwendung (während der Verarbeitung) ist vorgegeben
- Anzugeben ist, ob verwendbar für Risse mit täglichen Rissbreitenänderungen von mehr/bzw. weniger als 10 % bzw. 0,03 mm (nur auf F anwendbar)

In der Normreihe prEN 1504 führt der Hersteller bei neuen Produkten, neuen Formulierungen oder signifikanten Änderungen der Zusammensetzungen und/oder der Rohstoffe, Ausgangsprüfungen (Grundprüfungen) durch. Der Hersteller erklärt danach die Konformität auf Grundlage der Erstprüfung des Bauproduktes (Rissfüllstoffes), der WPK und ggf. Prüfung von im Werk entnommenen Proben nach festgelegtem Prüfplan. Die WPK ist gemäß EN 1504-8, Abschnitt 5.4, durchzuführen.

Der Hersteller muss aus festgelegten Prüfungen geeignete Identitätsprüfungen für die jeweiligen Stoffe auswählen. Die Tabellen 2a und 2b enthalten Identitätsanforderungen für Rissfüllstoffe mit polymeren bzw. hydraulischen Bindemitteln. Voraussetzung für die CE-Kennzeichnung ist die Konformitätserklärung des Herstellers nach erfolgreicher Zertifizierung der WPK durch eine notifizierte Stelle (siehe Bild 11).

- Der Hersteller führt dabei:
  - Erstprüfung des Produktes; *Eignungs-/(Grund)-Prüfungen (bei neuen Produkten, Formulierungen oder signifikanten Änderungen der Zusammensetzung bzw. Stoffe, Ausgangsprüfungen*)
  - WPK
  - Prüfung von im Werk entnommenen Proben nach Prüfplan

durch.

- Die notifizierte Stelle führt dabei eine Zertifizierung der WPK auf der Grundlage:
  - Erstinspektion des Werks und des Systems der WPK
  - Laufende Überwachung (Beurteilung und Anerkennung der WPK)

Aufgaben des Herstellers	• Werkseigene Produktionskontrolle (WPK) • Erstprüfung des Bauproduktes • Produktprüfung nach festgelegtem Prüfplan • Konformitätserklärung für den Rissfüllstoff (CE-Zeichen)
Aufgaben der notifizierten Stelle	• Erstinspektion des Werks und des Systems der WPK • Laufende Überwachung • Beurteilung und Anerkennung der WPK

Bild 11: Aufgabenverteilung Konformitätsbewertung 2+

Anhang A (normativ) Klassifizierung von Rissfüllstoffen

Ein Beispiel zur Klassifikation der Rissfüllstoffe ist im Anhang A (normativ), Klassifikation der Rissfüllstoffe, gegeben. Es werden die Mindest- und Höchsttemperatur bei Anwendung (während der Verarbeitung) vorgegeben. So kennzeichnet das UW-Klassifizierungssystem (vorgesehener Verwendungszweck *Use* / Verarbeitbarkeit *Workability*) die folgende Klassifizierung:

U(F1) W(1) (1/2) (5/30) (1)

- für kraftschlüssiges Füllen von Rissen geeignet
- injizierbar in 0,1 mm breite, trocken oder feuchte Risse
- geeignet für die Verwendung bei 5°C bis 30 °C geeignet
- verwendbar für Risse, die während Aushärtung täglichen Rissbreitenänderungen von mehr als 10 % oder 0,03 mm ausgesetzt sind

Anhang B (informativ) Besondere Anwendungen (*Special applications*) (Siehe Tabellen B.1 und B.2)

- Dehnfähige Rissfüllstoffe mit polymeren Zusätzen (Einlagen) bei Temperatur-Wechsel-Beanspruchungen
- Quellfähige Rissfüllstoffe mit polymeren Zusätzen bei Temperaturen im Frostbereich

Anhang C (informativ) Freisetzung gefährlicher Substanzen

Anhang D (informativ) Mindesthäufigkeit für die werkseigene Produktionskontrolle

Die Prüfungen und die Häufigkeit sind in Tabelle D.1 nach Eigenschaften und Stoffgruppe aufgeführt.

- an flüssigen Bestandteilen,
- am frischen Gemisch und
- am erhärteten Rissfüllstoff

Die Häufigkeit der WPK ist in 1504-8 definiert, und es sind zu prüfen:

A Jede Charge

B Jeweils nach 10 Chargen, alle zwei Wochen oder jeweils nach 1000 Tonnen, je nachdem, welcher Punkt zuerst erreicht wird (wobei die größte Prüfhäufigkeit maßgebend ist)

C Zweimal pro Jahr

Anhang ZA (informativ) Zusammenhang zwischen dieser Europäischen Norm und den grundlegenden Anforderungen der EU-Richtlinie 89/106/EWG

Dieser Anhang besteht aus den Teilen:

- ZA.1 Harmonisierte Teile (Alle Anforderungen/Leistungsmerkmale)
- ZA.2 Verfahren für die Konformitätsbescheinigung, Konformitätskriterien, -bewertung
- ZA.3 EG-Konformitätszertifikat, -erklärung, erforderliche Angaben
- ZA.4 Konformitäts-Kennzeichnung; Anbringen auf Gebinden bzw. Beipackzetteln und Begleitdokumenten, Konformitätskriterien statistisch oder Einzel(grenz)-wert

Die Bestimmungen zur EG-Konformitätskennzeichnung gemäß der EU-Bauproduktenrichtlinie werden hier umgesetzt. Deshalb stellt der vorliegende Teil

- die Anforderungen und die Konformitätskriterien fest
- den Bezug zum Mandat M128
- die Bedingungen für die CE-Kennzeichnung fest

9 Literatur

[1] Zusätzliche Technische Vertragsbedingungen und Richtlinien für Ingenieurbauten (ZTV-ING), Bundesanstalt für Straßenwesen, Verkehrsblatt-Verlag, Dortmund, März 2003

[2] DAfStb-Richtlinie Schutz und Instandsetzung von Betonbauteilen (Instandsetzungs-Richtlinie), Deutscher Ausschuss für Stahlbeton, Beuth Verlag GmbH, Berlin und Köln, Ausgabe Oktober 2001

[3] prEN 1504, Teile 1 – 10, Produkte und Systeme für den Schutz und die Instandsetzung von Betontragwerken – Definitionen, Anforderungen, Qualitätsüberwachung und Beurteilung der Konformität

10 Parkhausbeschichtungen aus der Sicht des Ausschreibenden

Claus Flohrer

1 Einleitung

Horizontale Betonbauteile mit Rissbildung und Chloridbeaufschlagung von oben sind Bauteile, die mit der schärfsten Beanspruchung hinsichtlich Bewehrungskorrosion einzustufen sind. Befahrene Geschoßdecken in Parkhäusern und Tiefgaragen sind Beispiele für derart beanspruchte Bauteile

In DIN 1045-2001 [1] u. [2] wird der starken Beanspruchung durch die Einstufung in die entsprechenden Expositionsklassen Rechnung getragen. Zusätzlich zu den Maßnahmen zur Sicherstellung der Betongüte und der Betondeckung werden Maßnahmen gefordert, die ein Eindringen von Chloriden in den Beton bis an die Bewehrung verhindern.

Eine der möglichen Maßnahmen ist die Anordnung einer Beschichtung.

Voraussetzung für den Ausschreibenden ist die Planung der Beschichtungsmaßnahme durch den sachkundigen Planer. Dieser legt im Regelfall nur das erforderliche Beschichtungssystem fest, der Ausschreibende muss die Leistung so umfassend beschreiben, dass möglichst keine Risiken verbleiben.

2 Beanspruchung

Die Geschoßdecken von Parkhäusern und Tiefgaragen sind Bauteile mit Rissbildung und Chloridbeaufschlagung von oben und sind somit mit der schärfsten Beanspruchung hinsichtlich Bewehrungskorrosion einzustufen. Bodenplatten in Tiefgaragen werden gleichermaßen beansprucht, jedoch fehlt die starke temperaturbedingte Wechselbeanspruchung, die zu einer ständigen Rissweitenänderung führt.

Durchlaufende Bauteile mit Rissen, die tiefer reichen als die obere Bewehrungslage (i.A. Trennrisse) sind besonders kritisch einzustufen, da im Bereich der Risse eine rasche Depassivierung der Bewehrung auftritt und als Folge mit einer Makrokorrosionselementbildung mit extremer Korrosionsgeschwindigkeit zu rechnen ist.

Für die Chloridbeaufschlagung ist das Tausalz, das durch Fahrzeuge in Tiefgaragen und Parkdecks eingeschleppt werden kann, hinreichend.

Neben dem Risiko der Bewehrungskorrosion sind bei Geschossdecken von Tiefgaragen oder Parkhäusern auch Nutzungseinschränkungen zu erwarten, da das durch die Risse tropfende Wasser die darunter parkenden Fahrzeuge beschädigt.

3 Einstufung in Expositionsklassen

Die angemessene Dauerhaftigkeit des Tragwerks gilt als sichergestellt, wenn neben Anforderungen aus den Nachweisen in den Grenzzuständen der Tragfähigkeit und Gebrauchstauglichkeit konstruktive Regeln nach DIN 1045 – 1 erfüllt sind, sowie Anforderungen an die Zusammensetzung und die Eigenschaften des Betons, die Einstufung in die Expositionsklassen, und die Betondeckung erfüllt sind. Dabei wird ausdrücklich vorausgesetzt, dass der Beton ordnungsgemäß eingebracht, verdichtet und nachbehandelt wird sowie eine angemessene Wartung und Instandhaltung erfolgt.

In DIN 1045-2001 wird der starken Beanspruchung durch die Einstufung in die entsprechenden Expositionsklassen Rechnung getragen.

Direkt befahrene, mit Taumitteln beaufschlagte horizontale Betonflächen sind wegen der Gefahr der Bewehrungskorrosion, ausgelöst durch Chloride und der wechselnd nass und trockenen Umgebungsbedingungen in die Expositionsklasse XD3 einzustufen.

XD3 erfordert nach Tabelle F2.1, DIN 1045-2 eine Mindestbetondruckfestigkeitsklasse C35/45 sowie einen Wasser-Zement-Wert ≤ 0,45.

Nach Tabelle 4 DIN 1045 – 1 ist zum Schutz gegen Korrosion für derart beanspruchte Bauteile eine Mindestbetondeckung cmin von 40 mm, ein Vorhaltemaß von 15 mm und damit ein Nennmaß der Betondeckung cnom von 55 mm erforderlich.

Aus DIN 1045 – 1 Tabelle 3, Fußnote b (Bild 1) ist ersichtlich, dass die beiden Maßnahmen alleine noch keine ausreichende Sicherstellung der Dauerhaftigkeit ergeben, weshalb für eine Ausführung direkt befahrener Decken von Parkdecks und Tiefgaragen zusätzliche Maßnahmen erforderlich sind.

3 Bewehrungskorrosion, ausgelöst durch Chloride, ausgenommen Meerwasser			
XD1	Mäßige Feuchte	Bauteile im Sprühnebelbereich von Verkehrsflächen; Einzelgaragen	C30/37 [c] LC30/33
XD2	Nass, selten trocken	Schwimmbecken und Solebäder; Bauteile, die chloridhaltigen Industriewässern ausgesetzt sind	C35/45 [c] LC35/38
XD3	Wechselnd nass und trocken	Bauteile im Spritzwasserbereich von taumittelbehandelten Straßen; direkt befahrene Parkdecks [b]	C35/45 [c] LC35/38

[a] Die Feuchteangaben beziehen sich auf den Zustand innerhalb der Betondeckung der Bewehrung. Im Allgemeinen kann angenommen werden, dass die Bedingungen in der Betondeckung den Umgebungsbedingungen des Bauteils entsprechen. Dies braucht nicht der Fall zu sein, wenn sich zwischen dem Beton und seiner Umgebung eine Sperrschicht befindet.

[b] Ausführung bei direkt befahrenen Parkdecks nur mit zusätzlichen Maßnahmen

[c] Eine Betonfestigkeitsklasse niedriger, sofern aufgrund der zusätzlich zutreffenden Expositionsklasse XF Luftporenbeton verwendet wird.

[d] Grenzwerte für die Expositionsklassen bei chemischem Angriff siehe DIN 206-1 und DIN 1045-2.

Bild 1: Auszug aus Tabelle 3 – DIN 1045-1

Neben der Erhöhung der Betongüte und der Betondeckung in DIN 1045, Ausgabe 2001 gegenüber der DIN 1045, Ausgabe 1988, wird somit z.B. eine zusätzliche Schutzmaßnahme der Betonoberfläche gefordert.

Da eine zusätzliche Schutzmaßnahme in Form einer Abdichtung oder Beschichtung eigentlich die Umgebungsbedingungen von wechselnd trocken und nass auf permanent trocken verändert, sollte angenommen werden, dass bei einem funktionierenden Abdichtungssystem von den hohen Anforderungen an einen Beton gemäß Expositionsklasse XD3 abgewichen werden kann.

In Heft 525 des Deutschen Ausschusses für Stahlbeton [3] wird deshalb die Forderung nach einer zusätzlichen Maßnahme nach DIN 1045 – 1, Tabelle 3 kommentiert.

Demnach ist eine ausreichende zusätzliche Maßnahme, z.B. eine rissüberbrückende Beschichtung OS11 (nach Rili SIB [4]) bzw. OS F (nach ZTV ING [5]) oder aber ein Asphaltbelag mit darunter liegender Abdichtung entsprechend ZTV ING.

Die Anforderungen an die Betonzusammensetzungen in DIN 1045 – 2 sind unter Annahme einer beabsichtigten Nutzungsdauer von 50 Jahren unter üblichen Instandhaltungsbedingungen festgelegt. Da bei Beschichtungen auf befahrenen Flächen im Allgemeinen von einer geringeren Lebensdauer der Beschichtung ausgegangen wird, gilt die Einstufung in die Expositionsklasse XD3 auch bei beschichteten Parkdecks.

Von der Einstufung in Expositionsklasse XD3 kann im Einzelfall eine Zuordnung in die Expositionsklasse XD1 erfolgen, sofern die Beschichtungsmaßnahme so ausgeführt und instand gehalten wird, dass die Umwelteinflüsse dauerhaft vom Bauteil ferngehalten werden.

Dazu ist zur Sicherstellung einer dauerhaften Schutzwirkung der Beschichtungsmaßnahme ein projektbezogener Wartungsplan zu vereinbaren, in dem

- die Überprüfungshäufigkeit der Beschichtung
- die Instandhaltungs- und Instandsetzungsmaßnahmen in Abhängigkeit vom Überprüfungsergebnis
- die Verfahrensweisen und Verantwortlichkeiten festgelegt sind.

Die Wartungsintervalle müssen in jedem Fall an die Dauerhaftigkeit der Schutzmaßnahme angepasst werden. Bei entsprechend kurzem Wartungsintervall – Überprüfung 2 x jährlich vor und nach der Frostperiode – und notwendiger Instandsetzung bei Feststellung von Schäden, kann wegen der kurzen Einwirkungszeiten der Chloride eine Einstufung in die Expositionsklasse XD1 erfolgen und die Betondeckung der Klasse XD3 um 1 cm vermindert werden.

Somit ergeben sich folgende Anforderungen an die Stahlbetondecke bei einer Beschichtungsmaßnahme die entsprechend den oben genannten Ausführungen regelmäßig gewartet wird:

- *Expositionsklasse XD1*
- *Betonfestigkeitsklasse C30/37,*
- *Betondeckung c_{min} ≥30 mm, Δc=15 mm, c_{nom} ≥45 mm*

Bei Parkdecks, die Frost ausgesetzt sind, ist neben der Einstufung in die Expositionsklasse XD eine Einstufung in die Expositionsklasse XF erforderlich. Werden dort die gleichen Maßnahmen für Instandhaltung und Wartung, wie oben beschrieben geplant und ausgeführt, ist eine Einstufung in die Expositionsklasse XF1 ausreichend. Ohne derartigen dauerhaften Schutz (also auch bei Beschichtung ohne Wartung) ist bei freier Bewitterung eine Einstufung in die Expositionsklasse XF4 und bei überdachten Flächen eine Einstufung in XF2 erforderlich.

Unabhängig davon gilt die Einstufung in die Klasse XD weiterhin.

Außer einer Beschichtung oder Abdichtung sind auch andere zusätzliche Maßnahmen möglich, wenn deren Gleichwertigkeit hinsichtlich des dauerhaften Schutzes gegen Bewehrungskorrosion im Einzelfall nachgewiesen ist. Derartige Maßnahmen können z.B. ein kontinuierliches Monitoring der Betonkonstruktion oder Maßnahmen sein, die verhindern, dass Chloride die Betonoberfläche beanspruchen (Waschanlage vor der Einfahrt in das Parkhaus).

Bei direkt befahrenen Stahlbetonbodenplatten gelten die gleichen Dauerhaftigkeitskriterien.

4 Empfohlene Oberflächenschutzmaßnahmen für direkt befahrene, rissegefährdete Parkflächen

Zwischengeschosse sind gemäß den Empfehlungen im Kommentar Heft 525 des Deutschen Ausschusses für Stahlbeton mit einem Oberflächenschutzsystem OS 11 nach RILI SIB oder OS F nach ZTV ING auszubilden. Der Aufbau der Oberflächenschutzsysteme und die Schichtdicken der Einzelschichten sind den Grundprüfungen der jeweiligen Produkte (Produktabhängig) zu entnehmen.

Dieses Oberflächenschutzsystem ist in einer Grundprüfung geprüft und für die dynamische Rissüberbrückung geeignet. Bedingt durch Temperaturwechsel und Lastwechsel ändern Risse in derartigen Geschossdecken ihre Breite. Maßgebliche Ursache für die Entstehung der Risse sind Zwangspannungen, die durch behinderte Verformungen beim Herstellen der Decken entstehen. Die Risse sind Trennrisse und somit durch die gesamte Deckendicke wasserführend.

Trennrisse ändern Ihre Rissbreite so stark, dass geringfügig überbrückende Beschichtungssysteme versagen. Das laut RILI SIB für Zwischendecken empfohlene Oberflächenschutzsystem OS 13 ist für derartige Geschossdecken ungeeignet, da es definitionsgemäß nur in der Lage ist, oberflächennahe, nicht durchgehende Risse bis zu einer statischen Rissweite von 0,1 mm zu überbrücken. Oberflächenschutzsysteme OS 11 nach RILI SIB sind sowohl als ein- oder zweischichtige Systeme möglich, die beide ein vergleichbares Leistungspotenzial bezüglich der Rissüberbrückung haben.

Für *Zwischendecken* werden Oberflächenschutzsysteme *OS11 mit einschichtigem* Aufbau empfohlen (OS 11, Aufbau b), da bezüglich der UV-Beständigkeit nicht die gleichen hohen Anforderungen wie bei freibewitterten Flächen bzw. wie bei Brücken gegeben sind. Für freibewitterte Flächen werden zweischichtige OS 11 Systeme (OS 11, Aufbau a) oder bituminöse Abdichtungen eingesetzt.

Der Aufbau eines einschichtigen OS 11(OS 11, Aufbau b) Systems ist wie folgt:

- Untergrundvorbehandlung durch Kugelstrahlen
- Grundieren der Oberfläche mit einem lösemittelfreien 2-komponentigen Epoxydharz
- Absandung des Epoxydharzes mit einem feuergetrockneten Quarzsand 03/07 mm
- Rissüberbrückende Verschleißschicht (Mischung aus Harz und Quarzsand) (hauptsächlich wirksame Oberflächenschutzschicht HWO)
- Abstreuen der frischen Verschleißschicht mit Quarzsand 03/07 mm
- Kopfversiegelung mit lösemittelfreien 2-komponentigen Epoxydharz.

Planmäßig darf nur der im Prüfzeugnis geprüfte Aufbau des Beschichtungssystems verwendet werden.
Alternativ kann für Zwischendecken anstelle einer Beschichtung eine Abdichtung in Anlehnung an ZTV-ING ausgebildet werden. Der Aufbau einer derartigen Abdichtung besteht aus

- Untergrundvorbehandlung durch Kugelstrahlen
- Grundieren der Oberfläche mit einem lösemittelfreien 2-komponentigen Epoxydharz
- Aufschweißen einer Polymerbitumenschweißbahn
- Aufbringen 1 Lage Gussasphalt d= 30 mm

Bei *freibewitterten Flächen* wird der Einsatz einer Abdichtung nach ZTV ING, bestehend aus

- Untergrundvorbehandlung durch Kugelstrahlen
- Grundieren der Oberfläche mit einem lösemittelfreien 2-komponentigen Epoxydharz
- Aufschweißen einer Polymerbitumenschweißbahn
- Aufbringen von 2 Lagen Gussasphalt à d= 30 mm

Alternativ kann ein Oberflächenschutzsystem *OS 11, 2-schichtig* (OS 11, Aufbau a) mit folgendem Aufbau eingebaut werden.

- Untergrundvorbehandlung durch Kugelstrahlen
- Grundieren der Oberfläche mit einem lösemittelfreien 2-komponentigen Epoxydharz
- Absandung des Epoxydharzes mit einem feuergetrockneten Quarzsand 03/07mm
- Einbau einer Schwimmschicht aus reinem Bindemittel (HWO)
- Einbau der Verschleißschicht (Mischung aus Harz und Quarzsand)
- Abstreuen der Verschleißschicht mit Quarzsand 03/07 mm
- Kopfversiegelung mit lösemittelfreien 2-komponentigen Epoxydharz.

Auch für *Bodenplatten* in Tiefgaragen wird ein Oberflächenschutz empfohlen.

Entsprechend der Einstufung in direkt befahrene Oberflächen gelten für Bodenplatten die oben stehenden Ausführungen zur Expositionsklasse gleichermaßen.

Dabei ist jedoch zu berücksichtigen, dass wegen der deutlich geringeren temperatur- und lastbedingten Verformungen ein Bewegen von Rissen langfristig nicht zu erwarten ist und deshalb der dauerhafte Korrosionsschutz auch durch eine ausreichend dicke und dichte Betondeckung und die erforderliche Betongüte erreicht werden kann.

Als Oberflächenschutzmaßnahme auf Bodenplatten können deshalb starre Beschichtungen eingesetzt werden, die einen hohen Widerstand gegen mechanischen Angriff bieten.

In der alten RILI SIB (Ausgabe 1990) war das Oberflächenschutzsystem *OS 8* als starres, befahrbares Beschichtungssystem geregelt, das sich in der Praxis seit vielen Jahren als bewährtes System erwiesen hat. Dieses Oberflächenschutzsystem wird auch in Zukunft als Schutzmaßnahme für direkt befahrene Bodenplatten empfohlen.

Der Aufbau eines OS 8-Systems ist wie folgt:

- Untergrundvorbehandlung durch Kugelstrahlen
- Grundierspachtelung aus Epoxydharz-Harz (1MT Harz/1MT Quarzsand)
- Abstreuen der frischen Grundierspachtelung mit Quarzsand 03/07
- Kopfversiegelung mit lösemittelfreien 2-komponentigen Epoxydharz

Die Grundierung muss gegen die rückwärtige Einwirkung von Feuchtigkeit geprüft sein. Die Mindestschichtdicke beträgt 1 mm.

OS 8 ist in der neuen RILI SIB nicht mehr geregelt, da starre Beschichtungen zukünftig in einer neuen europäischen Norm enthalten sind. OS 8 gilt dennoch als allgemein anerkannte Regel der Technik für die Beschichtung von Bodenplatten und wird auch vom DAfStb als geeignetes System beschrieben.

Rampen sind wegen der einwirkenden Brems- und Anfahrkräfte mechanisch besonders hoch beanspruchte Bauteile. Eine Beschichtung auf Rampen muss diesen Einwirkungen dauerhaft widerstehen. Als geeignete Beschichtung für Rampen hat sich das Oberflächenschutzsystem *OS 8 mit einer Gesamtschichtdicke von ca. 2,5 mm* bewährt. Rissüberbrückende Beschichtungen weisen keinen ausreichenden Widerstand gegen den mechanischen Angriff auf und sind für Rampen ungeeignet.

5 Beschichtung von Bodenplatten als WU-Konstruktion

Wird ein Oberflächenschutz von befahrenen *Bodenplatten als WU-Konstruktion* erforderlich, ist dieser ebenfalls durch ein starres Oberflächenschutzsystem *OS 8* herzustellen. Wird die Beschichtung entsprechend den Empfehlungen in DAfStb-Heft 525 gewartet, kann ebenso wie bei den Decken eine Reduzierung der Betondeckung und die Einordnung in die Expositionsklasse XD1 vorgenommen werden.

Die Forderung nach diffusionsoffenen Beschichtungssystemen ist unbegründet, da die maßgebliche Beanspruchung nicht durch die Behinderung der Wasserdampfdiffusion [6] sondern durch die Entstehung osmotischer Blasen gegeben ist [7].

Diffusionsoffene Oberflächenschutzsysteme weisen keinen ausreichend dauerhaften Schutz gegenüber den einwirkenden mechanischen Beanspruchungen auf und sind, besonders in Kurven, meist nach wenigen Jahren abgefahren.

Rissüberbrückende Beschichtungen sind auf Bodenplatten nicht erforderlich und würden im Falle eines Einsatzes ein Risiko darstellen. Treten nach dem Aufbringen der Beschichtung Risse in der Bodenplatte auf, steht drückendes Wasser rückseitig an der Beschichtung an und kann zu Ablösungen und zur Zerstörung der Beschichtung führen. Treten derartige wasserführende Risse auf, müssen sie erkannt und durch abdichtende Injektion geschlossen werden. Zusätzlich steigt das Risiko des Auftretens osmotischer Blasen mit zunehmender Schichtdicke des Oberflächenschutzsystems.

Wegen der, auch nach Aufbringen des Schutzsystems nicht auszuschließenden wasserführenden Risse darf auf WU-Bodenplatten kein System auf Trennlage (z.B. Gussasphalt, Estrich auf Trennlage) geplant und ausgeführt werden [7].

6 Ausschreibung von Beschichtungsarbeiten für befahrene Parkflächen

Der Ausschreibung von Beschichtungsarbeiten muss eine ausreichende Planung vorausgehen, in der die Beanspruchung der Beschichtungsflächen, die konstruktiven Gegebenheiten, die Nutzungsart und die Frequenz der Nutzung sowie die Bedingungen während der Ausführung der Beschichtungsarbeiten berücksichtigt werden.

Insbesondere bei Systemparkhäusern sind neben den generellen Festlegungen der DIN 1045 auch Festlegungen in bauaufsichtlichen Zulassungen zu beachten. Wird z.B. die Rissbildung in Geschoßdecken von Systemparkhäusern durch konstruktive Maßnahmen verhindert oder auf bestimmte Bauteilzonen begrenzt, ist nicht zwingend der vollflächige Einsatz einer rissüberbrückenden Beschichtung erforderlich.

Beschichtungen von befahrenen Flächen zum Schutz der Betonkonstruktion sind eindeutig standsicherheitsrelevant, da in Risse eindringendes Wasser und Chloride zur Korrosion der Bewehrung führen kann. Bei Gefährdung der Standsicherheit liegt öffentliches Interesse vor.

In den Landesbauordnungen wird gefordert, geregelte Produkte zu verwenden. Bauprodukte, für die nach öffentlichem Baurecht zur Wahrung der öffentlichen Interessen festgelegte Anforderungen erfüllt sein müssen, sind in den Bauregellisten beschrieben:

Bauregelliste A enthält Bauprodukte bzw. die zugehörigen technischen Regeln nach den (deutschen) Landesbauordnungen.

Bauregelliste B enthält Bauprodukte, die nach den Vorschriften der EU in Verkehr gebracht werden dürfen.

Bauregelliste C enthält Bauprodukte, die "für die Erfüllung bauordnungsrechtlicher Anforderungen nur eine untergeordnete Bedeutung haben".

Der Nachweis der Brauchbarkeit von Beschichtungen für befahrene Flächen in Parkhäusern und Tiefgaragen wird durch allgemeine bauaufsichtliche Prüfzeugnisse (abP) erbracht.

In die Planung der Beschichtungsmaßnahmen ist insbesondere der Bauherr oder Nutzer einzubeziehen, da er erfahren und entscheiden muss, welche Auswirkungen vom Einsatz einzelner Beschichtungssysteme insbesondere für die Dauerhaftigkeit aber auch für die optische Erscheinung des Oberflächenschutzsystems zu erwarten sind.

6.1 Grundlagen für die Ausschreibung von Beschichtungen für befahrene Parkflächen

Bei Parkflächen handelt es sich um standsicherheitsrelevante Bauteile, für die somit geregelte oder durch Prüfzeugnis nachgewiesene Baustoffe verwendet werden müssen. Dies gilt auch für Beschichtungen, die neben dem Oberflächenschutz auch den Schutz der Konstruktion sicherstellen müssen.

Grundlage der Ausschreibung muss der Bezug auf das entsprechende Regelwerk sein. Bei Parkflächen in Tiefgaragen oder Parkhäusern ist die RILI SIB die maßgebende technische Vorschrift. Eine zusätzliche Benennung der ZTV SIB (oder ZTV ING) sollte unterbleiben, da dieses Regelwerk ausschließlich für Verkehrsbauwerke des BMV entwickelt wurde. Bei bituminösen Abdichtungen ist ein Verweis auf die ZTV ING richtig.

Oberflächenschutzsysteme für direkt befahrene Flächen nach RILI SIB sind die Oberflächenschutzsysteme OS 11 und OS 13. Werden auf dem Oberflächenschutz zusätzliche Verschleißschichten angeordnet (entsprechend ZTV ING), können auch die Oberflächenschutzsysteme OS 7 und OS 10 verwendet werden. Das in der ersten Ausgabe der RILI SIB geregelte Oberflächenschutzsystem OS 8 ist in der neuen Ausgabe der RILI SIB entfallen, kann jedoch weiterhin verwendet werden, sofern eine Grundprüfung nach alter RILI SIB vorliegt.

Oberflächenschutzsysteme nach RILI SIB müssen die in der Richtlinie festgelegten Anforderungen durch eine Grundprüfung nachgewiesen haben. Bei rissüberbrückenden Beschichtungssystemen z. B. ist damit die produktspezifische Mindestschichtdicke der Einzelschichten (oder des Gesamtaufbaus) festgelegt, die erforderlich ist, um Risse entsprechend der in RILI SIB definierten Breite und Rissweitenänderung bei zugrunde gelegten Temperaturen zu überbrücken. Der entsprechend der RILI SIB erforderliche Schichtdickenzuschlag dZ ist mit der Grundprüfung jedoch nicht berücksichtigt.

Dieser muss entweder separat ausgeschrieben werden oder durch einen Hinweis in der Ausschreibung auf den Nachweis durch ein Allgemeines bauaufsichtliches Prüfzeugnis (ABP) berücksichtigt werden. In dem ABP ist der Schichtdickenzuschlag in Abhängigkeit der Rautiefe festgelegt (häufig für 2 Rautiefen, z.B. 0,5 und 1 mm).

Die oft geübte Praxis, in den Leistungspositionen der Leistungsbeschreibung detailliert alle möglichen Arbeitsschritte sowie die Art des Materialauftrags zu beschreiben, ist falsch, da sie im Regelfall nur speziell für 1 Produkt gilt. Damit wird die gewünschte Gleichwertigkeit von anderen Produkten aufgehoben.

Neben der Leistungsposition für die Flächenbeschichtung sollten zwingend zusätzliche Leistungspositionen für die erforderlichen Vor- und Nebenarbeiten enthalten sein.

Als Untergrundvorbehandlung ist großflächig das Kugelstrahlen zu beschreiben, das über die gesamte Fläche, einschließlich zuvor gefräster Flächen vorzusehen ist. Idealerweise wird zunächst eine Fläche probegestrahlt, um die Arbeitsgeschwindigkeit für das Strahlgerät und damit den Aufwand für das Strahlen zuvor zu bestimmen.

Weitere vorbereitende Maßnahmen sind das Verschließen von Rissen und Arbeitsfugen, das Anlegen von Hohlkehlen an allen aufgehenden Bauteilen (Stützen, Wände, Schrammbord...), das Ausspachteln lokaler Fehlstellen oder Löcher, das Auftragen von flächigen Ausgleichspachtelungen (Grundierspachtelung oder Kratzspachtelung) oder das Auffüttern mit Mörtel für den Höhenausgleich (z.B. Anrampungen an Türen).

Die Flächenbeschichtung ist zu ergänzen durch den Sockelanstrich. Empfohlen wird, den Sockelanstrich bis in eine Höhe von ca. 15 bis 20 cm hochzuführen.

6.2 Einzelne Leistungspositionen

In den allgemeinen technischen Vorbemerkungen sollte der Bezug zur RILI SIB hergestellt werden und auf die entsprechend der Richtlinie durchzuführenden Eigenüberwachungsmaßnahmen hingewiesen werden, die von dem ausführenden Unternehmen durchzuführen sind.

Bei der Untergrundvorbehandlung sollte neben dem vollflächigen Kugelstrahlen ein eventuell erforderliches, partielles Fräsen tiefengestaffelt ausgeschrieben werden (z.B. bis 4 mm, bis 10 mm...).

Die erforderliche Untergrundfestigkeit (Oberflächenzugfestigkeit) muss nicht gesondert beschrieben werden, da diese systemabhängig in der RILI SIB festgelegt ist. Die zu ergreifenden Maßnahmen, wenn die erforderliche Untergrundfestigkeit nicht erreicht wird, können erst festgelegt werden, wenn der Zustand der vorbereiteten Fläche beurteilt werden kann.

Je dünnschichtiger das geplante Beschichtungssystem ist, desto aufwendiger sind die Maßnahmen zur Herstellung der beschichtungsfähigen Oberfläche. Bei einem einfachen Oberflächenschutzsystem OS 8 (Grundierung, Abstreuung, Kopfversiegelung – Schichtdicke ca. 0,8 mm) beispielsweise, muss davon ausgegangen werden, dass bereits die Spuren aus dem Kugelstrahlvorgang im fertigen Beschichtungssystem zu sehen sind, da im Übergreifungsbereich der einzelnen Spuren ein geringfügig stärkerer Abtrag erfolgt. Insbesondere das Ausspachteln einzelner Schadstellen. das Verschließen der Risse oder ein teilflächiges Spachteln führen häufig zu ungleichmäßigen Oberflächen, die zu Beanstandungen durch den Kunden führen können.

Risse werden durch die Untergrundvorbehandlung an ihren Rissflanken aufgeweitet. Dies hat zur Folge, dass Grundierharz von dem Riss kapillar aufgenommen wird und sich deshalb der Riss durch das Auftragen der Grundierung nicht vollständig füllt.

Das vollständige Verschließen aller Risse durch Tränkung oder Injektion ist nicht zwingend erforderlich, wenn der oberflächennahe Bereich ausreichend mit Epoxydharz verschlossen ist.

Einzelne Risse mit Rissbreiten > 0,2 - 0,3 mm sollten durch Tränkung, Verspachteln, Abstreuen und anschließendem Schleifen so vorbereitet werden, dass sich der Riss nach dieser Maßnahme nicht von der Flächenbeschichtung abzeichnet. Netzartige Risse weisen meistens sehr kleine Rissweiten auf (<0,2 mm) und können wegen ihrer Vielfalt nicht einzeln verschlossen werden. Liegen Flächen mit starker Netzrissbildung vor, sollten diese Flächenbereiche vollflächig gespachtelt werden, ohne dass zusätzliche Maßnahmen am Einzelriss durchgeführt werden.

Teilflächen, die durch Grundierspachtelung oder Kratzspachtelung einen Rautiefenausgleich erhalten, sind durch Abkleben an den Rändern geradlinig von angrenzenden Flächen abzugrenzen.

Für Rautiefen bis 0,5 mm sind üblicherweise keine Maßnahmen erforderlich, weil die abgestreute Grundierung die Rautiefe ausreichend ausgleicht. Bei Rautiefen zwischen 0,5 mm und 1 mm wird eine Grundierspachtelung, bestehend aus 1 M.-Teil lösemittelfreiem, unpigmentiertem, dünnflüssigem EP-Harz (ca. 500 g/m2) und ca. 1 M.-Teil trockenem Quarzsand der Körnung 0,1 - 0,3 mm verwendet, die mit Quarzsand 0,3 - 0,7 mm abgestreut wird. Rautiefen >1 mm werden durch eine Kratzspachtelung ausgeglichen, die aus 1 M.-Teil EP-Harz und 2 - 3 M.-Teilen trockenem Quarzsand besteht und ebenfalls abgestreut werden muss.

Einzelne Löcher und Betonausbruchstellen werden mit EP-Mörtel gefüllt. Ebenso werden flächige, dickschichtige Ausgleichsflächen oder Anrampungen mit EP-Mörtel hergestellt.

Für die Dauerhaftigkeit der aufgehenden Betonbauteile im Fußbereich ist ein Schutz gegenüber dem angreifenden Wasser und Chloriden erforderlich. Der Fußbereich der aufgehenden Bauteile wird besonders durch in Pfützen stehendem Wasser beansprucht. Bei Flächen, die ein ausreichendes Gefälle von 2, 5 % aufweisen kann zwar die Fläche wirkungsvoll entwässert werden, dennoch kann nicht ausgeschlossen werden, dass Wasser gegen aufgehende Bauteile geleitet wird.

Die wirkungsvollste Maßnahme gegen den Angriff von Wasser und Chloriden im Fußbereich aufgehender Bauteile sind Hohlkehlen aus Epoxydharzmörtel. Der Epoxydharzmörtel der Hohlkehlen wird auf die zuvor mit Epoxydharz grundierte Betonoberfläche aufgesetzt und nach dem Aushärten das Oberflächenschutzsystem auf den Mörtelkeil aufgezogen. Die Hohlkehle sollte ein Dreieckskeil mit ca. 3 x 3 cm sein.

Muss mit Spritzwasser gerechnet werden, sollte die Kopfversiegelung des Oberflächenschutzsystems ca. 15 cm an dem aufgehenden Bauteil hochgeführt werden. Weist das aufgehende Bauteil eine ausreichende Dauerhaftigkeit gegenüber Wasser- und Chlorideinwirkung auf, ist es ausreichend, den aufgehenden Sockel mit einer Wandfarbe oder einem wässrigen EP-System farblich abzusetzen.

Eine für die Praxis hinreichende Beschreibung eines rissüberbrückenden Beschichtungssystems für die Zwischendecke einer Tiefgarage könnte beispielsweise lauten:

Beschichtung der Zwischenebenen (rissüberbrückend)
Beschichtungssystem OS 11 B nach RILI SIB, Rissüberbrückung IIT+V
bestehend aus:
- Grundierung + Abstreuung
  Produkt: kg/m2
- Verschleißschicht (HWO) + Abstreuung
  Produkt: kg/m2
- Deckversiegelung
  Produkt: kg/m2

Schichtaufbau und Materialmengen nach Allgemeinem bauaufsichtlichen Prüfzeugnis (ABP) für Rautiefe 0,5 mm
Gesamtschichtdicke: ....
Beschichtung bis OK Hohlkehle
Zulage für Rautiefe bis 1,0 mm
....
Bei möglicher rückseitiger Feuchteinwirkung sollte unbedingt folgender Zusatzenthalten sein:
Beanspruchung: rückwärtige Feuchteeinwirkung

Die Leistungsbeschreibung für ein Oberflächenschutzsystem OS 8 kann wie folgt erfolgen:

Beschichtung der Bodenplatte
Beschichtung OS 8 nach RILI SIB (Ausgabe 1990)
bestehend aus 2k-lösemittelfreiem EP-Harz
- Grundierspachtelung + Abstreuung
  Produkt: kg/m2
- Deckversiegelung
  Produkt: kg/m2

Beanspruchung: rückwärtige Durchfeuchtung
Mindestschichtdicke 1,2 mm,
Schichtaufbau und Materialmengen nach Allgemeinem bauaufsichtlichen Prüfzeugnis (ABP)

Die Beschichtung für *Rampen* sollte ebenfalls mit einem starren Oberflächenschutzsystem erfolgen, da rissüberbrückende Systeme keinen ausreichenden Widerstand gegen den einwirkenden mechanischen Angriff der bremsenden und anfahrenden Fahrzeuge aufweisen. Einzelrisse, die sich während der Nutzung öffnen müssen mit Einzelmaßnahmen behandelt werden. Dazu kann im Einzelfall auch eine rissüberbrückende Einzelrissbehandlung erforderlich werden. Die Schichtdicke des Oberflächenschutzsystems sollte auf der Rampe ca. 2,5 mm betragen

Bei Außenrampen, die als Geschoßdecke dienen, wird empfohlen, eine Abdichtung nach ZTV ING auszubilden.

An Fugenprofilen und anderen Einbauteilen (Abläufe, Entwässerungsrinnen ...) ist das Oberflächenschutzsystem sorgfältig anzuarbeiten. Die Einbauteile müssen fest und unverschiebbar im Untergrund verankert sein. Zum Anschließen der Beschichtung an die Einbauteile ist eine dreieckige Nut in dem Beton so anzulegen, dass das Oberflächenschutzsystem um das Einbauteil herum mit verstärkter Schichtdicke eingebaut werden kann.

7 Instandhaltung und Wartung

Die Dauerhaftigkeit der abdichtenden Wirkung von befahrenen Oberflächenschutzsystemen auf Parkhaus- und Tiefgaragenflächen ist durch eine angemessene Wartung und Instandhaltung sicherzustellen.

Werden nach Heft 525 des DAfStb die Betongüte und die Betondeckung abgemindert, ist ein Wartungsintervall von 2 mal jährlich festgelegt. Für alle anderen Beschichtungen in Parkhäusern ist insbesondere in den ersten Jahren eine intensive Wartung erforderlich, weil die temperaturbedingten Formänderungen der Betonbauteile noch mit austrocknungsbedingten Formänderungen überlagert werden, die zur Entstehung neuer Risse oder zur Öffnung vorhandener Risse führen können. Danach sind insbesondere die Flächen regelmäßig zu überprüfen, die einem erhöhten mechanischen Angriff ausgesetzt sind (Fahrspuren, Rampen).

Werden während der regelmäßigen Wartung Schwachstellen erkannt, sind abhängig von der Art der Schwachstelle Maßnahmen zu planen und umzusetzen, die die Dauerhaftigkeit der Beschichtung und damit der Tragkonstruktion langfristig sicherstellen.

8 Literatur

[1] DIN 1045, Teile 1 - 4: Tragwerke aus Beton, Stahlbeton und Spannbeton. Ausgabe 2001-07

[2] DIN 1045-1: Tragwerke aus Beton, Stahlbeton und Spannbeton - Berichtigung 1

[3] Deutscher Ausschuss für Stahlbeton e.V. (DAfStb): Erläuterungen zu DIN 1045-1. Heft 525 der DAfStb-Schriftenreihe, 1. Auflage. Berlin: Beuth Verlag GmbH 2003.

[4] Deutscher Ausschuss für Stahlbeton e.V. (DAfStb): Richtlinie „Schutz und Instandsetzung von Betonbauteilen", Teile 1 - 4. Fassung Oktober 2001.

[5] Zusätzliche Technische Vertragsbedingungen und Richtlinie für Ingenieurbauten ZTV ING (darin ZTV SIB): Allgemeines Rundschreiben Straßenbau Nr. 14/2003.

[6] *Beddoe, R.*, u. *Springenschmidt, R.*: Feuchtetransport durch Bauteile aus Beton. Beton- und Stahlbetonbau 94 (1999), Heft 4, Seiten 158 bis 166.

[7] *Flohrer, C.*: Beschichtungen befahrbarer Flächen in Parkhäusern und Tiefgaragen – Dauerhaftigkeit nach neuer Norm; Regionaltagung Deutscher Beton- und Bautechnik-Verein E.V. 2004

11 Betonbeschichtungen und Kunstharzböden nach harmonisierten europäischen Normen

Franz Stöckl

Zusammenfassung

Das Technische Komitee CEN/TC 303 „Floor screeds and in-situ floorings in buildings" hat ein Regelwerk für Estrichmörtel auf der Basis von Zement, Calciumsulfat, Magnesit, Gussasphalt und Kunstharz erarbeitet. Die vorhandene DIN EN 13813 wird verbindlich in den Markt eingeführt. Eine Übertragung auf die Gepflogenheiten in den einzelnen EU-Mitgliedsstaaten wird nicht einfach sein. Aus diesem Grund sind so genannte Anpassungsnormen vorgesehen. Hersteller, Verarbeiter, Ausschreiber und Nutzer solcher Böden müssen sich daher frühzeitig mit den vorgesehenen Anforderungen und Konformitätsbewertungen auseinandersetzen. Die CE-Kennzeichnung verlangt neue Vorgehensweisen. In der EN 1504 „Produkte und Systeme für den Schutz und die Instandsetzung von Betontragwerken" sind in Teil 2 „Oberflächenschutzsysteme für Beton" ebenfalls Reaktionsharzsysteme für Bodenflächen beschrieben, die aber der Erhaltung der Standsicherheit von Betonbauteilen dienen. Wenn „Flooring"-Systeme für diesen Zweck eingesetzt werden, müssen die entsprechenden Vorgaben dieser Norm zusätzlich erfüllt werden.

1 Einleitung

Industriefußböden sind in der Anwendung und Nutzung im Alltag sehr unterschiedlichen Belastungen ausgesetzt. Neben zementgebundenen Werkstoffen sind Böden auf der Basis von Magnesit, Anhydrit, Gussasphalt und Reaktionsharzen marktüblich. Die Eigenschaften solcher Kunstharz-Systeme zeichnen sich gegenüber anderen durch besondere Vorteile aus. So sind sie z. B. widerstandsfähig gegenüber chemischen und mechanischen Einflüssen, schützen Wasser, Boden und Umwelt gegenüber schädlichen Medien, sind frei von Rissen, erfüllen hohe hygienische Anforderungen, sind leicht reinigungsfähig und bieten vielerlei dekorative Möglichkeiten der Gestaltung.

Bauchemische Stoffe und Stoffsysteme werden nun in Deutschland und Europa zunehmend durch Normen und Regelwerke erfasst. Bodensysteme mit Reaktionsharz-Systemen – bisher nur in gewissen Teilbereichen geregelt – werden in den europäischen Normen DIN EN 13813 und dem DIN EN 1504-2 erfasst und umfassend beschrieben [1] [2].

2 Die Europäische Bauprodukten-Richtlinie

Die europäische Bauprodukten-Richtlinie fordert von Bauprodukten die Erfüllung wesentlicher Anforderungen, die in Grundlagendokumenten festgelegt sind: mechanische Festigkeit und Standsicherheit – Brandschutz – Hygiene, Gesundheit, Umweltschutz – Nutzungssicherheit – Schallschutz – Energieeinsparung und Wärmeschutz [3].

Bauprodukte, die diesen Anforderungen entsprechen und auch den Nachweis dafür erbringen, können in allen EU-Mitgliedsstaaten ohne zusätzliche Nachweise gehandelt und dem angegebenen Verwendungszweck entsprechend eingesetzt werden.

Um den freien Warenverkehr zwischen den Ländern der Europäischen Union zu ermöglichen, müssen Handelshemmnisse in Bezug auf das Inverkehrbringen und die Verwendung von Bauprodukten abgebaut werden. Das kann z. B. durch „harmonisierte europäische Normen“ (EN) ermöglicht und geregelt werden. Solche Normen stellen Leistungsanforderungen an die Produkte.

Von der EU-Kommission werden Mandate für die Normenarbeit – in diesem Fall an das CEN (Europäisches Komitee für Normung) – vergeben. Die Erfüllung dieser Vorgaben wird durch die CE-Kennzeichnung ausgedrückt.

Geografische, klimatische und baukulturelle Bedingungen in den einzelnen Ländern sind in der Normenarbeit zu berücksichtigen. Diese zwischen den EU-Mitgliedsstaaten formal abgestimmten und damit als „harmonisierte Normen“ eingeführt, geben entsprechende Anforderungsstufen und -klassen für die Produkteigenschaften vor, auf die die EU-Mitgliedsstaaten dann bei der jeweiligen landesspezifischen Umsetzung, z.B. mit Anwendungsnormen, zurückgreifen können.

3 EN 13813 und EN 1504-2

Das Technische Komitee CEN/TC 303 und die ihm zugeordneten Arbeitsgruppen haben in den letzten zehn Jahren die Normen für Estrichmörtel und Estriche/Estrichmassen, ihre Eigenschaften und Anforderungen erarbeitet. Das Sekretariat und die Obmannschaft (K. Zeus) waren unter deutscher Leitung.

Ein erster, außerordentlich wichtiger Schritt in der Normarbeit stellte die Klärung landesüblich unterschiedlicher Begriffe und Besonderheiten von Bauarten und Ausführungen dar. Die Definitionen sind nun in der DIN EN 13318 (Estrichmörtel, Estrichmassen und Estriche – Definitionen) festgeschrieben [4].

Allgemein wird unter Estrich eine Schicht verstanden, die direkt auf einen Untergrund aufgebracht wird. Dies kann mit oder ohne Verbund geschehen, eventuell auch mit Trenn- oder Dämmschichten.

Der Begriff „Estrich“ bzw. „Screed“ umfasst hier auch die für die Reaktionsharzsysteme üblichen, bekannten Industriefußbodenbeläge. Eine Begrenzung der Schichtdicken ist nicht gewollt, d. h. alle Beschichtungen, Beläge und Estriche sind betroffen.

Im CEN TC 104/SC 8 „Protection and Repair of Concrete Structures“ (Obmann: H. Davies, UK; Sekretariat: AFNOR, F) erarbeitete die Working Group WG 1 (Obmann: R. Stenner, D) die speziellen Oberflächenschutzsysteme für diesen Arbeitsbereich. Die vorliegende EN 1504-2 „Oberflächenschutzsysteme für Beton“ befasst sich damit. [2]

Da Oberflächenschutzsysteme durch ihre besonderen Eigenschaften statisch relevante und konstruktive Betonbauteile (-tragwerke) vor schädlichen Einwirkungen schützen können, sind in solchen Fällen, wie auch hier bei Bodenflächen, neben den Vorgaben der EN 13813 auch die Prinzipien und Anforderungen an solche Stoffe und Systeme der EN 1504-2 zu erfüllen.

Die Entscheidung über die Ziele für den Schutz und die Instandsetzung erfolgt dort durch den „sachkundigen Planer" („Designer") über die Auswahl der geeigneten und für den speziellen Fall zutreffenden Prinzipien und den Methoden für den Schutz und die Instandsetzung. Die dann notwendigen Eigenschaften zur Erfüllung dieser Vorgaben sind festzulegen. Bei Kunstharzböden wird in erster Linie das Prinzip 5: Physical Resistance (PR) zutreffen.

Diese sehr komplexen Zusammenhänge wurden in einer eigenen „Liaison"-Gruppe besprochen und der nachfolgenden Lösung zugeführt, die in beiden „Scopes" (Anwendungsbereiche) der Normen festgeschrieben ist.

Im Scope der prEN 1504-2 steht dazu:

„Flooring systems in buildings which are not intended to protect or reinstate the integrity of a concrete structure are standardised in EN 13813. When products and systems complying with this standard are used in flooring applications that involve substantial mechanical loading, they shall also satisfy the requirements of EN 13813." [2]

EN 13813 beschreibt diesen Sachverhalt – nicht absprachegemäß – in der deutschen Übersetzung, Ausgabe September 2002, in Abschnitt 5 – Anforderungen und Klassifizierung – unter 5.1 Allgemeines:

„Wenn Fußbodensysteme eingesetzt werden, um das Lastaufnahmevermögen einer Betonkonstruktion zu schützen oder wieder herzustellen, müssen zusätzlich zu den Anforderungen dieser Norm auch die Anforderungen nach EN 1504-2 erfüllt werden." [1]

4 Anwendungsbereiche der EN 13813

DIN EN 13813 legt Anforderungen für Estrichmörtel, fest, die für Fußbodenkonstruktionen in Innenräumen eingesetzt werden. Sie gilt also eindeutig nicht für die Außenanwendung.

Es soll eine anwendungsbezogene Norm erreicht werden. Dazu werden nach Möglichkeit nur die Eigenschaften eines Produktes beschrieben und Leistungskennwerte festgelegt. Diese sind dann die Basis für die Bewertung der Konformität des Produktes mit der harmonisierten DIN EN 13813 [2].

Estriche mit einem Beitrag zur Tragfähigkeit eines Bauwerkes werden nicht erfasst. Es ist abzusehen, dass die einzelnen EU-Staaten nationale Anwendungsrichtlinien und Festlegungen vornehmen werden. Für Deutschland erfolgten entsprechende Überarbeitungen zur Anpassung an die deutschen Erfahrungen an der DIN 18560 mit ihren Teilen 1 bis 8.

Wenn Fußbodensysteme eingesetzt werden, um die Tragfähigkeit einer Betonkonstruktion zu schützen, zu erhalten oder wiederherzustellen, sind die Anforderungen der DIN EN 13813 und die zusätzlichen, spezifischen Anforderungen der EN 1504-2 zu erfüllen (siehe Abschnitt 3). [2]

Die zu prüfenden Eigenschaften für alle Estrichmörtelarten sind aus Tabelle 1 zu ersehen [2].

Tabelle 1: Estrichmörtel und Prüfungen für alle Estrichmörtelarten [1]

Estrichmörtel auf der Basis von:	Druckfestigkeit	Biegezugfestigkeit	Verschleißwiderstand nach Böhme	Verschleißwiderstand nach BCA	Verschleißwiderstand gegen Rollbeanspruchung	Oberflächenhärte	Eindringtiefe	Widerstand gegenRollbeanspruchung von Estrichen mit Bodenbelägen	Verarbeitungszeit	Schwinden und Quellen	Konsistenz	pH-Wert	Elastizitätsmodul	Schlagfestigkeit	Haftzugfestigkeit
Zement	N	N	N[a] (eine von drei)			O	—	O	O	O	O	O	O	O[a]	O
Calciumsulfat	N	N	O	O	O	O	—	O	O	O	O	N	O	—	O
Magnesit	N	N	O	O	O	N[a]	—	O	—	O	O	O	O	—	O
Gussasphalt	—	—	O	O	O	—	N	O	—	—	—	—	—	—	—
Kunstharz	O	O	—	N[a] (eine von zwei)		O	—	O	—	O	O	—	O	N[a]	N

N Normativ
O Optional, wenn zutreffend
– nicht zutreffend
a nur für Estrichmörtel, die für Nutzflächen vorgesehen sind

Für jede Bindemittelart sind in der EN 13892-1 (Prüfverfahren für Estrichmörtel und Estrichmassen – Teil 1: Probenahme, Herstellung und Lagerung der Prüfkörper, [5] Festlegungen über die zu beachtenden Verfahrensweisen getroffen. Sie gelten für trockene Estrichmörtel in Säcken oder als Schüttgut, fertiggemischte oder baustellengemischte Mörtel oder für Produkte, die als Fertigmörtel oder als mischfertige Packungen geliefert werden.

Für die Probennahme, das Anmachen der Mischungen und die Herstellung der Probekörper werden genaue Vorgaben gemacht. Die Nachbehandlung bzw. Lagerung der Prüfkörper ist für Estrichmörtel auf der Grundlage von Kunstharz bei einer Temperatur von 23 +/- 2° C und einer relativen Luftfeuchte von 50 +/- 5% vorgegeben. Dabei verbleiben die Prüfkörper normalerweise einen Tag in der Form selbst und 27 Tage im Lagerungsraum. Der Hersteller kann jedoch auch kürzere Zeiten wählen.

5 Eigenschafen der Kunstharz-Estrichmassen nach EN 13813

Die nachfolgenden Prüfungen und Kriterien für Kunstharzestrichmassen gelten für die Erstprüfungen und die werkseigene Produktionskontrolle (FPC = Factory Production Control oder WPK = Werkseigene Produktions-Kontrolle). Im Qualitätshandbuch der Hersteller, z. B. nach DIN EN ISO 9002, sind diese Schritte festzuschreiben.

In DIN EN 13813 ist unter Abschnitt 5.1 angemerkt: „Die Eigenschaften des Estrichs auf der Baustelle sind nicht immer direkt mit den unter Laborbedingungen ermittelten Estricheigenschaften vergleichbar, z.B. aufgrund von Unterschieden beim Mischen, Verdichten oder Nachbehandeln." Dies zeigt auch die Schwierigkeiten in der praktischen Umsetzung und der gewünschten Konformität der letztendlich angewandten Produkte und Systeme und deren Eigenschaften.

Wie Tabelle 1 zeigt, sind von Kunstharzestrichmassen – üblicherweise für Nutzflächen vorgesehen – die folgenden Eigenschaften gemäß den Abschnitten 5.1, 5.2 und 5.3 normativ und als solches obligatorisch nachzuweisen. Die folgenden Eigenschaften gem. den Abschnitten 5.4 und 5.7 sind optional. Ihre Kenntnis ist in speziellen Fällen wichtig. Sie können vom Hersteller deklariert werden.

5.1 Verschleißwiderstand

Es kann zwischen zwei Prüfmethoden gewählt werden.

Bei der Prüfung nach EN 13892-4 [6] wird der Verschleißwiderstand mit der Abriebprüfmaschine BCA durchgeführt. Er wird durch die Messung der mittleren Abriebtiefe innerhalb des ringförmigen Prüfbereiches beurteilt, die durch drei gehärtete Stahlrollen nach 2850 +/- 10 Umdrehungen erreicht ist.

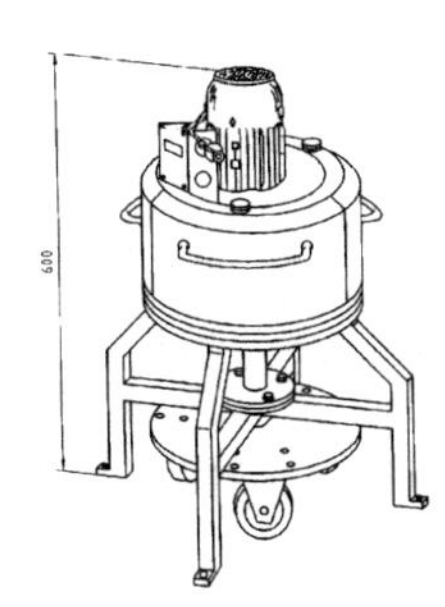

Bild 1: Abriebprüfmaschine BCA [1] [6]

Der BCA-Verschleißwiderstand wird mit AR (Abrasion Resistance = Abriebbeständigkeit) und der auf 100 µm angegebenen maximalen Abriebtiefe bezeichnet.

Tabelle 2: Verschleißwiderstandsklassen nach BCA [1] [6]

Klasse	Abriebtiefe in µm
AR 6	600
AR 4	400
AR 2	200
AR 1	100
AR 0,5	50

Das zweite mögliche Verfahren für Kunstharzestrichmassen ist in EN 13892-5 [7] als Verschleißwiderstand gegen Rollbeanspruchung festgelegt.

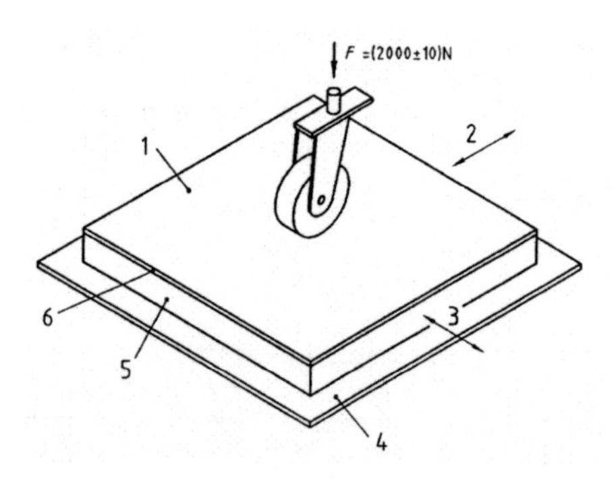

1 Prüfkörper
2 Bewegungsrichtung und Weg (260+/-2) mm /Frequenz (1,71 +/-0,1) Zyklen pro Minute
3 Bewegungsrichtung und Weg (260+/-2) mm /Frequenz (1,71 +/-0,1) Zyklen pro Minute
4 Auflagetisch; 5 Betonkörper; 6 Estrich/Beschichtung

Bild 2: Abriebprüfgerät für den Verschleißwiderstand gegen Rollbeanspruchung (Prinzip Skizze) [1] [7]

Die mit dem Kunstharzsystem beschichteten Betonplatten werden durch Befahren mit einem belasteten, drehbaren Stahlrad in zwei unterschiedlich langen Richtungen mit unterschiedlichen Frequenzen beansprucht. Diese Bewegungen erzeugen Scherspannungen in der Beschichtung. An den Umkehrpunkten werden die Scherspannungen zusätzlich durch Torsionsbewegungen überlagert. Die Dauer des Tests beträgt 10.000 Zyklen. Gemessen wird das nach dem Test vorliegende Profil der Prüffläche. Der Verschleißwiderstand gegen Rollbeanspruchung wird mit „RWA" (für Rolling Wheel Abrasion = Abrieb durch Rollbeanspruchung) und der in cm³ angegebenen Abriebmenge bezeichnet.

Tabelle 3: Verschleißwiderstandsklassen gegen Rollbeanspruchung [1] [7]

Klasse	Abriebmengen in cm³
RWA 300	300
RWA 100	100
RWA 20	20
RWA 10	10
RWA 1	1

Beide Prüfnormen und Prüfapparate sind in Deutschland unbekannt. Erfahrungen mit diesen Geräten liegen also bisher nicht vor. Die Firmen des Verbandes der Deutschen Bauchemie e. V. haben deshalb einen umfangreichen Forschungsauftrag vergeben, der Korrelationen zu den Erfahrungen mit dem „Stuttgarter Rad" und dem Taber-Verfahren nach EN ISO 5470-1 herstellen soll. Letzterer ist in der EN 1504-2 [2] beschrieben für die dort angeführten Beschichtungen. Die Messung erfolgt mit dem Abriebrad H22 nach 1.000 Zyklen und einer Belastung von 1.000 g und soll weniger als 3.000 mg Gewichtsabrieb betragen.

5.2 Schlagfestigkeit

Kunstharzestrichmörtel, die für Nutzschichten vorgesehen sind, sind mit einem Wert für die Schlagfestigkeit zu deklarieren. Geprüft werden die Systeme auf einer Betonplatte nach EN ISO 6272. „IR“ (Impact Resistance = Schlagfestigkeit) in Kombination mit dem angegebenen Wert in Nm deklariert die Schlagfestigkeit

5.3 Haftzugfestigkeit

Die Haftzugfestigkeit muss vom Hersteller deklariert werden. Sie wird nach EN 13892-8 bestimmt und mit B (Bond = Haftung) sowie der Haftzugfestigkeit in N/mm² bezeichnet.

Tabelle 4: Klassen der Haftzugfestigkeit [1] [8]

Klasse	Haftzugfestigkeit in N/mm²
B 0,2	0,2
B 0,5	0,5
B 1,0	1,0
B 1,5	1,5
B 2,0	2,0

Die Prüfung erfolgt auf Betonprüfkörpern aus Beton nach Typ MC (0,40) der EN 1766. Kunstharzmassen müssen eine Haftzugfestigkeit von mindestens 1,5 N/mm² nach diesem Prüfverfahren erreichen [8].

5.4 Druck- und Biegezugfestigkeit

Druck- und Biegezugfestigkeit werden nach EN 13892-2 [9] bestimmt und sind für Kunstharzestrichmörtel nur optional. Bei Dicken bis zu 5 mm ist die Biegezugfestigkeit nach EN ISO 178 zu bestimmen.

Der Hersteller darf für Kunstharzestrichmörtel die Druck- und Biegezugfestigkeit deklarieren. Die Deklaration erfolgt bei der Druckfestigkeit mit „C“ (Compression = Druck), für die Biegezugfestigkeit mit „F“ (Flexural = Biege-) und der in N/mm² angegebenen Werte.

Tabelle 5: Klassen der Druck- und Biegezugfestigkeit [1] [9]

Klasse	Druckfestigkeit in N/mm²
C 5	5
C 7	7
C 12	12
C 16	16
C 20	20
C 25	25
C 30	30
C 35	35
C 40	40
C 50	50
C 60	60
C 70	70
C 80	80

Klasse	Biegezug-festigkeit N/mm²
F 1	1
F 2	2
F 3	3
F 4	4
F 5	5
F 6	6
F 7	7
F 10	10
F 15	15
F 20	20
F 30	30
F 40	40
F 50	50

5.5 Oberflächenhärte

Für Kunstharzestrichmassen mit Feinkorn (< 4 mm) darf die Oberflächenhärte deklariert werden. Sie wird nach EN 13892-6 bestimmt. [10]

Die Oberflächenhärte wird mit „SH" (Surface Hardness = Oberflächenhärte) und der in N/mm² angegebenen Oberflächenhärte bezeichnet.

Tabelle 6: Oberflächenhärteklassen [1] [10]

Klasse	Oberflächenhärte in N/mm²
SH 30	30
SH 40	40
SH 50	50
SH 70	70
SH 100	100
SH 150	150
SH 200	200

5.6 Schwinden und Quellen

Die Werte für Schwinden und Quellen dürfen in mm/m vom Hersteller deklariert werden. Sie sind nach EN 13545-2 zu bestimmen. Wird das Produkt in einer Dicke von weniger als 10 mm aufgebracht ist die Prüfung nach EN 13872 auszuführen.

5.7 Konsistenz

Der Hersteller kann die Konsistenz in mm deklarieren. Sie wird nach EN 13454-2 bestimmt, bei einem Wert größer als 300 mm nach EN 12706.

5.8 Elastizitätsmodul

Das Elastizitätsmodul wird als Biegeelastizitätsmodul nach DIN ISO 178 bestimmt und darf vom Hersteller deklariert werden mit „E" (Elastizität) in KN/mm².

Tabelle 7: Klassen des Biegeelastizitätsmoduls [1]

Klasse	Biegeelastizitätsmodul in KN/mm²
E 1	1
E 2	2
E 5	5
E 10	10
E 20	20
um jeweils fünf höhere Klassen	25 – 30 – usw.

5.9 Besondere Eigenschaften

Zusätzlich sind besondere Eigenschaften zu berücksichtigen, wenn sie von den EU-Mitgliedsstaaten durch gesetzliche Anforderungen verlangt werden. Der Hersteller kann diese Angaben auch freiwillig machen, wenn er dies für notwendig hält. Im Einzelnen sind dies z. B.:

Tabelle 8: Besondere Eigenschaften [1]

Eigenschaft	Norm	Angabe
elektrischer Widerstand	EN 1081	ER (Ohm-Wert)
chemische Beständigkeit	EN 13529	CR 1 bis CR 14
Brandverhalten	EN 13501-1	

Der Hersteller kann auch besondere Eigenschaften deklarieren, auch wenn sie von dieser Norm nicht erfasst sind. Er muss dann das verwendete Verfahren angeben.

6 Konformitätsbewertung

Laut Mandat M/132 „Fußbodenbeläge“ sind die Systeme zur Bescheinigung der Konformität festgelegt. Je nach den Vorschriften an das Brandverhalten sind hier die Systeme 1, 3 oder 4 vorgegeben.

Tabelle 9: Tabelle ZA.2: Systeme zur Bescheinigung der Konformität für Estrichmörtel in Innenräumen [1]

Produkte	Vorgesehene Verwendungszwecke	Klasse (falls zutreffend)	System zur Bescheinigung der Konformität
Estrichmörtel	für Anwendungen in Innenräumen, die Vorschriften an das Brandverhalten unterliegen	$A1_{fl}$,[a] $A2_{fl}$,[a] B_{fl},[a] und C_{fl} [a]	1
		$A1_{fl}$,[b] $A2_{fl}$,[b] B_{fl},[b] C_{fl},[b] D_{fl} und E_{fl}	3
		($A1_{fl}$ bis E_{fl}) [c] und F	4
	für Anwendungen in Innenräumen, die Vorschriften an gefährliche Stoffe unterliegen	—	3
	alle sonstigen Verwendungszwecke	Anpassung an die Schwellenwertklassen der Tabellen ZA.1.1 bis ZA.1.5	4

[a] Produkte/Werkstoffe, für die eine eindeutig identifizierbare Stufe im Produktionsprozess zu einer Verbesserung der Brandverhaltensklasse führt (z. B. Zusatz feuerhemmender Mittel oder Einhaltung von Grenzwerten für organisches Material).

[b] Produkte/Werkstoffe, die von der Fußnote [a] nicht abgedeckt werden.

[c] Produkte/Werkstoffe, deren Brandverhalten nicht geprüft werden muss (z. B. Produkte/Werkstoffe der Klasse A.1 nach dem geänderten Beschluss 96/603/EG der Kommission)

Bei den üblichen Anwendungen der Estrichmörtel und -beschichtungen bei den Kunstharzmassen sind die technischen Angaben dem Konformitätssystem 4 zugeordnet. Dies bedeutet, dass der Hersteller seine Produkte in eigener Verantwortung prüfen und deklarieren kann.

Die wesentlichen, zu erfüllenden Eigenschaften der Kunstharzestrichmörtel sind in der EN 13813, Tabelle ZA.1.5, festgelegt [1]. Danach sind dies:

Tabelle 10: EN 13813, Tabelle ZA.1.5, gekürzt [1]

Brandverhalten:	Stufen oder Klassen: $A1_{fl}$ bis F_{fl}
  Verschleißwiderstand (der Nutzschichten) Haftzugfestigkeit Schlagfestigkeit (der Nutzschichten)	Schwellenwertklassen: [1)] ≤ RWA 10 oder ≤ AR 1 ≥ B 1,5 ≥ IR 4
Freisetzung korrosiver Substanzen	entsprechend der Deklaration für die jeweilige Art des Estrichmörtels
Chemische Beständigkeit	-

„Die Anforderungen an eine bestimmte Eigenschaft ist in denjenigen Mitgliedsstaaten (MS) nicht gültig, in denen es für den vorgesehenen Verwendungszweck des Produkts keine gesetzlichen Anforderungen an diese Eigenschaft gibt. In diesem Fall sind Hersteller, die ihre Produkte auf dem Markt dieses MS anbieten, nicht verpflichtet, die Kennwerte ihrer Produkte für die betreffende Eigenschaft zu bestimmen oder zu deklarieren, und in den Begleitdokumenten für die CE-Kennzeichnung (siehe ZA.3) darf die Option „Kennwert nicht festgelegt“ (NPD = No Performance Determined) angegeben werden. Die Option NPD darf jedoch nicht angewendet werden, wenn für die betreffende Eigenschaft ein Schwellenwert einzuhalten ist.“ [1]

Tabelle 11 zeigt ein Beispiel für die CE-Kennzeichnung von Kunstharzmassen.

[1)] „Für den vorgesehenen Verwendungszweck hat der Ersteller der Leistungsbeschreibung die Klasse vorzuschreiben, die erforderlich ist, um die gewünschte Dauerhaftigkeit zu erreichen.“ [1]

Tabelle 11: Bild ZA.1: Beispiel für die im Zusammenhang mit der CE-Kennzeichnung anzugebenden Informationen [1]

<table>
<tr><td></td><td>CE-Konformitätskennzeichnung, die aus dem in der Richtlinie 93/68/EWG angegebenen CE-Kennzeichen besteht.</td></tr>
<tr><td>AnyCo Ltd, PO Box 21, B-1050

00</td><td>Name oder Kennzeichen und eingetragene Adresse des Herstellers

Die letzten beiden Ziffern des Jahres, in dem die Kennzeichnung angebracht wurde.</td></tr>
<tr><td>EN 13813 CT-C50-F6-A6

Zementestrichmörtel für die Anwendung in Gebäuden
Brandverhalten: A1$_{fl}$
Freisetzung korrosiver Substanzen: CT
Wasserdurchlässigkeit: NPD
Wasserdampfdurchlässigkeit: NPD
Druckfestigkeit: C50
Biegezugfestigkeit: F6
Verschleißwiderstand: A6
Schallisolierung: NPD
Schallabsorption: NPD
Wärmedämmung: NPD
Chemische Beständigkeit: NPD</td><td>Nummer der Europäischen Norm

Beschreibung des Produkts und Informationen zu den kontrollierten Eigenschaften des Produkts</td></tr>
</table>

7 Verbindliche Einführung

Die EN 13813 wurde vom Deutschen Institut für Normung Ende 2002 als DIN EN 13813 veröffentlicht. Ab April 2003 hatte sie dann den Status einer deutschen Norm und konnte neben den deutschen Normen schon als Basis für die CE-Kennzeichnung verwendet werden. Dieser Zeitraum endete im Juli 2004. Dann wurden die deutschen Normen zurückgezogen, und es galt nur noch die EN 13813 (DOW = Date of Withdrawal) mit den deutschen Anwendungsnormen DIN 18560, Teile 1 bis 8.

8 Literaturangaben

[1] Normenausschuss Bauwesen (NABau) im Deutschen Institut für Normung e. V. (Hrsg.): DIN EN 13813: Estrichmörtel, Estrichmassen und Estriche – Estrichmörtel und Estrichmassen – Eigenschaften und Anforderungen. September 2002

[2] Normenausschuss Bauwesen (NABau) im Deutschen Institut für Normung e. V. (Hrsg.): prEN 1504-2: Products and systems for the protection and repair of concrete structures – Defintions – Requirements – Quality control and evaluation of conformity part 2: surface protection systems for concrete. 17.09.2002

[3] Richtlinie des Rates vom 21.12.1988 (89/106/EWG und vom 22.07.1993 (93/68/EWG)

[4] Normenausschuss Bauwesen (NABau) Deutschen Institut für Normung e. V. (Hrsg.): DIN EN 13318: Estrichmörtel, Estrichmassen und Estriche – Definitionen

[5] Normenausschuss Bauwesen (NABau) im Deutschen Institut für Normung e. V. (Hrsg.): prEN 13892-1: Prüfverfahren für Estrichmörtel und Estrichmassen – Teil 1: Probenahme, Herstellung und Lagerung der Prüfkörper

[6] Normenausschuss Bauwesen (NABau) im Deutschen Institut für Normung e. V. (Hrsg.): prEN 13892-4: Prüfverfahren für Estrichmörtel und Estrichmassen – Teil 4: Bestimmung des Schleifverschleißes nach BCA

[7] Normenausschuss Bauwesen (NABau) im Deutschen Institut für Normung e. V. (Hrsg.): prEN 13892-5: Prüfverfahren für Estrichmörtel – Teil 5: Bestimmung des Widerstandes gegen Rollbeanspruchung von Estrichen für Nutzschichten

[8] Normenausschuss Bauwesen (NABau) im Deutschen Institut für Normung e. V. (Hrsg.): prEN 13892-8: Prüfverfahren für Estrichmörtel – Teil 8: Bestimmung der Haftzugfestigkeit

[9] Normenausschuss Bauwesen (NABau) im Deutschen Institut für Normung e. V. (Hrsg.): prEN 13892-2: Prüfverfahren für Estrichmörtel und Estrichmassen – Teil 2: Bestimmung der Biegezug- und Druckfestigkeit

12 Abrieb von Bodenbeschichtungen auf Reaktionsharzbasis

Frank Huppertz

1. Einleitung

Die im CEN TC 303 erarbeitete Normenreihe DIN EN 13813 [1] beinhaltet neben den in Deutschland bekannten Estrichtypen auch Kunstharz-Beschichtungssysteme für Fußböden. In der Norm befindet sich ein Verweis auf die EN 1504-2, wenn es darum geht, den Schutz und die Standsicherheit von Betontragwerken zu erfüllen [2].

In Tabelle 1 der Norm werden die nachzuweisenden Eigenschaften von Estrichmörteln sowie die Prüfungen für alle Estrichmörtelarten dargestellt. Dort wird für Estrichmörtel auf der Basis von Kunstharz zwingend vorgeschrieben, dass der Verschleißwiderstand nach BCA, (DIN EN 13892-4 [3]) oder der Verschleißwiderstand gegen Rollbeanspruchung (rolling wheel) nach DIN EN 13892-5 [4] nachgewiesen wird.

Im Gegensatz zu [1] wird für Oberflächenschutzsysteme nach [2] das Taber-Verfahren nach ISO 7784-1 [5] vorgeschrieben. Das bedeutet, es existieren zur Zeit drei verschiedene Prüfverfahren für ähnliche Systeme, jedoch fehlt bisher ein Vergleich hinsichtlich der Verschleißbeanspruchung der Verfahren.

Der Spiegelausschuss des DIN überarbeitet zur Zeit die DIN 18560. Diese Norm wird auch Kunstharzestriche behandeln, wobei klassische Beschichtungssysteme dabei als Estriche bezeichnet werden.

Der Ausschuss stellte fest, dass in Deutschland bisher kein Hersteller oder Prüfinstitut Erfahrungen mit den in der DIN EN 13813 dargestellten Prüfverfahren nach [2] und [3] hat. Daher ist die Deutsche Bauchemie aufgefordert worden, die Datenlage hinsichtlich dieser Prüfmethoden zu verbessern.

Zudem besteht Handlungsbedarf, da nicht nur die deutschen und europäischen Estrichnormen neu gestaltet werden, sondern auch die europäische Instandsetzungsnorm Verschleißprüfungen an Beschichtungssystemen vorschreibt. Daher sollten in dem Projekt, welches nachfolgend beschrieben wird, die drei verschiedenen Prüfverfahren miteinander verglichen werden. Die Ergebnisse des Vorhabens sollen den Mitgliedsunternehmen Unterstützung geben, die vorhandenen und zukünftigen Beschichtungssysteme hinsichtlich ihres Verschleißwiderstandes, der aus verschiedenen Meßmethoden gewonnen wird, zu beurteilen.

2. Prüfverfahren

Im Rahmen dieses Forschungsvorhabens wurden verschiedene Verschleißprüfverfahren miteinander verglichen:

- DIN EN 13892-4: Prüfverfahren für Estrichmörtel und Estrichmassen - Teil 4: Bestimmung des Verschleißwiderstandes nach BCA
- DIN EN 13892-5: Prüfverfahren für Estrichmörtel und Estrichmassen - Teil 5: Bestimmung des Widerstandes gegen Rollbeanspruchung von Estrichen für Nutzschichten
- ISO 7784-1: Beschichtungsstoffe - Bestimmung des Abriebwiderstandes - Teil 1: Verfahren mit rotierendem Reibrad mit Schleifpapier

Im Folgenden werden die Prüfverfahren beschrieben.

2.1 Verschleißprüfung nach BCA

In [3] ist die Prüfmaschine und die Prüfbedingungen beschrieben.

Bild 1 und 2 zeigt eine Skizze bzw. ein Photo des BCA-Prüfstandes.

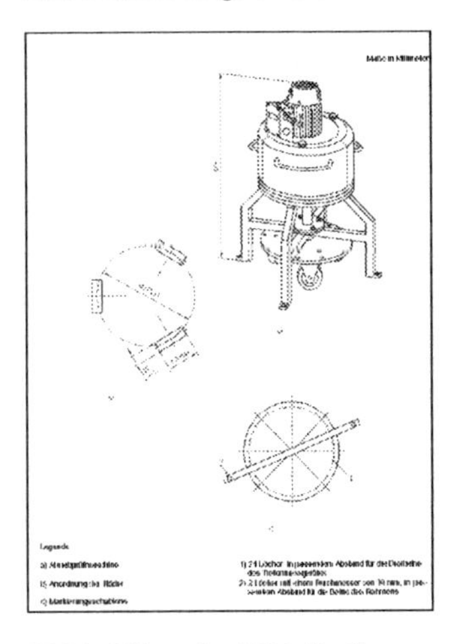

Bild 1: Skizze des BCA-Gerätes

Bild 2: BCA-Gerät

Der Verschleißwiderstand nach BCA einer Estrichoberfläche wird durch Messung der mittleren Abriebtiefe beurteilt. Diese wird durch eine Maschine mit drei gehärteten Stahlrollen (d = 225 mm), die mit einer Anzahl von 2850 Umdrehungen und einer Geschwindigkeit von 180 min^{-1} sowie einer Auflast von 65 kg über einen ringförmigen Prüfbereich laufen, erzeugt. Da in Deutschland bisher nur wenig Erfahrungen mit diesem Prüfverfahren vorliegen, wurde die zehn- und fünfzigfache Befahrhäufigkeit gewählt.

Der Abriebkopf ist über eine Stange mit einem Elektromotor mit Getriebe verbunden. Der Motor und der Abriebkopf werden in einen Stahlrahmen montiert. Der Stahlrahmen wird auf vier Füßen auf dem Probekörper befestigt. Danach beginnt die Verschleißprüfung unter o.g. Bedingungen. Mit Hilfe einer Schablone werden 8 Messpunkte festgelegt, an denen mit Hilfe eines Tiefenmessgerätes der Abrieb bestimmt wird.

Der Verschleißwiderstand (AR), welcher die mittlere Abriebtiefe darstellt, ist die Differenz aus der mittleren Tiefe des Probekörpers vor der Abriebbeanspruchung (d_0) und der mittleren Tiefe des Probekörpers nach Beendigung der Prüfung (d_w). Die mittleren Tiefen ergeben sich aus dem Mittelwert der 8 Messpunkte.

$AR = d_0 - d_w$

2.2 Verschleißprüfung nach dem „rolling wheel - Verfahren“

Das Verschleißprüfverfahren ist in [4] beschrieben. Bild 3 und 4 zeigen eine Prinzipskizze und ein Photo des Prüfstandes.

Betonplatten mit aufgebrachten Beschichtungssystemen werden wiederholt Überläufen mit einem hoch belasteten Laufrad ausgesetzt. Der Probekörper, der auf einem Auflager befestigt ist, bewegt sich unter dem Laufrad in zwei Richtungen rechtwinklig. Diese Bewegung verursacht Normal- und Scherspannungen im Belagsystem. Die Längs- und Querbewegungen sind von unterschiedlicher Länge und Frequenz um sicherzustellen, dass das Rad nicht immer dem selben Weg auf der Prüfoberfläche folgt. An den Wendepunkten des Laufrades wird zusätzlich eine durch Torsion hervorgerufene Scherkraft erzeugt. Der Widerstand gegen den Abrieb wird durch Änderung des Oberflächenprofils bestimmt.

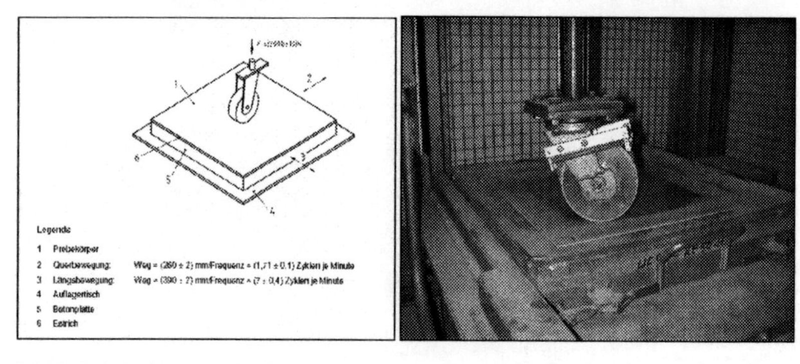

Bild 3: Prinzipskizze der Prüfeinrichtung Bild 4: Prüfeinrichtung

Die Prüfdauer beträgt 10.000 Zyklen (etwa 24 Stunden). Eine Messbrücke (siehe Bild 5) wird auf dem Probekörper angeordnet. Die Tiefe der Oberfläche unterhalb der Messbrücke ist an jedem Messpunkt mit einem Tiefensensor (Messuhr) zu ermitteln und zu protokollieren. Für jeden Messpunkt wird die Abriebtiefe aus der Differenz der Ablesungen vor und nach den Prüfbeanspruchungen berechnet.

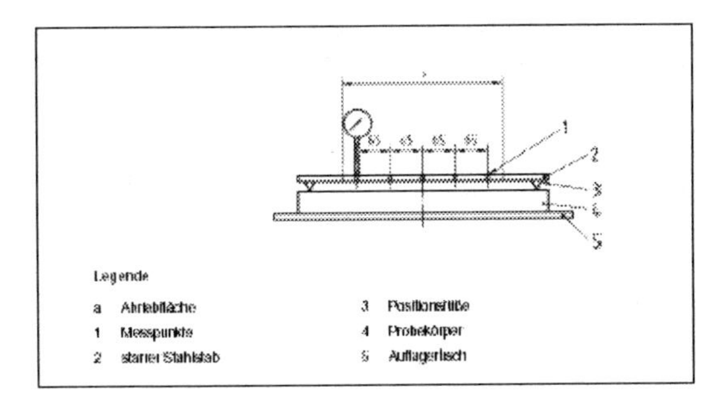

Bild 5: Messbrücke

Der Abrieb (RWA) berechnet sich nach folgender Gleichung:

RWA = 0,11 x d

Dabei ist d die mittlere Tiefendifferenz in µm. Bei dieser Gleichung wird vorausgesetzt, dass die abgeriebene Fläche 1.100 cm^2 beträgt.

2.3 Verschleißprüfung nach Taber

Bei diesem Prüfverfahren werden Rundscheiben mit einem Durchmesser von 130 mm des zu prüfenden Produktes auf eine Drehscheibe aufgebracht und dem Druck von zwei Abriebrädern ausgesetzt (siehe Bild 6). Das Prüfverfahren ist in [5] geregelt. Die dabei verwendeten Reibrollen entsprechen dem Typ H22. Folgende Prüfbedingungen werden angewendet: 1.000 Zyklen / 1.000 g Belastung. Der Verschleiß berechnet sich aus der Differenz der Massen vor und nach der Beanspruchung. Ebenso wurden in früheren Untersuchungsprogrammen einige Systeme mit der CS10-Reibrolle geprüft.

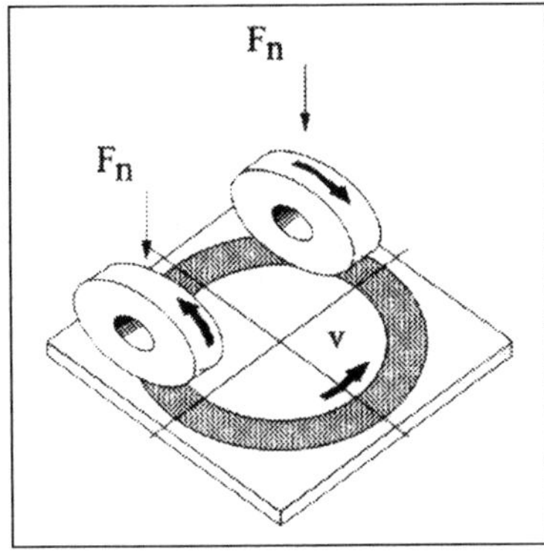

Bild 3: Prinzipskizze der Prüfeinrichtung

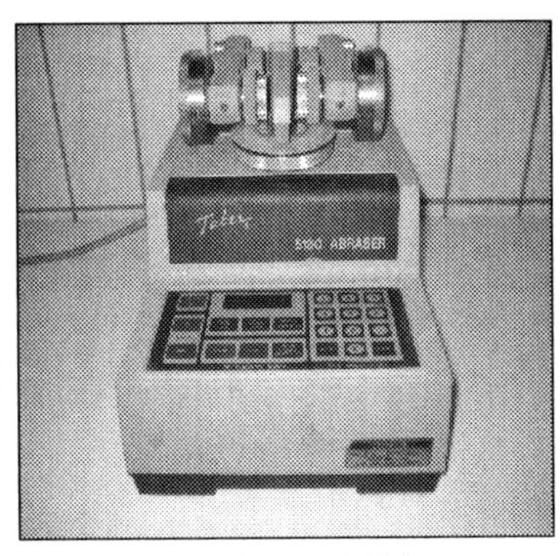

Bild 4: Prüfeinrichtung nach Taber

3. Systeme und Probekörper

Um ein repräsentatives Bild über das Verschleißverhalten von unterschiedlichen Systemen und Werkstoffen unter den verschiedenen Prüfbeanspruchungen zu erhalten, wurden zwanzig marktübliche Systeme von elf Mitgliedsunternehmen der Deutschen Bauchemie e.V. für die Vergleichsuntersuchungen ausgewählt.

Die Tabelle 1 zeigt einen Überblick der verwendeten Systeme. Hierbei wurden die Produkte in Kategorien aufgeteilt, welche die unterschiedlichen Werkstoffeigenschaften qualitativ darstellen. Die Auswahl der Beschichtungssysteme wurde in Form einer Umfrage an die Hersteller organisiert.

Tabelle 1: untersuchte Systeme

Werkstoff / Eigenschaft	Anzahl der geprüften Systeme
Epoxidharz / hart	5
Epoxidharz / flexibel	3
Epoxidharz / ableitfähig	3
Polyurethan	4
Epoxidharzestrich, 20 mm im Verbund, flüssigkeitsdicht	2
Polymethylmethacrylat	2
Furanharz	1
Vinylester	2

Für die Prüfungen nach der BCA-Methode wurden Probekörper mit besonderen Abmessungen benötigt. Als Untergrund wurde ein Beton gemäß DIN 1045, C 25/30 verwendet.

Für das rolling-wheel-Verfahren wurden Betonplatten (C25/30) mit einer Abmessung von 30x30 cm genutzt.

Die Probeplatten wurden mittels Granulatstrahlen vorbereitet.

Für die Taberprüfungen wurden die Produktsysteme auf Faserzementplatten appliziert.

Die Applikation der Beschichtungssysteme erfolgte in den einzelnen beteiligten Unternehmen im Laborklima. Der Systemaufbau wurde gemäß den Angaben in den technischen Unterlagen der Hersteller gewählt. Dadurch konnte sichergestellt werden, dass marktgängige und markttypische Systeme verwendet wurden. Zur Prüfung wurden die Probekörper den Prüfstellen zugesandt.

4. Prüfergebnisse

Die Ergebnisse der verschiedenen Verschleißuntersuchungen enthält die Tabelle 2. Anhand der Untersuchungsergebnisse fällt es schwer, eine Korrelation der einzelnen Prüfergebnisse herzuleiten.

Bis auf das System Nr. 16 können alle übrigen Systeme nach DIN EN 13813, Abschnitt 5.2.3 Tabelle 5 bei der Befahrung mit dem BCA-Tester in die Verschleißwiderstandsklasse AR 0,5 eingestuft werden. Die Verschleißwiderstandsklasse des Epoxidharzestrichs mit dem Bindemittel Nr. 16 ist AR 6.

Beim „rolling-wheel Verfahren" zeigen sich deutlich andere Ergebnisse. Nach [1] wird die Einteilung in die Verschleißwiderstandsklassen nach Abrieb in Volumen vorgenommen. Die meisten Systeme würden diese Prüfung nicht bestehen, obwohl sich in der Praxis deutlich andere Erfahrungen zeigen. Die geprüften Systeme werden ausnahmslos in Industriebetrieben mit Befahrung eingesetzt und haben sich dort auch bewährt. Daher wäre an dieser Stelle das Prüfverfahren nach [4] für reaktionsharzgebundene Bodensysteme in Frage zu stellen.

Vergleicht man die Verschleißergebnisse nach Taber mit den beiden anderen Verfahren, so ist eine sinnvolle Korrelation auch hier nicht möglich. Auch bei Betrachtung weiterer Werkstoffkennwerte - wie z. B. der Shore Härte - ist eine Korrelation mit den Verschleißkennwerten nicht möglich. Daher erscheint es sinnvoll, einen Grenzwert für den Abrieb nach Taber mit dem Reibrad H22 festzulegen, der sich auf die vorgenannten Ergebnisse und die in der Vergangenheit gemachten Erfahrungen stützt. Da die untersuchten Systeme jahrelange Praxistauglichkeit bewiesen haben, werden Grenzwerte für den Verschleiß nach Taber als Kombinationen aus ermittelten Messwerten und Erfahrungswerten in den Normungsgremien zur EN 1504-2 diskutiert.

Weitere Untersuchungen mit dem „rolling wheel Verfahren" und dem „BCA-Verfahren" werden in Zukunft zeigen, ob diese Verschleißprüfungen tatsächlich für reaktionsharzgebundene Bodensysteme angewendet werden können. Hierbei müssen vor allem die auftretenden tribologischen Beanspruchungen analysiert werden, um Vergleiche der verschiedenen Verfahren darzustellen.

Tabelle 2: Ergebnisse der Untersuchungen an Kunstharzbodenbeschichtungen

Probenart	System	Shore-Härte [Shore D]	Abriebverlust "Rolling wheel"				Abriebergebnisse BCA-Verfahren		Abrieb Taber in [mg]		
			Abrieb				Radübergänge : Abrieb	Schädigung	Reibrollen H22		CS10
			g		cm³		mm	-	Einzelwerte	Mittelwert	Mittelwert
Epoxidharz, hart	1	81	0,76	0,4	3,3	3,59	8550 : 0,02 85500: 0,03 427500:0,04	keine	2401 ; 2493	2447	86
	2	81	1,11	-	10,12	-	8550 : 0 85500: 0 427500:0	Risse	2820 ; 2930	2875	68
	3	n. b.[1)]	73,74	-	zerstört	-	n. b.	n. b.	n. b.	n. b.	n. b.
	4	80	26,61	162,37	zerstört	zerstört	8550 : 0 85500: 0 427500:0	Risse	1652 ; 1500	1576	97
	5	76	kein	0,1	10,34	10,85	8550 : 0 85500: 0 427500:0	keine	1570 ; 1595	1583	-
Epoxidharz, flexibel	6	67	0,12	kein	1,47	10,34	8550 : 0 85500: 0 427500:0,04	keine	1835 ; 2106	1971	78
	7	77	114,9	121,46	zerstört	zerstört	8550 : 0 85500: 0 427500:0,01	 kl. Risse kl. Risse	1230 ; 1248	1239	94
	8	36	210,54	86,54	zerstört	zerstört	8550 : 0,01 85500: 0,01 427500:0,04	kl. Risse kl. Risse Risse	995 ; 1146 ; 903	1015	138

Tabelle 2: Fortsetzung

Probenart	System	Shore-Härte [Shore D]	Abriebverlust "Rolling wheel"				Abriebergebnisse BCA-Verfahren		Abrieb Taber in [mg]		
			Abrieb				Radübergänge : Abrieb	Schädigung	Reibrollen H22		CS10
			g		cm^3		mm	-	Einzelwerte	Mittelwert	Mittelwert
Epoxidharz, ableitfähig	9	78	63,46	113,79	zerstört	zerstört	8550 : 0 85500: 0 427500:0,02	 kl. Risse Risse	1903 ; 1931	1917	89
	10	75	73,78	34,94	zerstört	zerstört	8550 : 0 85500: 0 427500:0	 kl. Risse kl Risse	1723 ; 1721	1722	62
	11	86	kein	kein	0,29	5,72			1439 ; 1440	1440	91
Polyurethan	12	65	0,47	-	7,7	-	8550 : 0 85500: 0 427500:0	Risse	1630 ; 1300	1465	176
	13	-	141,87	-	zerstört	-	-	-	-	-	-
	14	66	3,67	6,51	zerstört	zerstört	8550 : 0 85500: 0 427500:0,08	 Risse st. Risse	1454 ; 1435	1445	
	15	77	kein	kein	2,86	3,67			1119 ; 1400	1260	213
EP-Estrich	16	n. b.	2,33	1,65	19,65	65,19	8550 : 0,52 85500: 427500:	massiver Abrieb	2410 ; 2391	2400	-

Tabelle 2: Fortsetzung

Probenart	System	Shore-Härte [Shore D]	Abriebverlust "Rolling wheel"				Abriebergebnisse BCA-Verfahren		Abrieb Taber in [mg]		
			Abrieb				Radübergänge : Abrieb	Schädigung	Reibrollen H22		CS10
			g		cm^3		mm	-	Einzelwerte	Mittelwert	Mittelwert
EP-Estrich	17	n. b.	kein	kein	10,34	10,85	8550 : 0,01 85500: 0,05 427500:0,16	einzelne. Körner herausgerissen	2321 ; 2798	2560	-
PMMA	18	n. b.	4,05	3,95	9,61	14,81	8550 : 0,04 85500: 427500:	-	957 ; 1030	994	-
	19	77	kein	3,81	kein	3,81	8550 : 0 85500: 0,01 427500:0,11	Risse	1069 ; 1067	1068	61
Furanharz	20	88	59,3	67,2	zerstört	zerstört	8550 : 0,01 85500: 0,02 427500:0,07	Abplatzungen	481 ; 475	478	
Vinylester	21	n. b.	7,16	6,68	8,83	11,88	8550 : 0,02 85500: 0,09 427500:0,33		2276 ; 2155	2311	-
	22	n. b.	kein	kein	0,81	1,76	8550 : 0 85500: 0,01 427500:0,01		1511 ; 1355	1433	

[1)] n. b.: nicht bestimmt

5. Zusammenfassung und Ausblick

Nach der in 2003 veröffentlichten Estrichnorm DIN EN 13813 werden kunstharzgebundene Estriche, also auch klassische Beschichtungssysteme erfasst, sofern sie nicht in der zukünftigen EN 1504-2 geregelt werden. Als ein wesentliches Merkmal derartiger Systeme wird in der Tabelle 1 der DIN EN 13813 die Angabe des Verschleißwiderstandes gefordert. Dieser kann entweder nach DIN EN 13892-4 („BCA-Verfahren") oder nach DIN EN 13892-5 („rolling wheel-Verfahren") geprüft werden. Da in Deutschland mit diesen Prüfverfahren keine Erkenntnisse und Erfahrungen vorliegen, wurden von der Deutschen Bauchemie e.V. 22 Systeme auf Reaktionsharzbasis unterschiedlicher Werkstoffzusammensetzung mit dem BCA- und dem rolling wheel-Verfahren geprüft. Ergänzend hierzu wurden diese Systeme nach ISO 7784-1 geprüft, da dieses Verfahren voraussichtlich in der zukünftigen EN 1504-2 Anwendung finden wird.

Die Prüfergebnisse zeigen, dass sich weder eine Korrelation zwischen den einzelnen Verfahren, noch eine Korrelation zu Werkstoffparametern herleiten lässt.

Vor allem die Tribologie und die damit verbundenen Beanspruchungen müssen genauer analysiert werden, um Aussagen zur Vergleichbarkeit der Prüfverfahren zuzulassen.
Die zukünftigen Erfahrungen mit der DIN EN 13813 und der damit verbundenen Verschleißprüfungen werden Einfluss auf die weiteren Normungsaktivitäten auf diesem Gebiet haben.

6. Literatur

[1] DIN EN 13813: Estrichmörtel, Estrichmassen und Estriche - Estrichmörtel und Estrichmassen - Eigenschaften und Anforderungen; Deutsche Fassung; 2002; Beuth-Verlag, Berlin

[2] EN 1504-2 (Norm Entwurf): Produkte und Systeme für den Schutz und die Instandsetzung von Betontragwerken - Definitionen, Anforderungen, Qualitätsüberwachung und Beurteilung der Konformität - Teil 2: Oberflächenschutz; Deutsche Fassung; 2000; Beuth-Verlag, Berlin

[3] DIN EN 13892-4: Prüfverfahren für Estrichmörtel und Estrichmassen - Teil 4: Bestimmung des Verschleißwiderstandes nach BCA; Deutsche Fassung; 2002, Beuth-Verlag, Berlin

[4] DIN EN 13892-5: Prüfverfahren für Estrichmörtel und Estrichmassen - Teil 5: Bestimmung des Widerstandes gegen Rollbeanspruchung von Estrichen für Nutzschichten; Deutsche Fassung; 2003, Beuth-Verlag, Berlin

[5] ISO 7784-1: Beschichtungsstoffe - Bestimmung des Abriebwiderstandes - Teil 1: Verfahren mit rotierendem Reibrad mit Schleifpapier, Beuth-Verlag, Berlin

13 Betonbeschichtungen in Parkbauten

Jürgen Magner

Summary

The year-round use of parking sites and their permanent availability require surface protective coatings revised with substantial properties. The application of coating systems is a simple method for a durable protection. In the following coatings will be listed and commented.

Kurzfassung

Aufgrund der ganzjährigen Nutzung und der Forderung einer dauernden Verfügbarkeit sind für Parkbauten aus Beton bzw. Stahlbeton zur Sicherstellung der Dauerhaftigkeit und Gebrauchstauglichkeit Maßnahmen zum dauerhaften Schutz des Betons erforderlich. Eine einfache Maßnahme ist das Aufbringen einer Beschichtung mit z.T. rissüberbrückenden bzw. abdichtenden Eigenschaften. Im folgenden werden Beschichtungen auf Reaktionsharzbasis unter Berücksichtigung konkurrierender Regelwerke für Oberflächenschutzsysteme aufgelistet und kommentiert.

1 Einleitung

Parkbauten, im wesentlichen Parkhäuser und Tiefgaragen sowie überdachte / nicht überdachte Parkflächen aus Beton bzw. Stahlbeton sind Tragwerke im Sinne der DIN 1045 alt und neu [1, 2].

Unter den in Parkbauten planmäßig auftretenden Beanspruchungen ist eine Rissbildung in Betonzugzonen nahezu unvermeidbar. Die Rissbreite ist deshalb so zu beschränken, dass die Nutzung des Tragwerks bzw. Bauteils und die Dauerhaftigkeit nicht beeinträchtigt werden. Zulässige Rissbreiten werden sowohl nach altem Regelwerk definiert bzw. nach neuem Regelwerk nachgewiesen. Je nach Nutzung, Beanspruchung und Konstruktion treten sowohl in der Betonzugzone, als auch der Betondruckzone Risse folgenden Charakters auf:

Oberflächennahe Risse ⟷ Trennrisse

Diese verschiedenen Ausprägungen resultieren aus

- Verbundrissen (Risse längs der Bewehrung)
- Biegerissen
- Schubrissen
- Volumenänderungen (aus Schrumpf und Schwinden)

und lassen sich diesen generellen zwei Ausprägungen zuordnen.

Oberflächennahe Risse haben neben der namensbedingten geringen Risstiefe, die maximal bis zur oberen Bewehrungslage (so vorhanden) reicht, Rissbreiten von < 0,2 mm. Eine Rissbreitenänderung, die mit ‚gering' angegeben wird, ist definitionsgemäß < 0,05 mm. Beide Zahlen sind nicht normativ belegt, andererseits aber ‚allgemeines Verständnis'.

Trennrisse mit vergleichsweise größerer Breite über den gesamten Bauteilquerschnitt verschlechtern, unabhängig von ihrer konstruktiven, standsicherheitsrelevanten Bedeutung, einerseits die Dauerhaftigkeit des Betons durch Flüssigkeitszutritt betonschädlicher Flüssigkeiten und Salze und andererseits auch die Dichtigkeit des Bauwerks. Die maximale Rissbreite ist dabei abhängig von den einwirkenden Lasten und des Bauteilwiderstandes (Querschnittfläche und Bewehrungsgrad). Rissbreiten bis 0,5 mm werden dabei i.a. als durch Oberflächenschutzmassnahmen behandelbar angesehen. Bei größeren Rissbreiten wären parallel zu Behandlung der Thematik des dauerhaften Verschlusses konstruktive oder nutzungsbedingte Abweichungen, bei der Instandsetzungs- oder Schutzplanung mit zu untersuchen.

Risse in der o.a. Dimension sind im bauchemischen Sinne aber nur dann als Mangel anzusehen, wenn das betroffene Bauteil aggressiven, betonzerstörenden Einflüssen durch Witterung, Tausalze oder chemischen Angriffen ausgesetzt ist. Zudem können Risse bei starker mechanischer Belastung Ausgangspunkte für eine Schadensausweitung sein. Die genannten Einwirkungen führen u. a. zur Korrosion des Betonstahls und somit zur Gefährdung der Dauerhaftigkeit.

Zur Vermeidung von Schäden müssen entsprechende Maßnahmen ergriffen werden, die den Beton dauerhaft schützen. In der Neufassung der Norm DIN 1045-1 [2] ist der Hinweis, ob eine „besondere Maßnahme" durchzuführen ist, den Fußnoten der Tabellen 4 und 19 zu entnehmen. Die Ausnahme von dieser eher allgemein gehaltenen Aussage ist dem folgendem Auszug aus Tabelle 3 der DIN 1045-1 zu entnehmen:

Expositionsklasse	XF 4
Beschreibung der Umgebung	hohe Wassersättigung mit Taumittel oder Meerwasser
Beispiele für die Zuordnung der Expositionsklasse	Bauteile, die mit Taumitteln behandelt werden; Bauteile im Spritzwasserbereich von taumittelbehandelten Verkehrsflächen mit überwiegend horizontalen Flächen, direkt befahrenen Parkdecks*, ... ** Anmerkung:* *Ausführung nur mit zusätzlichen Maßnahmen (z.B. rissüberbrückende Beschichtung)*

2 Parkbauten

2.1 Ausführung

Unter Parkbauten sind ‚Parkhäuser', ‚Parkdecks', ‚Tiefgaragen' und alle Mischformen hiervon zu verstehen. Die am meisten verbreitete Form der Ausführung von Parkbauten ist die Ortbetonbauweise (monolithisch). Weitere Ausführungen sind in Verbindung mit Fertigteilen bzw. ausschließlich aus Fertigteilen. Dabei kann die Herstellung der gesamten Konstruktion bzw. die Ausführung einzelner Elemente in Verbindung mit Fertigteilen erfolgen.

Ausführungsbeispiele von Parkdecks sind beispielhaft angeführt:

- Ortbetonplatten auf Ortbeton-Unterzügen (Plattenbalken)
- Ortbetonplatten auf Fertigteil-Balken
- vorgefertigte Deckenplatten mit statisch mitwirkender Ortbetonschicht
- Fertigteilplatten

In Abhängigkeit von der gewählten Konstruktion, der Bauweise sowie der Größe der Parkbauten werden zur Beschränkung der Verformungen infolge Verkehrslast, Temperaturdifferenz sowie Kriechen bzw. Schwinden des Betons Bewegungsfugen angeordnet. Bei der Verwendung von Fertigteilen ergeben sich zudem Stöße, bzw. wenn in mehreren Abschnitten betoniert wird, so entstehen Arbeitsfugen.

Die einzelnen Oberflächen lassen sich in freibewitterte und (teil-)überdachte Bereiche sowie nach ihrer Nutzung unterteilen (vgl. auch Bild 1).

Lage	Bauteil – beispielhaft –
geneigt + befahren	Spindel, Rampe
eben + überwiegend befahren	Fahrgasse, Wendebereich
eben	Stellflächen

Wegen der Vielzahl der konstruktiven und architektonischen Möglichkeiten sind darüber hinaus Mischformen möglich.

2.2 Belastung

Befahrene Parkdecks, Rampen und aufsteigende Flächen (Wände, Stützen) sind Niederschlagswasser ausgesetzt, dass von Fahrzeugen, auch in Form von Schneematsch, eingeschleppt wird. Dieses enthält im Winter gelöste Taumittel aus Chloridsalzen, bzw. werden Rampen, soweit nicht beheizt auch der Chloridexposition ausgesetzt. Bei nicht ausreichendem Gefälle der Decks und Rampen sowie fehlender bzw. unzureichender Entwässerung können die Standflächen durch das aufstehende Wasser-Salzgemisch stark mit Chlorid belastet werden. Diese Gefahr potenziert sich besonders im Bereich von Rissen. Bei befahrenen Flächen findet man Chloridkorrosion bevorzugt bei den obenliegenden Bewehrungslagen im Bereich der Fahrstraßen oder der Räderstellflächen, aber auch Stützenfüße können signifikant erhöhte Salzkonzentrationen aufweisen.

Damit zusammenhängend treten Gefügestörungen durch Frost- bzw. Frost-Tausalzbeanspruchung (bei Parkhäusern mit offener Fassade bzw. freiliegenden Konstruktionen) sowie Bewehrungsstahlkorrosion bei Parkdecks, Rampen und Stützen auf.

Großflächigen und weitgespannten Geschossdecken neigen, bevorzugt an Arbeitsfugen, zu durchgehenden Rissen aus behinderter Verformung mit nachfolgender Bewehrungsstahlkorrosion im Betonriss. Bei mehrschichtigen Konstruktionen können undichte Fugen und Stöße bzw. unzureichende Abdichtungen zwischen den Bauteilen ebenfalls zu den zuvor genannten Erscheinungen führen.

Aufgrund einer Durchfeuchtung des gerissenen Betons und des Betons an undichten Dehnungsfugen mit salzhaltigem Wasser wird die Stahlkorrosion lokal durch Makroelementbildung verstärkt. Als Folge durchgehender Risse und undichter Fugen treten Betonauslaugung sowie Tropfwasser und Schäden auch bei parkenden Autos auf.

Decks werden durch direkte Witterungseinwirkung, einschließlich Sonne, Wasser, Schnee und Eisbildung und somit auch schroffere Temperaturwechsel vergleichsweise höher beansprucht.

Wende-, Drehbereiche und Rampen werden zudem als Folge des Verkehrs durch Dreh-Scherbewegungen stärker an der Oberfläche auf Verschleiß, bzw. in den Verbundzonen auf Scherung und Delamination beansprucht.

Aus den dargelegten Beanspruchungen sind über die standardisierten Anforderungen an Oberflächenschutzsysteme wie Haftung/ Verbund oder Alterungsbeständigkeit in Parkbauten für diese Anwendungen zusätzlich Leistungsmerkmale zu fordern, so u.a.:

- Rissüberbrückungsfähigkeit
- Griffigkeit und Verschleißfestigkeit
- Chemikalienbeständigkeit

3 Regelwerke zum Oberflächenschutz

Bild 1 zeigt schematisch die Bodenbauteile eines Parkhauses sowie einen *Vorschlag* für die Anwendung von Oberflächenschutzsystemen in Abhängigkeit der auftretenden Belastungen.

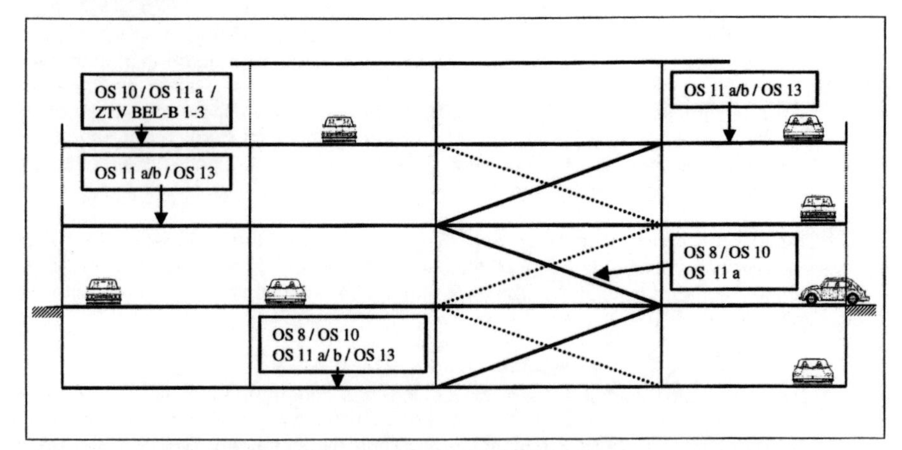

Bild 1: Prinzipskizze von Beschichtungen für Parkbauten

Parkbaubeschichtungen sind keine zulassungspflichtigen Bauprodukte. Ihre Verwendung ist in einschlägigen Regelwerken reglementiert, wobei es Verquickungen mit Regelungen aus anderen ‚parallelen' Verwendbarkeitsbereichen dieser Bauprodukte gibt.

Europäisch werden die deutschen Regelungen wegen des unterschiedlichen konzeptionellen Ansatzes der europäischen Normung nicht übernommen werden.

3.1. Bundesministerium für Verkehr, Bauen und Wohnen (BMVBW) – Deutscher Ausschuss für Stahlbeton (DAfStb)

Anforderungen und Prüfverfahren an Beschichtungen sind in der TL / TP OS [3] der ZTV-SIB 90 [4] des BMVBW und der Rili-SIB, Ausgabe 1990 [5] und 2001 [6], des DAfStb beschrieben.

In den Regelwerken des BMVBW werden Oberflächenschutzsysteme *nur* für begeh- und befahrbare ‚Brückenkappen', die als Dienststege, Geh- und Fahrradwege genutzt werden, geregelt; so heißt es in [3] als Anwendungsbereich:

> *'freibewitterte Betonflächen im Sprüh- und Spritzbereich von Auftausalzen. Geeignet für Bauteile mit oberflächennahen Rissen und / oder Trennrissen und planmäßiger mechanischer Beanspruchung'*

Die Parallelität zu den späteren Regelwerken der Rili-SIB [6], die *alle* befahrbaren Betonbauteile mit Rissgefährdung normativ regeln wollten, resultierte aus der Chronologie der Erstellung der Regelwerke. So sind die zeitigeren Prüfvorschriften [3] von

1987 Modell für die Rili-SIB 1990 geworden. Hierbei wurde für den ähnlich gelagerten Beanspruchungsfall ‚Parkbauten' auf die existenten Vorschriften und Beschichtungssysteme aus dem Bereich des Brückenbaus zurückgegriffen. Seit dieser Zeit gibt es die Koexistenz mehrerer Regelwerke mit geringen Abweichungen (vgl. Tabelle 2).

Für eine weitere Klasse an Oberflächenschutz wird zusätzlich in Rili-SIB [6] auf das Regelwerk für Abdichtungen von Betonbrücken gemäß den ZTV-BEL B Teil 3 des BMVBW [7], verwiesen, die eine Abdichtung unter Zuhilfenahme von Flüssigkunststoffen unter Gussasphalt ist. Bedeutsam hierbei ist, dass es sich hierbei nicht um einen reinen Oberflächenschutz handelt, sondern diese Form der Beschichtung viel eher einer Abdichtung im Sinn der DIN 18195 entspricht.

Die Oberflächenschutzsysteme, bzw. die Abdichtung werden in Klassen in Abhängigkeit der Anwendungsbereiche bzw. der Anforderungen eingeteilt.

3.2 Vergleich der Regelwerke

Eine der Zielsetzungen bei der Neufassung der Rili SIB, Ausgabe Oktober 2001 ist die *gegenseitige Angleichung der Regelwerke* und die gegenseitige Akzeptanz auch durch den Bauherren für Straßen-, Brücken- und Tunnelbauwerke nur eines Regelwerks.

Dieses ist nicht voll gelungen. So ist für den Bereich der Brückenkappe als Bauteil im Verantwortungsbereich des BMVBW *eine* Art von Oberflächenschutz klar definiert. Hingegen können Parkbauten nach Rili-SIB 2001 nach mindestens *drei* Systemarten ausgeführt werden (OS 10, OS 11, OS 13).

Das Hauptunterscheidungskriterium bei beiden Regelwerken ist aus ihrer unterschiedlichen Gedankenansatz zurückführen:

Das Regelwerk der TP / TL OS [3] ist vom Bauherren erstellt (BMVBW) und stellt dessen Handlungsvorgabe für seine Bauwerke dar. Hierbei legt er frei nach seinem technischen Kenntnisstand und seinen Erfahrungen mit der Baustellenarbeit Bedingungen für Bauprodukte fest.

Markantes Beispiel hierfür ist die Forderung nach einer Beschichtung in einer Dicke mit einer ausreichenden Anwendungssicherheit.

Erfüllt eine Beschichtung mit einer Schichtdicke von z. B. 1 mm die Anforderung an die Rissüberbrückung oder ganz allgemein an die Dauerhaftigkeit, so ist, aus der Kenntnis des Baubetriebs heraus, die Anforderung nach einer ausreichenden Ausführungssicherheit, verständlich. Diese wird dann versucht, mit der Erhöhung der Sollschichtdicke zu erzielen. Dies ließe sich vergleichbar zu anderen Sicherheitsvorgaben auch als „Vorhaltemaß“ bezeichnen.

Weiterhin wird somit auch verständlich, dass *„Abweichungen von den Vorgaben, speziell auch bezüglich der Schichtenfolge und -dicke nicht zulässig sind*" (vgl. Kap. 4.4. der TL-OS).

Es ist daher der Dualismus, mit den berechtigten Forderungen nach einem ausreichenden Sicherheitspotential bei der Ausführung einerseits mit den Entwicklungsergebnissen der Beschichtungsstoffhersteller oder Anwender im Wettstreit, die durchaus mit neuen Stoffen und modifizierteren Aufbauten, evtl. unter Einsparung von Materialien, konkurrieren.

Die Rili-SIB stellt als ein bauaufsichtlich eingeführtes Regelwerk geltendes Baurecht dar. Dementsprechend ist ihre Anwendung in der veröffentlichten Bauregelliste [11] beschrieben. Sie kann nur, und dies ist bei allen Regelwerken, die Eingang in die Bauregelliste gefunden haben, *Anforderungen an das Bauprodukt* stellen, bzw. Eigenschaften abfragen.

Es werden daher im Gegensatz zur TL/TP-OS keine Aufbauten zwingend vorgeschrieben werden und somit ist *unabhängig vom Beschichtungsaufbau, der Anzahl der Lagen oder weiterer Parameter* der Verwendbarkeitsnachweis in Form eines allgemeinen bauaufsichtlichen Prüfzeugnisses durch eine anerkannte Prüfstelle zu erstellen.

Die Rili-SIB gibt in Teil 2, Kapitel 5, eindeutig vor [6]:

> *„Abweichungen von den Regelaufbauten sind zulässig, wenn die Anforderungen an das System gemäß Tabelle 5.3 in der Grundprüfung nachgewiesen werden. Die Mindestschichtdicken in Tabelle 5.2 sind einzuhalten."*

Angaben in der Tabelle 5.1 zu Oberflächenschutzsystemen der Klasse ‚OS 11', wie z.B.

> *„nicht vorgefüllte elastische Oberflächenschutzschicht (HBO) nicht abgestreut"*

sind daher belanglos, da sie nur eine der möglichen Schichtenfolgen darstellen. An ihrer Stelle könnten theoretisch durchaus andere Beschichtungsformen treten. Hauptschwerpunkt ist dabei wie o.a. die Erfüllung von allgemeingültigen Anforderungen, bzw. deren Anpassung durch die sachverständige Prüfstelle auf den Lastfall.

Ein wesentliches, direktes Unterscheidungsmerkmal betrifft die Systeme der Klasse ‚OS F b' bzw. ‚OS 11 b'. Beide Oberflächenschutzsysteme sollen gemäß Regelwerk einen unterschiedlichen Anwendungsbereich aufweisen. Fordert die Rili-SIB einerseits die Anwendung nur im Innenbereich oder in überdachten Zonen, so kennt das Anwendungsgebiet für den Verantwortungsbereich des BMVBW nur Außenflächen („frei bewitterte Betonflächen im Sprüh- und Spritzbereich von Auftausalzen der eigenen, für Bauteile mit oberflächennahen Rissen und/oder Trennrissen und planmäßiger mechanischer Beanspruchung").

Zusammenfassend stoßen bei der Zusammenführung beider o.a. Regelwerke zwei Philosophien aufeinander, bei denen für die Zukunft noch Gleichschaltungsschwierigkeiten zu erwarten sind.

Tabelle 1 gibt Regelungen vor und nach Einführung der RiLi-SIB [6] mit Stand 2001 für die möglichen Anwendungen für Betonbeschichtungen wieder.

Tabelle 1: Anwendungsfelder von Oberflächenschutzsystemen in Parkbauten

Oberflächenschutzsystem	**TL-OS 1996/ RiLi-SIB 1990**	**RiLi-SIB 2001**
OS 8	X	-
OS 10 unter Gussasphalt	X	X
OS 10 unter Reaktionsharzschicht	-	X
OS F a / 11 a	X	‚vorrangig' Freidecks
OS F b / 11b	X	‚vorrangig' Innenflächen, keine Rampen, nur überdacht
OS 13	-	vorrangig Innenflächen

X flächige Anwendung, ohne Einschränkung

Detailliert sind Unterschiede zwischen der Klassen nach OS F a oder b bzw. OS 11a oder b in Tabelle 2 aufgeführt.

Tabelle 2: Vergleich OS F – OS 11

Art der Prüfung / Prüfgröße	**Anforderungen**	
	TL / TP OS Stand 1996	**DAfStb Rili-SIB Stand 2001**
	Prüfklasse OS F a	***Prüfklasse OS 11 a (OS F a)***
Regelaufbau	2. elastische Oberflächenschutzschicht	2. nicht vorgefüllte elastische Oberflächenschutzschicht, nicht abgestreut
Mindestschichtdicke der hauptsächlich wirksamen Oberflächenschutzschicht	2.: 1500 µm 3.: —	2.: 1500 µm 3.: 3000 µm
Bewitterung	2480 h Bewitterung nach DIN 53384 – Verfahren B	7 Tage Alterung bei 70 °C
Rissüberbrückung	Breite der oberflächigen Anrisse ≤ 50 µm	keine oberseitigen Einrisse der Verschleißschicht und der Deckversiegelung
Schlagfestigkeit	Keine	Nach Alterung 7 d/70 °C dürfen nach Beanspruchung durch ein fallendes Gewichtsstück keine Risse und Ablösungen auftreten

	Prüfklasse OS F b	*Prüfklasse OS 11 b (OS F b)*
Regelaufbau	3. ggf. Deckversiegelung	3. Deckversiegelung 4. ggf. Abstreuung und zweite Deckversiegelung
Mindestschichtdicke der hauptsächlich wirksamen Oberflächenschutzschicht	2. 3000 µm	2. 4000 µm
Bewitterung	2480 h Bewitterung nach DIN 53384 – Verfahren B	7 Tage Alterung bei 70 °C

3.3 Europäische Normung

Eine Definition von vollständigen Systemen für den Oberflächenschutz incl. Festgelegtem Prüfkanon für die Hauptanwendungsbereiche, wie sie in der Rili-SIB vorgenommen wurde, wird es auf europäischer Ebene, in der derzeit in einer Entwurfsfassung vorliegenden prEN 1504-2 [8], nicht geben.

Weitreichende Bedeutung wird dem sachkundigen Planungsingenieur zukommen, der sowohl die geforderten Eigenschaften festlegt als auch deren Nachweis bestimmt.

Der Nachweis z.B. der Rissüberbrückungsfähigkeit wird in Zukunft über die in der prEN 1062-7 „Determination of crack-bridging properties – Test methods" beschriebenen Verfahren erfolgen [9]. Ob diese Eigenschaft im Einzelfall von einer Parkbautenbeschichtung gefordert wird, oder welcher Messwert erforderlich ist, wird vom sachkundiger Planer festgelegt werden. Aus der Kombination mit den in der Norm angegebenen offenen Verfahren zur Rissüberbrückung werden vielfältigste Kombinationen denkbar werden, die sich von Planer zu Planer, aber auch von Nutzer zu Nutzer und auch von Hersteller zu Hersteller und nicht zuletzt von Prüfstelle zu Prüfstelle unterscheiden werden..

Es bleibt zumindest zu hoffen, das zumindest Ergebnisse mit ‚besseren' und ‚höheren' Messwerten dabei die ‚geringeren' mit inkludieren Auf die Rissüberbrückung übertragen würde dies bedeuten, dass dynamische Prüfungsergebnisse solche mit ‚einfacher' einmaliger Aufweitung mit einschließen oder aber dass Ergebnisse, die bei Expositionen bei tieferen Temperaturen erzielt wurden, auch Prüfergebnisse bei Raumtemperatur umfassen.

4 Oberflächenschutzsysteme

Allein die RIi-SIB, Ausgabe 2001 umfasst aktuell mit Untergruppierungen *6 befahrbare, rissüberbrückende Beschichtungssysteme* mit den Systemkürzeln

- OS 10,
- OS 11 a
- OS Fa
- OS 11 b
- OS F b und
- OS 13.

In der älteren Ausgabe gab es außerdem ein System der Kategorie ‚OS 8'. Als „nicht rissüberbrückende" Beschichtung für den Bereich der Parkbauten hatten sich gerade aber solche Aufbauten in den letzten Jahren bewährt und werden auch unabhängig von der Neuregelung weiter ihre Bedeutung im Beschichtungswesen behalten.

Eine vergleichende Übersicht der einzelnen Systeme ist der Tabelle 3 zu entnehmen.

Tabelle 3: Leistungsübersicht Oberflächenschutzsysteme für Parkbauten

Klasse / **Kriterium**	**OS 8**	**OS 10**	**OS 11a (OS F a)**	**OS 11b (OS F b)**	**OS 13**
Rissüber- brückungs- fähigkeit	keine	IV_{T+V} Rissöffnung: 0,15 – 0,45 mm 100.000 Lastwechsel bei -20°C + einmalig 1mm Dehnung, sta- tisch	II_{T+V} Rissöffnung: 0,05 – 0,35 mm 100.000 Lastwechsel bei -20°C -		einmalig 0,1 mm Deh- nung bei -10°C
Europäisch.		B2.3	B2.2		A1
Temperatur- wechsel- beanspru- chung	mit bzw. ohne Frost-Tausalz	mit Frost-Tausalz (TP BEL B3)	mit Frost-Tausalz		ohne Frost-Tausalz
Chemikalien- beständigkeit	beliebige Flüs- sigkeiten	-	Tausalzlösung		3 Flüssigkeiten
Schlagfes- tigkeit	-	-	Fallenergie 4 Nm		
Haftzugfes- tigkeit [N/mm²]	2,0	1,3	1,5		
Mindest- schichtdicke [mm]	1,0	2,0 + Verschleiß- schicht (beliebig)	4,5	4,0	2,5

4.1 Mechanisch beanspruchbare Beschichtung – OS 8

Diese ‚standardisierten' Bodenbeschichtungssysteme erfüllen die Kriterien an die Dauerhaftigkeit und Gebrauchstauglichkeit. Für ihren Einsatz in Innenflächen, die nicht rissgefährdet sind, bzw. Rampenflächen, liegen positive Erfahrungen hinsichtlich des Verschleißverhaltens, der Griffigkeit und der Haftung vor [10].

Es ist allerdings nicht im Sinne des Regelwerksetzers der Rili SIB von 1990 gewesen, für rissgefährdete Bauteile ein Beschichtungssystem dieser Leistungsklasse einzusetzen, sondern konzeptionell war bei dieser Klassifizierung auf den Oberflächenschutz von Industrieböden gezielt worden.

Der konkurrierende Markt auf dem Beschichtungssektor hat allerdings zu einer starken Minimierung des Leistungspotentials von Beschichtungen unter gleichzeitiger Einschränkung der aufgebrachten Beschichtungsstoffmengen geführt, so dass sich diese typischen Beschichtungen unter diesem Stichpunkt als ‚einfache' Aufbauten in den letzten Jahren durchgesetzt haben.

- Grundierung auf Epoxidharzbasis bzw.
  Rautiefenausgleich durch Kratzspachtelung
- Abstreuung mit Quarzsand
- pigmentierte Oberflächenschutzschicht als Decklage.

Können diese Oberflächenschutzsysteme der Klasse OS 8 auch in Zukunft eingebaut werden?

Wie oben angeführt, sind gemäß DIN 1045 [2] „direkt befahrene Parkdecks nur mit zusätzlichem Oberflächenschutzsystem für den Beton" auszuführen. Die Bauregelliste A, Teil 2 [11] beschreibt sie wie folgt::

lfd. Nr.	Bauprodukt	Verwendbarkeitsnachweis	Anerkanntes Prüfverfahren	Übereinstimmungsnachweis
2.24	*Oberflächenbeschichtungsstoffe für Beton für Instandsetzungen, die für die Erhaltung der Standsicherheit von Betonbauteilen erforderlich sind*	Allgemeines bauaufsichtliches Prüfzeugnis	a) Rili-SIB b) TL/TP-OS ...	Übereinstimmung mittels Zertifizierung

Aus der Kombination dieser beiden Normungs- bzw. Richtlinientexte ergibt sich konsequent, dass jegliche Oberflächenbeschichtungssysteme, und somit auch die der Klasse OS 8 (oder auch gar keiner Klasse!) bei allen Parkhausneubauten bzw. solchen Flächen zum Einsatz kommen können, die nicht direkt der Instandsetzung von Betonbauteilen dienen, also bei Neubauten eingesetzt werden können. Darüber hinaus regelt dieser Text auch, dass nur dann im Falle einer standsicherheitsrelevanten Instandsetzung die Vorgaben der Richtlinie bedeutsam sind und der baurechtlichen Würdigung bedürfen.

Der Verwendbarkeitsnachweis für Oberflächenbeschichtungsstoffe der Klasse OS 8, ein sogenanntes ‚allgemein bauaufsichtliches Prüfzeugnis', ist in der Regel 5 Jahre gültig. Unabhängig von dem Erscheinungsdatum eines neuen Regelwerkes bleibt daher in jedem Fall die Gültigkeit der bisherigen Nachweise erhalten. Ausnahmen hierfür können sein, dass ein Regelwerk zurückgezogen bzw. in merklichen Teilen geändert wird.

An die Stelle der bisherigen Beschichtungen ohne rissüberbrückende Fähigkeiten soll in Zukunft eine Beschichtung der Klasse OS 13 (vgl. Kapitel 4.2.3) treten.

4.2 Rissüberbrückende Beschichtungen

4.2.1 OS 10 – Beschichtung als Dichtungsschicht mit hoher Rissüberbrückung unter Schutz- und Deckschichten für begeh- und befahrbare Flächen

Gemäß der Rili SIB, Ausgabe 1990, sind Oberflächenschutzsysteme der Klasse OS 10 nur identisch mit den Aufbauten des Bundesministeriums für Verkehr für Brückenabdichtung unter Gussasphalt der Bauart nach ZTV BEL-B, Teil 3 [7].

Es handelt sich hierbei um eine *Abdichtung,* die sowohl hitze- als auch alterungsresistent ist, und den hohen Rissüberbrückungsanforderungen des Regelwerks mit statischen Rissweiten bis zu 1 mm genügt.

In der Rili-SIB Ausgabe 2001 ergibt sich nunmehr eine Öffnungsklausel, die die Anwendung dieser Abdichtung in Zusammenhang mit einer anderen Verschleißschicht sieht, die an die Stelle des Gussasphaltes nach dem Regelwerk der ZTV BEL-B, Teil 3, tritt.

Die Variante, mit einer Beschichtung gleichzeitig eine Abdichtung mit hoher Rissüberbrückungsfunktion und geringem Gewicht zu kombinieren, stellt somit für jedes rissgefährdete Parkhaus eine interessante technische Lösung dar. Die hierbei zum Einsatz kommenden Stoffe als Flüssigkunststoffabdichtung, in der Regel auf Polyurethanbasis, sind in der ‚Liste der geprüften Stoffe' für Brückenabdichtungen der Bundesanstalt für Straßenwesen, BAST einsehbar, die jederzeit abrufbar ist. Es handelt sich hierbei um bewährte Stoffe mit zum Teil sehr langer Erfahrung für die Abdichtungslage.

Es ist daher nur konsequent, die positiven Eigenschaften der Abdichtung mit den bekannten verschleißfesten Eigenschaften direkt befahrbarer, bewährter Oberflächenschutzsysteme aus den Klassen OS 11 bzw. OS F zu kombinieren.

Typischer Aufbau

Beschichtungsaufbau nach BEL-B, Teil 3 bestehend aus:

- Grundierung aus Epoxidharz
- evtl. Haftvermittler
- Abdichtungsschicht (in der Regel aus Polyurethan), Dicke von minimal 2 mm
- evtl. Haftvermittler
- Verschleißschicht aus mit Zuschlag gefülltem Reaktionsharz in der Regel auf Basis von Polyurethan bzw. Epoxi-Polyurethan modifiziertem Stoff
- Abstreuung, ggf. Deckversiegelung

Das Prüfprogramm für solche Beschichtungen resultiert aus der Kombination der Prüfungen nach den technischen Prüfvorschriften für die Abdichtung auf Brücken nach der TP BEL-B, Teil 3 [12], und der Rili-SIB für die Oberflächenschutzsysteme der Klasse OS 11 für die Anforderungen bezüglich Haftung, Verschleißfestigkeit und allen oberflächenrelevanten Eigenschaften.

4.2.2 OS 11 (OS F) – Beschichtung mit dynamischer, erhöhter Rissüberbrückungsfähigkeit für begeh- und befahrbare Flächen

Die Anwendung solcher Beschichtungsklassen ist konzipiert für freibewitterte Betonbauteile mit oberflächennahen Rissen und/oder Trennrissen und planmäßiger mechanischer Beanspruchung, auch im Sprüh- oder Spritzbereich von Auftausalzen, z. B. Parkhaus-Freidecks und Brückenkappen. Umgangssprachlich hat sich der Begriff der Ein- bzw. Zweischichtsysteme in bezug auf die mittleren Reaktionsharzlagen im Aufbau etabliert.

Aufbau a: ‚Zweischichtsystem'

1. Grundierung
2. Abstreuung der Grundierung
3. elastische Oberflächenschutzschicht (‚Schwimmschicht' oder ‚hauptsächlich wirksame Oberflächenschutzschicht')
4. verschleißfeste, vorgefüllte Deckschicht, abgestreut (‚Verschleißschicht')
5. ggf. Deckversiegelung

Aufbau b: ‚Einschichtsystem'

1. Grundierung
2. Abstreuung der Grundierung
3. verschleißfeste, vorgefüllte, elastische Oberflächenschutzschicht, abgestreut
4. Deckversiegelung
5. ggf. Abstreuung und zweite Deckversiegelung.

Beim *Zweischichtaufbau* (Aufbau a) wird i. d. R. eine elastische Zwischenschicht und eine etwas härtere Deckschicht verwendet. Für die elastische, rissüberbrückende Schicht und die elastische, gefüllte Verschleißschicht werden Polyurethan- bzw. Epoxid-Polyurethan-Kombinationssysteme eingesetzt.

Beim Aufbau a (Zweischichtsystem) wird die elastische Oberflächenschutzschicht nicht abgestreut, so dass in Abhängigkeit von den Witterungsbedingungen Haftungsprobleme zwischen Schwimm- und Verschleißschicht entstehen können.
Die Funktion Rissüberbrückung wird der Zwischenschicht zugewiesen und die Funktion Verschleißschicht der Deckschicht.

Die Zweischichtaufbauten können z. B. im Freien, wenn hohe Rutschfestigkeit erforderlich ist, ohne eine Deckversiegelung angewendet werden, stellen aber für Parkbau aufgrund der geringeren Ästhetik bzw. schlechteren Reinigungsfähigkeit wohl eher den Ausnahmefall dar..

Beim *Einschichtaufbau* (Aufbau b) übernimmt die elastische Oberflächenschutzschicht sowohl die rissüberbrückende Funktion als auch die Funktion einer Verschleißschicht. Um die entsprechende Rissüberbrückung zu erreichen, können i.d.R. flexible Polyurethansysteme angewendet werden.

Beim Einschichtsystem ist unbedingt eine Deckversiegelung zur Korneinbindung erforderlich.

Bezüglich der Verarbeitung ist der Aufbau b (Einschichtsystem) eher unproblematisch, da jede einzelne Lage abgestreut wird, wodurch es keine Haftungsprobleme zwischen den Schichten gibt.

4.3.2 OS 13-Beschichtung mit nicht dynamischer Rissüberbrückungsfähigkeit für begeh- und befahrbare, mechanisch belastete Flächen

Angewendet werden solch Oberflächenschutzsysteme für mechanisch und chemisch beanspruchte, überdachte Betonbauteile mit oberflächennahen Rissen auch im Sprüh- und Spritzbereich von Auftausalzen, z. B. geschlossene Parkgaragen und Tiefgaragen, in denen eine Temperatur von + 10 °C nicht unterschritten wird.

Aufbau

1. Grundierung
2. Abstreuung der Grundierung
3. Beschichtung
4. Abstreuung
5. Deckversiegelung

Dieser Aufbau liefert eine rutschfeste, leicht zu reinigende, sogenannt ‚statisch' rissüberbrückende Beschichtung, über deren Bedeutung der Markt entscheiden wird.

Da die Anforderungen an ein solches Oberflächenschutzsystem geringer sind als bei den vorgenannten Systemen ‚OS 10' oder ‚OS 11' erfüllen diese somit automatisch auch die Anforderungen an ein Oberflächenschutzsystem der Klasse OS 13

4.2.4 Weitere Aufbauten

Bedingt durch die Freigabe des Regelwerks der Rili-SIB, das anforderungsbezogen und nicht stoff- und aufbaubezogen die Verwendbarkeit regelt, ergeben sich Chancen für weitere Systeme innovative auf dem Beschichtungsmarkt, so beispielhaft zitiert:

1. Abdichtung nach ZTV BEL-B3 und Verschleißschicht aus Gussasphalt oder z.B. Bitumen-Emulsionsestrich in größerer Dicke als die o.a. sogenannten ‚Verschleißschichten'

2. Gussasphaltestrichausbildung und abschließende Oberflächenschutzbeschichtung, ähnlich der Ausführung der Abdichtung nach ZTV BEL-B 3 als eine Art „Umkehrbeschichtung" zu 1.

3. Laminatverstärkte Polyester- / PMMA-beschichtung mit verschleißfester Decklage

4. ausschließliche elastische Ausbildung der Fugen bzw. Stöße an Fertigteilen (vgl. moderne Stahlparkhausbauten), kein weiterer Oberflächenschutz „Bandagenbeschichtungen" über möglichen Rissen in Zugzonen über Fertigteilplatten

Die Unterschiedlichkeiten der Aufbauten zeigen auf, dass das in der Rili-SIB aufgeführtes starres Gliederungsschema den Anwendungsfeldern moderner Parkhauserrichter und -betreiber nur unzureichend gerecht wird.

Die Variabilität der Aufbauten mit unterschiedlicher Materialcharakteristik bedingt ebenso ein modifizierteres Prüfprogramm durch die für diese Arbeiten anerkannte Prüfstelle, in deren Verantwortlichkeit auch die Erstellung eines Verwendbarkeitsnachweises in Form eines ‚allgemeinen bauaufsichtlichen Prüfzeugnisses' fällt.

5 Prüfungen

Aus den dargelegten Beanspruchungen sind über die standardisierten Anforderungen an Oberflächenschutzsysteme wie Haftung/ Verbund oder Alterungsbeständigkeit in Parkbauten für diese Anwendungen zusätzlich Leistungsmerkmale zu fordern, so u.a. die wesentlichen Kriterien:

- Rissüberbrückungsfähigkeit
- Griffigkeit – Verschleißfestigkeit – Rutschsicherheit

5.1 Rissüberbrückung

Im Rahmen der Beschichtungen für Parkbauten wird verstärkt auf das Kriterium der Rissüberbrückung abgehoben, die im folgenden dargestellt werden.

In der RiLi-SIB sind aus der Vielzahl von möglichen Prüfungen nach EN 1062-7 ein dynamisches und ein statisches Prüfverfahren ausgewählt.

Die dynamische Rissüberbrückungsfähigkeit wird am beschichteten Zementmörtelprisma (160mm x 40mm x 40 mm) bestimmt (Bild 2), wobei das Prüfregime in Bild 3 für verschiedene Klassen dargestellt ist.

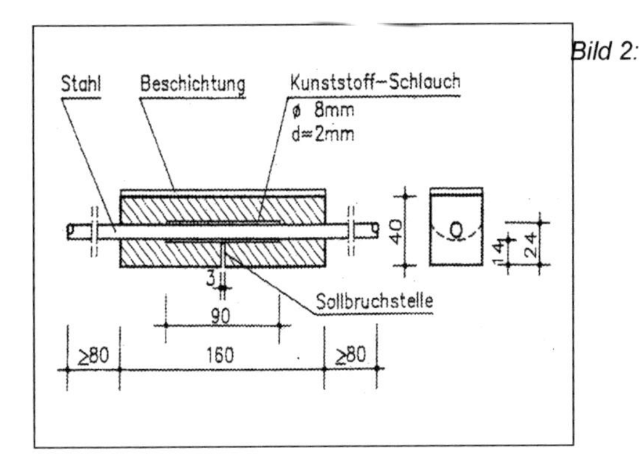

Bild 2: Abmessungen des beschichteten Prismas für die Prüfung der dynamischen Rissüberbrückungsfähigkeit nach [3]

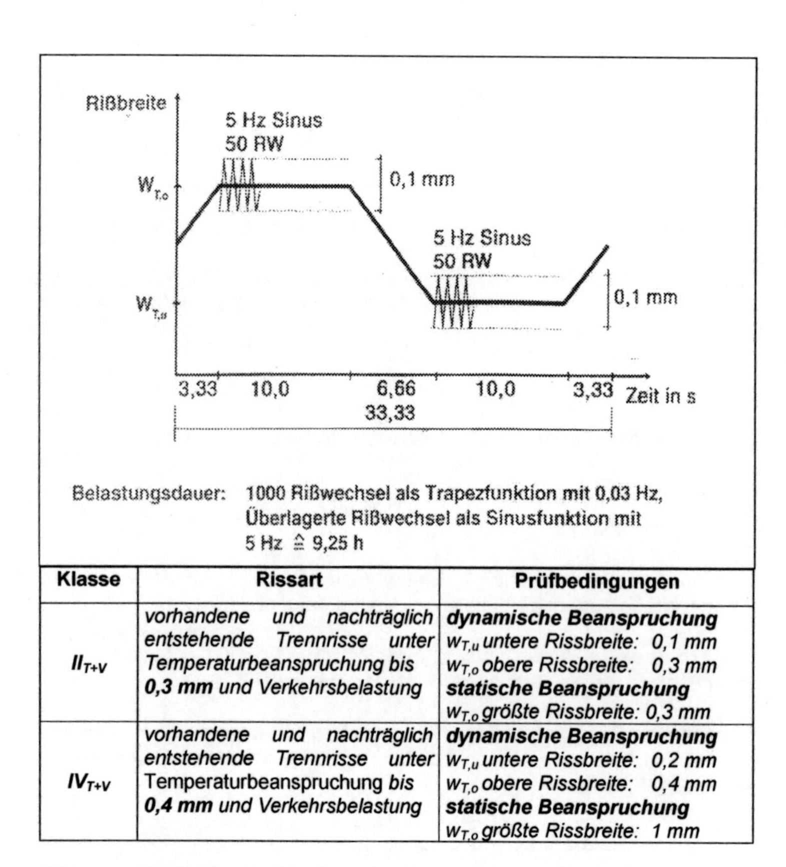

Klasse	Rissart	Prüfbedingungen
II_{T+V}	*vorhandene und nachträglich entstehende Trennrisse unter Temperaturbeanspruchung bis **0,3 mm** und Verkehrsbelastung*	***dynamische Beanspruchung*** *$w_{T,u}$ untere Rissbreite: 0,1 mm* *$w_{T,o}$ obere Rissbreite: 0,3 mm* ***statische Beanspruchung*** *$w_{T,o}$ größte Rissbreite: 0,3 mm*
IV_{T+V}	*vorhandene und nachträglich entstehende Trennrisse unter* Temperaturbeanspruchung *bis **0,4 mm** und Verkehrsbelastung*	***dynamische Beanspruchung*** *$w_{T,u}$ untere Rissbreite: 0,2 mm* *$w_{T,o}$ obere Rissbreite: 0,4 mm* ***statische Beanspruchung*** *$w_{T,o}$ größte Rissbreite: 1 mm*

Bild 3: Rissbreitenfunktion der Rissüberbrückungsklasse IV_{T+V} – II_{T+V} nach [3], [4]

Die sogenannte ‚statische' Rissüberbrückungsprüfung für eine System der Klasse OS 13wird im einmaligen 4-Punkt-Biegeversuch mit Haltezeit im gedehnten Zustand an einer oberseitig beschichteten armierten Betonplatte durchgeführt (Bild 4). Es ist offensichtlich, dass es je sich hierbei um eine Prüfung mit vergleichsweise marginaler Anforderung an die Dehnfähigkeit handelt.

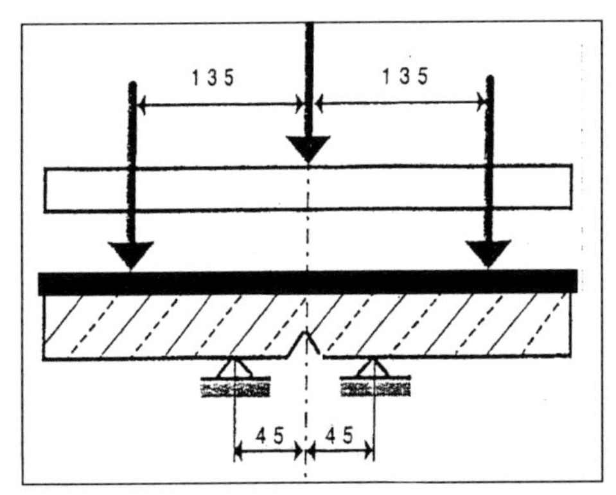

Bild 4: *Belastungsanordnung des Probekörpers incl. oben aufliegender Beschichtung für die Prüfung der statischen Rissüberbrückungsfähigkeit nach OS 13*

5.2 Griffigkeit – Verschleißfestigkeit – Rutschsicherheit

Eine der Kernforderungen für die Prüfung von Oberflächenschutzsystemen im Parkhaus ist die Berücksichtigung der Gefahren beim

- Begehen
- Befahren

Diese Eigenschaften müssen auch noch nach längerer Nutzung gewährleistet sein, d.h. dass der Verschleiß mit evtl. Abrasion an der Oberfläche möglichst gering sein sollte.

Das Verfahren nach EN 660-1 mit einer Dreh-Scherbewegung an der Oberfläche der Probe nach Bild [5] soll den Widerstand der Beschichtung mit bzw. auch ohne Deckversiegelung gegen das ‚Herauslösen ganzer Körner, die zu > 50 % ihrer Oberfläche eingebunden sind' ermitteln helfen.

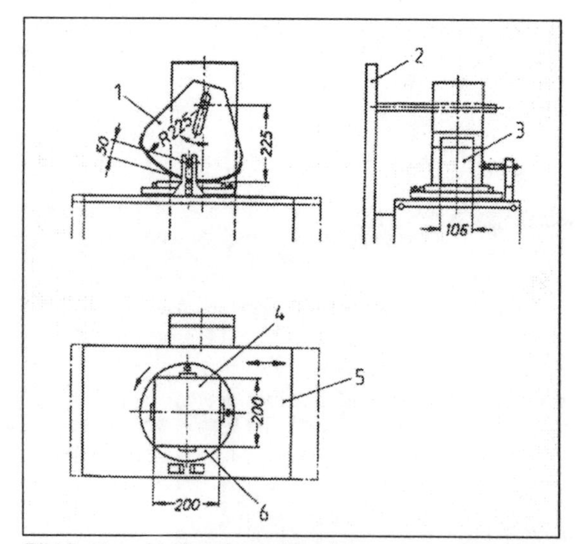

Legende:
1. *Pendel*
2. *Ständer*
3. *Schleifpapier oder Ledersohle*
4. *Probekörper*
5. *Rolltisch*
6. *Drehteller mit Proben aufspannvorrichtung*

Bild 5: Verschleißprüfmaschine [Auszug aus DIN 660-1]

In Kombination mit einer Griffigkeitsmessung nach dem Verfahren mit dem Pendelgerät [14] (vgl. Bild 6) kann durch Messungen vor und nach der Verschleißprüfung eine Veränderung der Griffigkeit beobachtet werden.

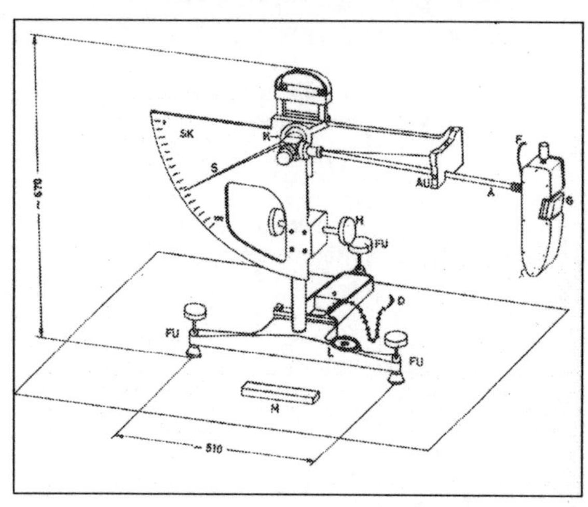

Bild 6: Pendelgerät zur Bestimmung der Griffigkeit aus [14]

Dieses Pendelverfahren ist für die Baustellenprüfung bei Reaktionsharzen allerdings vollkommen ungeeignet und stellt auch für die fertige Massnahme nach Rili-SIB im Gegensatz zur Verbundprüfung oder Schichtdickenkontrolle kein Abnahmekriterium dar.

Nicht verwechselt werden dürfen die o.a. Verfahren mit den gesetzlichen Regelungen zur Rutschsicherheit, d.h. dem Personenschutz, wie er in den berufsgenossenschaftlichen Regelungen BGR 181 [16] festgelegt worden ist. Da die Probendimensionierung beim Dreh-Scherversuch nach DIN EN 660-1 ungleich kleiner (200x200mm² vs. 1000x500mm²) ist, kann die Rutschsicherheitsprüfung nicht im Kombination mit dem Verschleißprüfverfahren angewendet werden.

Durch den Charakter der Beschichtung als Halbfertigprodukt, das seine Endeigenschaften erst individuell auf der Baustelle erhält, ist es oftmals schwierig, die Ergebnisse der Musterprüfung im Labor auf die Objektbegebenheiten zu transponieren. Ein validierbares, instationäres Verfahren täte hier Not. Eine Messung des Gleitreibungskoeffizienten nach den Bild 7 und 8 dargestellten Verfahren mit einem solchermaßen sich ergebenden Messverlauf erscheint immer mehr als hilfreiches Vorgehen, da es sich realitätsnäher und universeller betreiben lässt als das Verfahren der ‚Schiefen Ebene'.

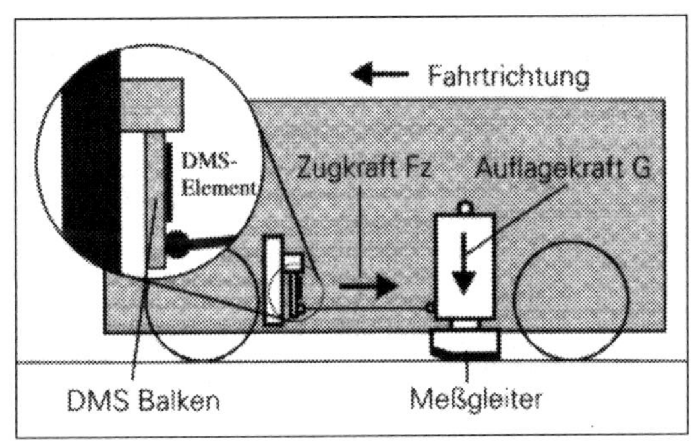

Bild 7: Prüfprinzip Gleitreibungsmessung zur Rutschsicherheitsbestimmung

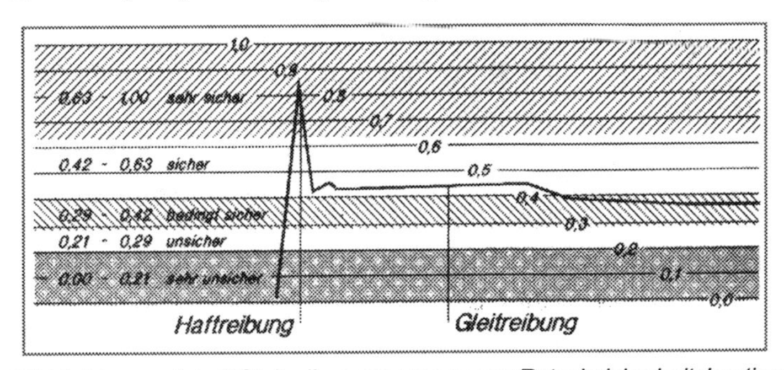

Bild 8: Messprotokoll Gleitreibungsmessung zur Rutschsicherheitsbestimmung

Reihenuntersuchungen haben dabei ergeben, das die ‚Standardaufbauten' der Oberflächenschutzsysteme mit Abstreuungen mit Quarzsand und gleichmäßiger Deckversiegelung mit Beschichtungsstoff Gleitreibungskoeffizienten µ von > 0,6 ergibt, und dieser Wert unter allen Anwendungsbedingungen als ausreichend zu betrachten ist [16].

6. Literaturverzeichnis

[1] DIN 1045 (Juli 1988): "Beton und Stahlbeton; Bemessung und Ausführung"

[2] DIN 1045 (Juli 2001): „Tragwerke aus Beton, Stahlbeton und Spannbeton" Teil 1: Bemessung und Konstruktion
Teil 2: Beton – Festlegung, Eigenschaften, Herstellung und Konformität – Anwendungsregeln zu DIN EN 206-1

[3] TL/TP-OS Technische Lieferbedingungen für Oberflächenschutzsysteme und Technische Prüfvorschriften für Oberflächenschutzsysteme, Ausgabe 1996, Der Bundesminister für Verkehr, Verkehrsblatt-Verlag

[4] ZTV-SIB 90 "Zusätzliche Technische Vertragsbedingungen und Richtlinien für Schutz und Instandsetzung von Betonbauteilen", Der Bundesminister für Verkehr

[5] "Richtlinie für Schutz und Instandsetzung von Betonbauteilen", August 1990, Deutscher Ausschuß für Stahlbeton

[6] "Richtlinie für Schutz und Instandsetzung von Betonbauteilen", Oktober 2001, Deutscher Ausschuß für Stahlbeton

[7] ZTV-BEL-B „Zusätzliche Technische Vertragsbedingungen und Richtlinien für das Herstellen von Brückenbelägen auf Beton" Teil 1 bis 3, Ausgabe 1995 Der Bundesminister für Verkehr, Verkehrsblatt-Verlag

[8] prEN 1504-2 „Produkte und Systeme für den Schutz und die Instandsetzung von Betontragwerken", Definitionen – Anforderungen, Qualitätsüberwachung und Beurteilung der Konformität, Teil 2: Oberflächenschutzsysteme, CEN TC 104 SC 8 WG 1, Ausgabe Mai 2002

[9] prEN 1062-7 „Determination of crack-bridging properties – Test methods"

[10] W. Jung, J. Magner Prüfprogramm für Reaktionsharz-Bodenbeschichtungen, Internationales Kolloquium Industriefußböden '03, Technische Akademie Esslingen

[11] Bauregelliste, Ausgabe 2003, Beuth Verlag

[12] TL/TP-BEL-B Teil 3 „Dichtungsschicht aus Flüssigkunststoff" Ausgabe 1995 Der Bundesminister für Verkehr, Verkehrsblatt-Verlag

[13] DIN EN 660-1
Elastische Bodenbeläge – Ermittlung des Verschleißverhaltens, Teil 1 Stuttgarter Test

[14] Forschungsgesellschaft für das Straßenwesen: Arbeitsanweisung für kombinierte Griffigkeits- und Rauhigkeitsmessungen mit dem Pendelgerät und dem Ausflussmesser, Ausgabe 1972

[15] BGR 181
Fußböden in Arbeitsräumen und Arbeitsbereichen mit Rutschgefahr, HVBG Hauptverband der gewerblichen Berufsgenossenschaften

[16] J. Magner
Rutschsicherheit von Industriefußböden, Industrieböden 1999, 4. Internationales Kolloquium 12. – 16. Januar 1999

Autorenverzeichnis

Franz Stöckl, Chemiker
Sika Deutschland GmbH
Stuttgart

Dipl.-Ing. Heinz Dieter Dickhaut
Friedrichsdorf

Prof. Dipl.-Ing. Claus Flohrer
HOCHTIEF Construction AG
Mörfelden-Walldorf

Dipl.-Ing. Uwe Grunert
Gütegemeinschaft
Erhaltung von Bauwerken e.V.
Berlin

Dipl.-Ing., Dipl.-Ing. (FH)
Peter J. Gusia
Bundesanstalt für Straßenwesen
Bergisch Gladbach

Dr.-Ing. Wilhelm Hintzen
Deutsches Institut für Bautechnik
Berlin

Dipl.-Ing. Frank Huppertz
MC-Bauchemie GmbH & Co.
Bottrop

Jürgen Magner
Polymer Institut
Dr. R. Stenner GmbH
Flörsheim-Wicker

Prof. Dr.-Ing. Michael Raupach
ibac Institut für Bauforschung
RWTH Aachen

Prof. Dr. Dipl.-Chem.
Reinhold Stenner
Polymer Institut
Dr. R. Stenner GmbH
Flörsheim-Wicker